U0347112

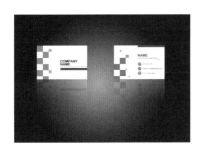

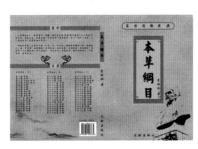

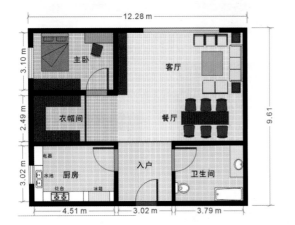

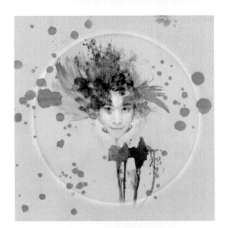

高等院校广告和艺术设计专业系列规划教材

计算机平面设计

（Photoshop CC+CorelDRAW X8）

邬 燕 主编

高恬宇 陈洁菡 副主编

清华大学出版社

北京

内 容 简 介

本书从平面设计相关岗位的职业角度出发，专业知识面覆盖了计算机平面设计基础、Photoshop CC 软件应用、CorelDRAW X8 软件应用、综合训练四大模块。本书围绕有关平面设计业务操作的目标、程序、实施手段等展开，帮助学生将来能在具体的平面设计业务实践中予以应用。书中设计了相关学习情境，让学生通过分析任务、创意和动手操作来真正掌握基础知识。

本书可作为高等院校艺术设计、会展等平面设计课程的教材，也可作为企业平面设计工作人员的参考用书。

本书附有应用案例和综合任务操作演示视频、案例素材，用微信扫一扫书中的二维码即可免费下载学习。

图书在版编目（CIP）数据

计算机平面设计：Photoshop CC＋CorelDRAW X8/邬燕主编. —北京：清华大学出版社，2019
（2021.8 重印）
（高等院校广告和艺术设计专业系列规划教材）
ISBN 978-7-302-53334-4

Ⅰ. ①计… Ⅱ. ①邬… Ⅲ. ①平面设计－图象处理软件－高等学校－教材 ②平面设计－图形软件－高等学校－教材 Ⅳ. ①TP391.41

中国版本图书馆 CIP 数据核字（2019）第 161025 号

责任编辑：张　弛
封面设计：何凤霞
责任校对：刘　静
责任印制：刘海龙

出版发行：清华大学出版社
　　　　网　　址：http://www.tup.com.cn，http://www.wqbook.com
　　　　地　　址：北京清华大学学研大厦 A 座　　　　　　邮　　编：100084
　　　　社 总 机：010-62770175　　　　　　　　　　　　邮　　购：010-62786544
　　　　投稿与读者服务：010-62776969，c-service@tup.tsinghua.edu.cn
　　　　质量反馈：010-62772015，zhiliang@tup.tsinghua.edu.cn
　　　　课件下载：http://www.tup.com.cn，010-62770175-4278
印 装 者：三河市龙大印装有限公司
经　　销：全国新华书店
开　　本：185mm×260mm　　　印　　张：22.5　　　插　　页：1　　　字　　数：550 千字
版　　次：2019 年 9 月第 1 版　　　　　　　　　　　　　印　　次：2021 年 8 月第 4 次印刷
定　　价：79.00 元

产品编号：076959-01

前言

　　本书是一本以工作过程导向为基础、以任务驱动和适用性为原则、从平面设计相关岗位及岗位群的职业角度出发的专业性教材，包括计算机平面设计基础、Photoshop CC 软件应用、CorelDRAW X8 软件应用、综合训练四大模块，并按照知识点和典型工作任务，把内容分成了若干个章节。

　　模块 1 是计算机平面设计基础，包括平面设计基础知识、设计软件基础知识，着重讲述与平面设计相关的概念、常用的平面设计作品尺寸，以及在平面设计软件中的专用名词和单位等相关知识。模块 2 是 Photoshop CC 软件应用，包括 Photoshop 基本操作、选区的绘制与编辑、图像的编辑与修改、矢量图形的绘制与编辑、颜色调整、图层的应用、蒙版与通道、滤镜，着重讲述与 Photoshop 软件相关的操作方法和步骤、专项设计等相关知识和技能。模块 3 是 CorelDRAW X8 软件应用，包括 CorelDRAW 概述、图形的绘制与编辑、对象的编辑与管理、文本和表格的编辑、图形的特殊编辑、位图的编辑，着重讲述与 CorelDRAW X8 软件相关的操作方法和步骤、专项设计等相关知识和技能。模块 4 为综合训练，学习综合运用前三个模块的知识。

　　本书突出实践性，注重提高学生的专业实践能力、知识和技巧。各部分内容围绕有关平面设计业务操作的目标、程序、实施手段等展开；设计相关学习情境，让学生通过分析任务、创意和动手操作乃至实施，对平面设计工作有一个完整的认识。

　　本书主要特点如下：① 多环节实践性教学，为达到实践教学的目标，主要设计了应用案例和课后实训任务，以实现"零距离"人才培养目标；② 始终贯穿课堂教学与实践教学相结合、讲授和练习相结合的理念，将专业知识与工作实际相结合；③ 基础知识与应用能力相结合，在重视基础知识的同时，要求学生熟悉工作岗位的基本规范，通过"课堂+实训+实践"的"三明治"式教学过程，使学生真正掌握工作岗位的基本技能；④ 注重延伸性学习，注重知识拓展，增加了大量的链接和案例，提高学生分析问题和解决问题的能力。

　　本书的编写得到了多方支持,特别感谢杭州电子科技大学数字媒体与艺术设计学院、杭州辉联文化有限公司、杭州科普乐创广告设计有限公司。由于编者编写经验不足,内容可能存在疏漏和不足,恳请专家、学者以及教师和同学提出宝贵的意见与建议,以促进教材的完善与提高。

应用案例素材和源文件

邬 燕

2019 年 7 月

目 录

第14章 文本和表格的编辑 258

第15章 图形的特殊编辑 282

第16章 位图的编辑 312

模块4 综合训练

模块 1
计算机平面设计基础

第1章

平面设计基础知识

本章主要介绍平面设计的相关基础知识,包括平面设计的概述、常用平面设计软件和应用领域、常见平面设计项目和常用平面设计制作尺寸等相关知识。通过本章的学习,可以快速了解平面设计的基本概况和知识,有助于更好地开始本门课程的学习和实践。

1. 了解平面设计的相关概述。

2. 了解常用平面设计软件的特色和功能,学会安装 Photoshop CC 和 CorelDRAW X8 软件。

3. 熟悉常见的平面设计项目。

4. 掌握常用的平面设计制作尺寸。

1.1 平面设计概述

设计是设计者个人或设计团体有目的地进行有别于艺术的一种基于商业环境的艺术性的创造活动,是一种工作或职业,一种具有美感、使用与纪念功能的造型活动。设计是建立在商业和大众基础之上的,为他们服务,从而产生商业价值和艺术价值。在设计行业中,平面设计是所有设计的基础,也是设计业中应用范围比较广泛的类别。

平面设计(Graphic Design)也称为视觉传达设计,是以"视觉"作为沟通和表现的方式,透过多种方式创造和结合符号、图片和文字,借此做出用来传达想法或信息的视觉表现。平面设计师可利用字体排印、视觉艺术、版面、计算机软件等方面的专业技巧,达到创作计划的目的。平面设计通常是指制作(设计)的过程,以及最后完成的作品。

在平面设计中,除了要在视觉上给人一种美的享受外,更重要的是向广大的消费者传达一种信息、一种理念。因此,在平面设计中,不但要注重表面视觉上的美观,更应该考虑信息的传达。平面设计主要是由以下几个基本要素构成。

创意:平面设计的第一要素,没有好的创意,就没有好的作品,创意中要考虑观众、传播媒体、文化背景三个条件。

构图:要解决图形、色彩和文字三者之间的空间关系,做到新颖、合理和统一。

色彩:好的平面设计作品在画面色彩的运用上注意调和、对比、平衡、节奏与韵律。

不管是报刊广告、邮寄广告还是经常看到的广告招贴等,都是由这些要素通过巧妙的安排、配置组合而成的。

随着社会的发展,计算机技术的不断进步,平面设计领域从手绘设计发展到计算机设计,计算机平面设计已经被广泛运用,大量的平面设计软件应运而生。平面设计软件大致可以分为四类:图像处理软件、图形处理软件、排版软件、其他相关软件。

1.2　常用平面设计软件介绍

平面设计软件需要在计算机上运行使用,以此完成平面画面、平面文字和图形等设计工作。以下介绍的都是平面设计中最常用的计算机软件,这几款软件都有鲜明的功能特色,设计者可利用不同软件的优势,将其巧妙地结合使用,制作出想要的平面设计作品。

1.2.1　Adobe Photoshop

Adobe Photoshop,简称 PS,是由 Adobe 公司开发和发行的一款图像处理软件,主要处理由像素所构成的数字图像,是目前在全世界应用最广泛的平面设计软件之一。随着信息社会的到来,计算机技术的广泛普及,人们对视觉的要求和品位日益增强,Photoshop 的应用更是不断拓展,网络广告、报纸出版、杂志出版、影视制作、动画、印刷、美术、摄影、建筑装潢、服装设计、网络设计,很多新兴和热门专业领域都离不开 Photoshop 技术。

1990 年,Photoshop 版本 1.0.7 正式发行;2003 年,Adobe Photoshop 8 被更名为 Adobe Photoshop CS(Creative Suite,创意套件),CS 系列替代了原以数字直接结尾的系列,如 Photoshop 8.0;2013 年,Adobe 公司推出新版本的 Photoshop CC,自此 Photoshop CS6 作为 Adobe CS 系列的最后一个版本被新的 CC(Creative Cloud,创意云)系列取代,从此它进入了云时代。在 Photoshop CS6 功能的基础上,Photoshop CC 新增相机防抖动、CameraRAW 功能改进、图像提升采样、属性面板改进、Behance 集成以及 Creative Cloud (即云功能)。Photoshop CC 2019 启动界面如图 1-1 所示。

从功能上看,Photoshop 具有强大的图像修饰功能。利用这些功能,可以快速修复一张破损的老照片,也可以进行复制、去除斑点、修补、修饰图像的残损等。

影像创意是 Photoshop 的一大特点,通过处理可以将原本风马牛不相及的对象组合在一起,也可以使用"狸猫换太子"的手法使图像发生难以置信的巨大变化。可以将几幅图像通过图层操作、工具应用合成完整的、传达明确意义的图像。

图 1-1　Photoshop CC 2019 启动界面

广告摄影作品对视觉要求非常严格,其最终成品往往需要使用 Photoshop 进行明暗、色偏的调整和校正,也可在不同颜色中进行切换,以满足图像在不同领域如网页设计、印刷、多媒体等方面的应用。

利用 Photoshop 可以使文字发生各种各样的变化,并利用这些艺术化处理后的文字为图像增加效果。

网络的普及是促使更多设计人员掌握 Photoshop 的一个重要原因。因为在制作网页和其他用户界面时,Photoshop 是必不可少的图像处理软件和设计软件,包括在用户界面设计中的图标设计。

在制作建筑效果图、展示效果图、景区效果图等其他众多三维场景时,人物、背景和场景的颜色常常需要通过 Photoshop 进行增加并调整。

由于 Photoshop 具有良好的绘画与调色功能,许多插画设计制作者往往先使用铅笔绘制草稿,然后用 Photoshop 填色。

三维软件能制作精良的模型,但无法为模型应用逼真的贴图,也无法得到较好的渲染效果。在制作模型材质时,除了要依靠三维软件本身具有材质功能外,可利用 Photoshop 制作在三维软件中无法得到的合适的材质。

现在的影楼中都使用数码相机,使得照片设计处理成为一个新兴的行业。照片通过 Photoshop 的处理可以得到人们想要的艺术效果。

视觉创意与设计是设计艺术的一个分支。此类设计通常没有非常明显的商业目的,但由于它为广大设计爱好者提供了广阔的设计空间,使得越来越多的设计爱好者开始学习 Photoshop,并进行具有个人特色与风格的视觉创意。

平面设计是 Photoshop 应用最为广泛的领域,无论是我们正在阅读的图书封面,还是大街上看到的招贴、海报,这些具有丰富图像的平面印刷品,基本上都需要 Photoshop 软件先对其图像进行处理,再通过其他软件排版和出版印刷。

另外,在影视后期制作及二维动画制作中,Photoshop 的应用也非常广泛。

1.2.2　Adobe Illustrator

Adobe Illustrator 是 Adobe 公司推出的基于矢量的图形制作软件,以其强大的功能和体贴用户的界面,占据全球矢量编辑软件市场的大部分份额。据不完全统计,全球有 37% 的设计师在使用 Adobe Illustrator 进行艺术设计。Adobe 公司专利技术 PostScript 的运用,使该软件被广泛地应用于海报和书籍排版、专业插画、多媒体图像处理和互联网页面制作等领域。PostScript 也可以为线稿提供较高的精度和控制,适合小型设计以及大型复杂项目。线稿的设计者和专业插画家、多媒体图像的艺术家、互联网页或在线内容的制作者,在使用过 Illustrator 后都会发现,其强大的功能和简洁的界面设计风格只有 Freehand 能与之相比。

Adobe Illustrator 最初是 1986 年为苹果公司麦金塔计算机设计开发的。1987 年,Adobe 公司推出 Adobe Illustrator 1.1 版本;1988 年,在 Windows 平台上推出 Adobe Illustrator 2.0 版本。Illustrator 后被纳入 Adobe 公司的 Creative Suite 套装,可以享用云端同步及快速分享设计。

Adobe Illustrator 的最大特征在于钢笔工具的使用,这个工具使得操作简单、功能强大的矢量绘图成为可能。它还集成文字处理、上色等功能。同时,作为创意软件套装 Creative Suite 的重要组成部分,它与兄弟软件——位图图形处理软件 Photoshop 有类似的界面,并能共享一些插件和功能,实现无缝链接。它也可以将文件输出为 Flash 格式,可以通过 Illustrator 让 Adobe 公司的产品与 Flash 连接。Adobe Illustrator CC 2019 启动界面如图 1-2 所示。

图 1-2　Adobe Illustrator CC 2019 启动界面

1.2.3　Adobe InDesign

Adobe InDesign 软件定位于专业排版,是面向专业出版方案的新平台,由 Adobe 公司于 1999 年 9 月 1 日发布。Adobe InDesign 博采众家之长,汲取多种桌面排版技术精华,为杂志、书籍、广告等灵活多变、复杂的设计工作提供一系列更完善的排版功能。该软件是基于一个创新的、面向对象的开放体系(允许第三方进行二次开发扩充功能),大大增加了专业设计人员用排版工具软件表达创意和观点的能力。

其特色功能编辑有印前检查、链接面板、页面过渡、条件文本、导出、交叉引用、智能参考线、文档设计、跨页旋转、文本重排等。另外,InDesign 也提供了方便灵活的表格功能,可以简单地导入 Excel 表格文件或是 Word 中的表格,也可以快速地将文本转换为表格,利用合并及拆分单元格并通过笔画和填充功能,可以快速地创建复杂而美观的表格。

InDesign 作为 Pagemaker 的继承者,定位于高端用户。目前,Adobe 已经停止 Pagemaker 的开发,全面转向 InDesign。Adobe InDesign CC 启动界面如图 1-3 所示。

图 1-3　Adobe InDesign CC 启动界面

1. 2. 4　Freehand

Freehand 的最早开发者是 Altsys 公司,后来 Aldus 公司从 Altsys 公司手中购得。1994 年,Adobe 公司并购了 Aldus 公司,Freehand 则成为 Adobe 公司软件中的一员,简称 FH。Freehand 软件可以在一个流畅的图形环境中,从概念转移到设计、制作和最终部署,而且整个过程都在一个文档中进行,这样大大缩减了创作时间,可轻易制作出可重复用于 Internet 的内容、建立新的 Macromedia Flash 的内容以及其他格式。

Freehand 是一个功能强大的平面矢量图形设计软件,适用于广告创意、书籍海报、机械制图以及绘制建筑蓝图。Adobe 虽然收购了 Freehand,但却没有继续开发它。不过还有很大一部分资历比较老的设计师喜欢用 Freehand,他们不习惯用 Illustrator、CorelDRAW 等软件。同时,由于 Adobe Illustrator 对 Freehand 文件导入的支持,也稳定了大批 Freehand 的老用户,特别是苹果机的专业设计用户大部分还是选择使用 Freehand。Freehand 启动界面如图 1-4 所示。

图 1-4　Freehand 启动界面

1.2.5 CorelDRAW

CorelDRAW Graphics Suite 是加拿大 Corel 公司推出的矢量图形制作工具软件,集矢量图形设计、印刷排版、文字编辑处理和图形高品质输出于一体,并提供了矢量动画、页面设计、网站制作、位图编辑和网页动画等多种功能。它广泛支持标识设计、图形创作、排版设计等,深受广大平面设计人员的喜爱,在广告制作、图书出版等方面得到广泛的应用。

CorelDRAW 的常见版本有 9、10、11、12、X3、X4、X5、X6、X7、X8、2018,MAC 平台上有 11 个版本。1989 年 CorelDRAW 横空出世,引入全色矢量插图和版面设计程序,填补了该领域的空白。1991 年 CorelDRAW 推出第一款一体化图形套件,使计算机图形发生了革命性剧变。1993 年 CorelDRAW 发布的版本 4 引入多页面版式,简化了小册子的创建过程。

CorelDRAW 和 Corel PHOTO-PAINT 两个主程序多次获得国际奖项,一个用于矢量图及页面设计,一个用于图像编辑。其中,CorelDRAW 主要应用于矢量插图和页面布局,是一个直观的矢量插图和页面布局应用程序,满足当今图形专家和非专业人士的需求。CorelDRAW 2018 启动界面如图 1-5 所示。Corel PHOTO-PAINT 主要应用于位图插图和照片编辑,是一套全面的、专业的彩绘和照片编修程序,具有多个图像增强的滤镜,可以改善扫描图像的质量,再加上特殊效果滤镜,可以大大改变图像的外观。Corel PHOTO-PAINT 2018 启动界面如图 1-6 所示。

图 1-5　CorelDRAW 2018 启动界面

图 1-6　Corel PHOTO-PAINT 2018 启动界面

除了这两个主程序之外,CorelDRAW 还包含以下几个支持的程序。① Corel CAPTURE——高级屏幕截图、屏幕捕获工具,此一键式应用程序可以从计算机屏幕捕获图像。②Corel CONNECT——内容查找器和管理器,此全屏浏览器能够访问套件的数字内容和新增的内容中心,并搜索计算机或本地网络,快速找到适合项目的完美辅助材料。③Corel Font Manager——字体管理器,字体管理应用程序在利用、组织和分类大量字体领域起着至关重要的作用,可以控制版式工作流程的各个方面。CorelDRAW Graphics Suite 2018 支持的程序如图 1-7 所示。

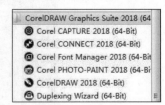

图 1-7　CorelDRAW Graphics Suite 2018 支持的程序

如果不想安装这些程序，安装 CorelDRAW 时可自定义选择想要安装的程序。CorelDRAW Graphics Suite 2018 安装选择如图 1-8 所示。

图 1-8　CorelDRAW Graphics Suite 2018 安装选择

这套绘图软件组合给用户带来了强大的交互式工具，使用户可创作多种富于动感的特殊效果及点阵图像的即时效果，并在简单的操作中就可实现。该软件提供的智慧型绘图工具以及新的动态向导可以充分降低用户的操控难度，允许用户更加精确地创建物体的尺寸和位置，减少单击的步骤，从而节省设计时间。

1.3　常见平面设计项目

目前，常见平面设计项目包括海报设计、DM 设计、书籍设计、样本设计、刊物设计（如杂志、报纸等）、平面媒体广告设计、POP 广告设计、包装装潢设计、VI 系统设计（含基本要素系统中的 Logo、吉祥物、辅助图案、字体设计等。应用要素系统中的名片、礼品袋、标识设计等）、网页设计、UI 用户界面设计，另外还包括广告牌设计、图标设计等多种项目。

1.3.1　海报设计

海报又称招贴画，是张贴在街头墙上、挂在橱窗里的大幅画作，以其醒目的画面吸引路人的注意，具有尺寸大、远视强、艺术性高的特点。

海报常张贴于公共场所，会受周围环境和各种因素的干扰，所以必须以大画面及突出的形象和色彩展现在人们面前。其画面尺寸有全开、对开、长三开及特大画面等。为了能给来去匆忙的人留下视觉印象，除了尺寸大之外，海报设计还要充分体现定位设计的原理。以突出的商标、标志、标题、图形,或对比强烈的色彩,或大面积的空白,或简练的视觉流程,以使海报成为视觉焦点。海报可以说具有广告的典型特征。

海报按表现形式可以分为店内海报、招商海报、展览海报、平面海报等;按其应用不同可以分为商业海报和非商业海报。其中,商业海报的表现形式以具有艺术表现力的摄影、造型写实的绘画或漫画为主,让消费者感受到真实感人的画面和情趣。非商业海报的内容广泛、形式多样,艺术表现丰富。特别是文化艺术类的海报,根据广告主题可以充分发挥想象力,尽情施展艺术手段。许多追求形式美的画家都积极投身海报设计,在设计中展现自己的绘画能力,来设计风格各异、形式多样的海报。

1.3.2　DM 设计

DM 是英文 Direct Mail 的简称,直译为“直接邮寄广告”,即通过邮寄、赠送等形式,将宣传品送到消费者家里或公司所在地。也有将其表述为 Direct Magazine(直投杂志广告)。两种表述没有本质上的区别,都强调直接投递(邮寄)。如今,除了用邮寄投递以外,还可以借助于其他媒介,如传真、杂志、电视、电话、电子邮件,以及直销网络、柜台散发、专人送达、来函索取、随商品包装发出等。

DM 有广义和狭义之分,广义的 DM 包括广告单页,如大家熟悉的街头巷尾、商场超市散布的传单、优惠赠券、样品目录等;狭义的 DM 仅指装订成册的集纳型广告宣传画册,页数在 20～200 页不等。

DM 设计的形式多种多样,可视具体情况灵活掌握,自由发挥。设计者应充分考虑其折叠方式、尺寸大小、实际重量等要素,以便于通过报刊夹页和专门信件寄送、随定期服务信函寄送、雇用人员派送等多种方式传递。DM 不同于其他传统广告,它可以有针对性地选择目标对象,减少浪费。因此要求设计人员要更加透彻地了解商品,熟知消费者的心理习性和规律,设计要新颖有创意,突出标题和特色,突出产品和服务,内容条理化,画面协调统一。单页的文字要简洁,色彩运用合理,印刷精致美观,以此吸引更多的关注。

1.3.3　包装装潢设计

包装的主要作用有两个:一是保护产品;二是美化和宣传产品。因此,包装设计即指选用合适的包装材料,运用巧妙的工艺手段,为包装商品的容器结构造型和包装的美化装饰进行设计。一个优秀的包装设计,是包装造型设计、结构设计、装潢设计三者有机的统一,这样才能充分发挥包装设计的作用。

包装造型设计又称形体设计,大多指包装容器的造型。包装容器必须能可靠地保护产品,有优良的外观,具有相适应的经济性等。包装结构设计是从包装的保护性、方便性、复用性等基本功能和生产实际条件出发,依据科学原理对包装的外部和内部结构进行具体考虑而得的设计。包装装潢设计是指由图形、色彩、文字、编排构成、商标设计等组成的总体设计,为了突出产品的特色和形象,力求造型精巧、图案新颖、色彩明朗、文字鲜明,以促进产品的销售。

在包装装潢设计中,要充分考虑构图要素,将商品包装展示面的商标、图形、文字和组合排列在一起,形成一个完整的画面。例如,一个纸盒包装有六个面,通常需要设计五个展示面(底面一般不需要设计)。由于展示面积的不同,正面和反面一般为主要展面。但是如果侧面的宽度与主要展面相等,也可采用相同设计成为"主展要面",不管什么角度都得到统一的感受。但是,包装的主要展面并非是孤立的,在包装的整体上,它仍然只是一个局部。包装是立体物,人们看包装是多角度的,在考虑主要展面的同时,要考虑和其他面的相互关系,考虑包装物的整体形象。通过文字、图形和色彩之间连贯、重复、呼应和分割等手法,形成构图的整体。

在包装装潢设计中,色彩要求平面化、匀整化、醒目和对比强烈;文字要求内容简明、真实、生动、易读、易记;字体设计应反映商品的特点、性质,并具备良好的识别性和审美功能;文字的编排与包装的整体设计风格应和谐,以此刺激消费者的购买欲望。

1.3.4　刊物设计

刊物是经过装订且带有封面的定期出版物,也是大众类印刷媒体之一。这种媒体形式最早出现在德国,但当时的杂志与报纸并无太大区别。随着科技的发展和生活水平的不断提高,杂志开始与报纸越来越不一样,其内容也越加偏重专题、质量、深度,而非时效性。刊物一般有固定刊名,以期、卷、号或年、月为序,定期或不定期连续出版。定期出版的称为期刊。

刊物的开本可分为大 16 开、小 16 开、大 32 开、小 32 开等。刊物在设计时主要参照刊物的样本和开本进行版面划分,艺术风格、设计元素和设计色彩都要与刊物本身的定位相呼应。由于刊物一般会选用质量较好的纸张印刷,图片印刷质量高且细腻光滑,画面图像还原效果好、视觉形象清晰。

刊物类媒体分为消费者刊物、专业性刊物、行业性刊物等不同类别。具体包括财经、IT、动漫、家居、健康、教育、旅游、美食、汽车、人物、时尚、数码刊物等。

1.3.5　网页设计

网页设计(Web Design,又称为 Web UI Design,WUI Design,WUI),是根据企业希望向浏览者传递的信息(包括产品、服务、理念、文化)进行网站功能划分,然后进行的页面设计美化工作。作为企业对外宣传媒介的一种,精美的网页设计对于提升企业的品牌形象至关重要。

网页设计一般分为三种:功能型网页设计(服务网站 &B/S 软件用户端)、形象型网页设计(品牌形象网站)和信息型网页设计(门户网站)。设计网页的目的不同,应选择不同的网页策划与设计方案。企业网站的目的是为了外界了解企业自身、树立良好企业形象,并适当提供一定的服务。根据行业特性的差别,以及企业的建站目的和主要目标群体的不同,大致可以把企业网站分为基本信息型、电子商务型、多媒体广告型。

网页设计的工作目标,是通过使用合理的颜色、字体、图片、样式进行页面设计美化,在功能限定的情况下,尽可能给予用户完美的视觉体验。高级的网页设计甚至会考虑通过声光、交互等实现更好的视听感受。

1.3.6 VI

VI 全称 Visual Identity，即视觉设计，通译为视觉识别系统。VI 是将 CI 中的其他两个部分——理念识别（MI）、行为识别（BI）中非可视内容转化为静态的视觉识别符号的一个系统，因此容易被公众接受，在短期内获得的影响也最明显。设计到位、实施科学的视觉识别系统，是传播企业经营理念、建立企业知名度、塑造企业形象快速便捷的途径。企业通过视觉设计，对内可以获得员工的认同感、归属感，加强企业凝聚力，对外可以树立企业的整体形象。通过资源整合，将企业信息传达给受众；通过视觉符码，不断强化受众的意识，从而获得人们的认同。VI 是 CI 系统中最具传播力和感染力的部分，也是设计项目最多、层面最广、效果最直接的部分。

VI 的历史久远。原始部落的共同信仰、生活方式、图腾标志、服饰打扮和语言习惯，使部落之间形成了个性鲜明的形象界定，这是早期部落之间形成的无意识的形象识别。奴隶社会的视觉符号是城邦家族通过族徽、服饰和行为习惯，形成对内外的阶级划分和城邦间的形象区分。中世纪的视觉识别是一些欧洲国家有大量宗教象征的徽记和标识，以及代表贵族身份和地位的纹章。纵观历史的社会行为，都带有明确的标识、统一的服装、有特点的建筑、高度认同的理念及形象痕迹。近现代的 VI 是在第二次世界大战后和平主义运动蓬勃发展以及资本主义一次次经济危机中得到发展的。日本、美国很快便发现设计与管理具有巨大威力。日本和美国全面推行视觉识别系统，使 VI 走向成熟阶段。

VI 视觉识别主要由两部分组成，即基础识别部分和应用识别部分。其中，基础识别部分主要包括企业标志设计、标准字体与印刷专用字体设计、色彩系统设计、辅助图形、品牌角色（吉祥物）等。应用识别部分包括办公系统、标识系统、广告系统、旗帜系统、服饰系统、交通系统、展示系统等。VI 无比丰富、多样的应用形式，帮助企业在各种媒介、媒体中进行最为直接的传播。

1.4 常用平面设计尺寸

1.4.1 印刷纸张开数的常见尺寸

印刷纸张开数的常见尺寸见表 1-1。

表 1-1 印刷纸张开数的常见尺寸   单位：mm×mm

正 度		大 度	
开数（正）	尺 寸	开数（大）	尺 寸
全开	781×1086	全开	883×1188
2 开	543×781	2 开	594×883
3 开	362×781	3 开	396×883
4 开	390×543	4 开	441×594
6 开	362×390	6 开	396×441

正　　度		大　　度	
开数（正）	尺　　寸	开数（大）	尺　　寸
8 开	271×390	8 开	297×441
16 开	195×271	16 开	220×297
32 开	135×195	32 开	148×220
64 开	97×135	64 开	110×148

1.4.2　印刷开本的常用尺寸

印刷开本的常用尺寸见表 1-2。

表 1-2　印刷开本的常用尺寸　　　　　　　　　单位：mm×mm

正　　度		大　　度	
开数（正）	尺　　寸	开数（大）	尺　　寸
2 开	520×740	2 开	570×840
4 开	370×520	4 开	420×570
8 开	260×370	8 开	285×420
16 开	185×260	16 开	210×285
32 开	130×185	32 开	142×220
64 开	92×130	64 开	110×142

1.4.3　名片设计的常用尺寸

名片设计的常用尺寸见表 1-3。

表 1-3　名片设计的常用尺寸　　　　　　　　　单位：mm×mm

类　　别	尺　　寸	备　　注
中式标准名片	90×54	比例符合 1∶0.618 最佳和谐视觉的黄金矩形
美式标准名片	90×50	16∶9 符合人眼视觉的白金比例
欧式标准名片	85×54	16∶10 白银比例，常用于银行卡、VIP 卡
窄式标准名片	90×45	适合时尚类的名片
超窄标准名片	90×40	应用比较少，适合个人个性类的名片
折卡（折叠）标准名片	90×95（折位 90×40～90×55）；90×110（对半折后 90×55）	大多用于公司内容比较多的名片
长折卡（加长型折叠）标准名片	130×54（折位 40×54～90×54，折叠后成品尺寸 90×54）；130×50（折位 40×50～90×50，折叠后成品尺寸 90×50）	大多用于集团公司老总 CEO 的名片

1.4.4　其他常用的设计尺寸

其他常用的设计尺寸见表 1-4。

表 1-4　其他常用的设计尺寸　　　　　　　　　　　　单位：mm×mm

类　　别	标 准 尺 寸	类　　别	标 准 尺 寸
海报	540×380	文件封套	220×305
普通宣传册	210×285	信纸、便条	185×260,210×285
三折页广告	210×285	挂旗	540×380,376×265
手提袋	400×285×80	IC 卡	85×54
明信片	165×102,148×100	信封	220×110(小),230×158(中)

1.5　常用专业术语：出血线

出血线是印刷业的专业术语。纸质印刷品的"出血"，是指超出版心部分的印刷，如图 1-9 所示。版心是在排版过程中统一确定的图文所在的区域，上、下、左、右都会留白（如 Word 的四方页边距就是留白），但是在纸质印刷品中，有时为了取得较好的视觉效果，会把文字或图片（大部分是图片）设置为超出版心范围，覆盖页面边缘，这样的画面称为"出血图"。印刷中的出血是指加大产品外尺寸的图案，在裁切位加一些图案的延伸，专门给各生产工序在其工艺公差范围内使用，以避免裁切后的成品露白边或裁到内容。

印刷行业裁切印刷品的工具为机械工具，裁切位置不十分精确，不可能每一张纸图案位置都印的分毫不差。所以，如果不留出血线，几百张纸叠在一起裁切的时候，对准最上面纸张图案的边裁下去，下面纸上的图案边就有可能没有裁到而留下白边。所以，会以图案边缘为基准，多往里面裁一些，这样才能保证下面纸上的图案都不留白边。因此，为了解决因裁切不精确而带来印刷品边缘出现非预想颜色的问题，设计师会在图片裁切位的四周加上 2～4mm 预留位置，用"出血"确保成品效果的一致。

因此，在制作时分为设计尺寸和成品尺寸，设计尺寸总是比成品尺寸大，大出来的边是要在印刷后裁切掉的，这个要印出来并裁切掉的部分就称为印刷出血。出血并不都是 3mm，不同产品应分别对待。

例如，要制作大 16K 尺寸的作品（210mm×285mm），就要做得比大 16K 大一圈，这样把外面一圈裁切掉后里面就正好是大 16K 了。一般是四周都留出 3mm 的位置，也就是说，制作尺寸是(210+3+3)mm×(285+3+3)mm，最后是 216mm×291mm。但是要注意，周围多留出的位置是要被裁切掉的，画面上需要显示的文字或图案不能做到外面区域。外面区域只能是画面背景的延伸，裁掉之后不会影响画面。另外，如果到快印店印制，就不用做出血，因为一两张是不需要机器裁切的，手工用刀对准边就可以裁切掉，只有大批量印刷的东西才需要出血。

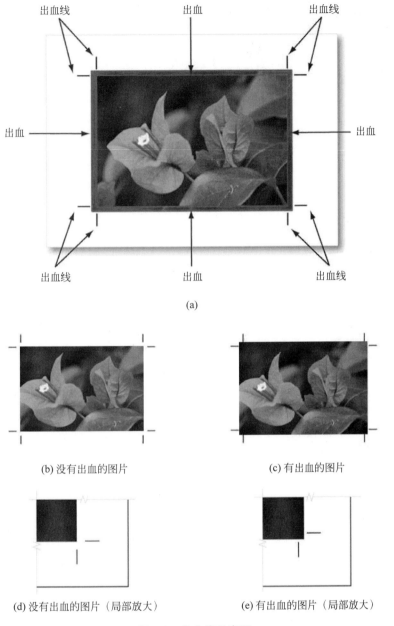

(a)

(b) 没有出血的图片   (c) 有出血的图片

(d) 没有出血的图片（局部放大）   (e) 有出血的图片（局部放大）

图 1-9 出血线示意图

第2章

设计软件基础知识

 本章主要介绍设计软件中常用的基础知识,其中包括位图与矢量图、像素与分辨率、色彩模式、文件格式等内容。通过本章的学习,可以快速掌握 Photoshop CC 和 CorelDRAW X8 两个设计软件中涉及的基本名词与概念,有助于更好地学习后面的内容和实现相关平面设计作品的设计与制作。

1. 了解位图与矢量图的区别和各自的特点。
2. 了解像素与分辨率的关系。
3. 掌握常用色彩模式的特点和运用。
4. 掌握各种文件格式和其应用范围。

2.1 位图与矢量图

计算机图形图像文件主要分为两大类:位图图像和矢量图形,效果对比如图 2-1 所示。在绘制或处理图像过程中,这两种类型的图像可以相互交叉使用,特征对比如表 2-1 所示。

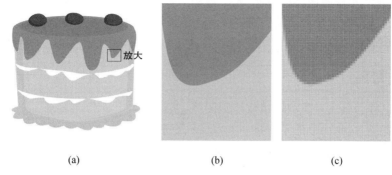

(a)   (b)   (c)

图 2-1 位图和矢量图放大效果对比

表 2-1 位图与矢量图特征对比

图像类型	组成	优　点	缺　点	常用制作工具
位图图像	像素	只要有足够多的不同色彩的像素，就可以制作色彩丰富的图像，逼真地表现自然界的景象	缩放和旋转容易失真，同时文件容量较大	Photoshop、画图等
矢量图形	数学向量	文件容量较小，在进行放大、缩小或旋转等操作时图像不会失真	不易制作色彩变化太多的图像	CorelDRAW、Illustrator、Freehand 等

2.1.1 位图

　　位图也称为点阵图像或绘制图像，是由称作像素(图片元素)的单个点组成的；多个像素的色彩组合形成了图像，称为位图。这些点可以进行不同的排列和染色以构成图样。当放大位图时，可以看见赖以构成整个图像的无数单个方块。扩大位图尺寸的效果是增多单个像素，从而使线条和形状显得参差不齐。然而，如果从稍远的位置观看它，位图图像的颜色和形状又是连续的。由于每一个像素都是单独染色的，可以通过以每次一个像素的频率操作选择区域而产生近似照片的逼真效果，诸如加深阴影和加重颜色。缩小位图尺寸也会使原图变形，因为此举是通过减少像素使整个图像变小的。同样地，由于位图图像是以排列的像素集合体形式创建的，所以不能单独操作(如移动)局部位图。

　　在处理位图图像时，所编辑的是像素而不是对象或形状，它的大小和质量取决于图像中的像素点的多少，也就是过程开始时设置的分辨率大小，即每平方英寸中所含像素越多，图像越清晰，颜色之间的混合也越平滑。计算机存储位图图像实际上是存储图像的各个像素的位置和颜色数据等信息，所以图像越清晰，像素越多，相应的存储容量也越大。

　　处理位图图像要三思而后行，因为给图像选择的分辨率通常在整个过程中都伴随文件。无论是在一个 300dpi 的打印机还是在一个 2570dpi 的照排设备上印刷位图文件，文件总是以创建图像时设的分辨率大小印刷，除非打印机的分辨率低于图像的分辨率。如果希望最终输出看起来和屏幕上显示的一样，在开始工作前，就需要了解图像的分辨率和不同设备分辨率之间的关系，但是矢量图就不必考虑这么多。

　　位图图像与矢量图形相比更容易模仿照片的真实效果。位图图像的主要优点在于表现力强、细腻、层次多、细节多，可以十分容易地模拟像照片一样的真实效果。由于是对图像中的像素进行编辑,在对图像进行拉伸、放大或缩小等处理时,其清晰度和光滑度会受到影响。位图图像可以通过数字相机、扫描仪或 PhotoCD 获得,也可以通过 Photoshop、画图等设计软件生成。常见的位图格式有 *.psd(Photoshop)和 *.bmp 等,后面章节会具体介绍。

2.1.2　矢量图

矢量图也称为面向对象的图像或绘图图像,繁体版本上称为向量图。矢量图使用直线和曲线描述图形,这些图形的元素是一些点、线、矩形、多边形、圆和弧线等,它们都是通过数学公式计算获得的。例如,一幅花的矢量图形实际上是由线段形成外框轮廓,由外框的颜色以及外框所封闭的颜色决定花显示的颜色。

矢量图形最大的优点是无论放大、缩小或旋转等都不会失真,不会变色,不会模糊,不会产生锯齿效果,而且生成的矢量图文件存储量很小,因为图像中保存的是线条和图块的信息,矢量图形文件与分辨率和图像大小无关,只与图像的复杂程度有关。同时,因为每个对象都是一个自成一体的实体,所以就可以在维持它原有清晰度和弯曲度的同时,按最高分辨率显示或输出到任何打印或印刷设备上。矢量图以几何图形居多,一般只能表示有规律的线条组成的图形,如工程图、三维造型或艺术字等,对于由无规律的像素点组成的图像(如风景、人物、山水等)、难以用数学形式表达的图像,不宜使用矢量图格式。

矢量图形最大的缺点是难以表现色彩层次丰富的、逼真的图像效果,而且在不同的软件之间交换数据也不太方便。另外,矢量图形无法通过扫描获得,它主要是依靠设计软件生成。

矢量图最明显的特征是颜色边缘和线条的边缘是非常顺滑的。比如一条弧度线,如果凹凸不平,则这种矢量图是劣质的,一个色块上面的颜色有很多小块说明矢量图也是劣质的。高品质矢量图应该是无论放大或者缩小,颜色的边缘都非常顺滑、非常清楚,线条之间是同比例的,并且是同样粗细的,节点很少。一般来讲矢量图都是由位图仿图绘制的,首先有一个图,然后仿图绘制。

矢量图形特别适用于文字设计、图案设计、版式设计、标志设计、计算机辅助设计(CAD)、工艺美术设计、插图绘制等。常用软件有 CorelDRAW、Illustrator、Freehand、CAD 等。常见的矢量图格式有 *.cdr(CorelDRAW)、*.ai(Illustrator)、*.dwg(AutoCAD)、*.eps(Encapsulated PostScript)等。

2.2　像素与分辨率

Photoshop 的图像基于位图格式,而位图的基本单位是像素,因此,在创建位图图像时需要指定分辨率的大小。图像的像素与分辨率能体现图像的清晰度,决定图像的质量。

2.2.1　像素

像素全称为图像元素。像素是指由图像的小方格即像素(pixel)组成的,这些小方格都有一个明确的位置和被分配的色彩数值,而这些小方格的颜色和位置就决定该图像呈现的样子。可以将像素视为整个图像中不可分割的单位或者是元素,不可分割的意思是它不能够再切割成更小单位抑或是元素,它是以一个单一颜色的小方格存在的。每一个点阵图像包含了一定量的像素,这些像素决定图像在屏幕上呈现的大小。这种最小的图形单元在屏幕上显示的通常是单个的染色点。越高位的像素,其拥有的色板也越丰富,也越能表达颜色的真实感。像素仅仅只是分辨率的尺寸单位,而不是画质。

像素是构成数码影像的基本单元,当图片尺寸以像素为单位时,需要指定其固定的分辨率,才能将图片尺寸与现实中的实际尺寸相互转换。例如,大多数网页制作常用图片分辨率为72ppi,即每英寸像素为72,1in(1in=2.54cm)等于2.54cm,通过换算可以得出每厘米等于28像素;又如15cm×15cm长度的图片,等于420×420ppi的长度。

2.2.2 分辨率

分辨率可以按显示分辨率与图像分辨率分类,用于描述图像文件信息。

显示分辨率(屏幕分辨率)是屏幕图像的精密度,是指显示器所能显示的像素有多少。如分辨率160×128是水平方向含有像素数为160个,垂直方向含有像素数为128个。由于屏幕上的点、线和面都是由像素组成的,显示器可显示的像素越多,画面就越精细,屏幕区域内能显示的信息也越多,所以分辨率是个非常重要的性能指标之一。可以把整个图像想象成是一个大型的棋盘,而分辨率的表示方式就是所有经线和纬线交叉点的数目。显示分辨率一定的情况下,显示屏越小图像越清晰;反之,显示屏大小固定时,显示分辨率越高图像越清晰。常用的显示分辨率单位为lpi(线/英寸)。

图像分辨率是图像中单位英寸所包含的像素点数,其定义更趋近于分辨率本身的定义。图像的分辨率越高,所包含的像素就越多,图像就越清晰、精细度就越高,印刷的质量也就越好。同时,它也会增加文件占用的存储空间。图像分辨率通常以ppi(像素/英寸)、dpi(点/英寸)为单位来表示大小。例如300×300ppi分辨率,即表示水平方向与垂直方向上每英寸长度上的像素数都是300,也可表示为1平方英寸内有9万(300×300)个像素。

lpi与dpi无法换算,只能凭经验估算。

2.3 色 彩 模 式

色彩模式是数字世界中表示颜色的一种算法。在数字世界中,为了表示各种颜色,人们通常将颜色划分为若干分量。由于成色原理不同,决定了显示器、投影仪、扫描仪这类靠色光直接合成颜色的颜色设备和打印机、印刷机这类靠使用颜料的印刷设备在生成颜色方式上有非常大的区别。常见的色彩模式有RGB模式、CMYK模式、Lab模式、灰度模式。

2.3.1 RGB模式

RGB模式是一种加色模式,又称为三基色,属于自然色彩模式。它通过对红(Red)、绿(Green)、蓝(Blue)三个基本颜色通道的变化,以及它们相互之间的叠加得到各式各样的颜色,如图2-2所示。这个色彩标准几乎包括了人类视力所能感知的所有颜色,是目前运用最广的颜色系统之一。

图2-2　RGB模式

RGB 模式使用 RGB 模型为图像中每一个像素的 RGB 分量分配一个 0～255 范围内的强度值。例如,纯红色 R 值为 255,G 值为 0,B 值为 0;灰色的 R、G、B 三个值相等(除了 0 和 255);白色的 R、G、B 值都为 255;黑色的 R、G、B 值都为 0。RGB 图像只使用三种颜色,就可以使它们按照不同的比例混合,在屏幕上重现 1680(256×256×256)万种颜色。

扫描仪、显示器、投影设备、电视、电影屏幕等都依赖于这种加色模式。但是,这种模式的色彩范围超出了打印和印刷的范围,因此输出后颜色会偏暗一点。在很多设计项目中,色彩模式一般先设定为 RGB 模式,在最后定稿输出时再转化为 CMYK 模式。

2.3.2　CMYK 模式

CMYK 模式是一种减色模式,又称为印刷四分色,代表印刷上用的四种颜色,C 代表青色(Cyan),M 代表品红色(Magenta),Y 代表黄色(Yellow),K 代表黑色(Black),如图 2-3 所示,也属于自然色彩模式。

CMYK 模式表现的是当阳光照射到一个物体上,这个物体将吸收一部分光线,并将剩下的光线进行反射,反射的光线就是我们看见的物体颜色。例如,当白光照射到品红色的印刷品上时,之所以能看到它是品红色的,是因为它吸收了其他颜色而反射品红色。

图 2-3　CMYK 模式

在实际应用中,青、红和黄很难叠加形成真正的黑色,最多不过是褐色而已,所以才引入了 K——黑色。黑色的作用是强化暗调,加深暗部色彩。CMYK 模式被广泛应用于印刷、制版行业,各参数值范围为 0～100%。

2.3.3　Lab 模式

Lab 模式由三个通道组成,一个通道是明度,即 L(0～100),另外两个通道是色彩,用 A(－128～127)和 B(－128～127)表示,如图 2-4 所示。A 通道包括的颜色是从深绿色(低亮度值)到灰色(中亮度值)再到亮粉红色(高亮度值),B 通道包括的颜色是从亮蓝色(低亮度值)到灰色(中亮度值)再到黄色(高亮度值)。

RGB 模式是一种发光屏幕的加色模式,CMYK 模式是一种颜色反光的印刷减色模式。而 Lab 模式既不依赖于光线,也不依赖于颜料,它是 1931 年国际照明委员会(CIE)确定的一个理论上包括了人眼可以看见的所有色彩的色彩模式,不依赖于任何设备。

Lab 模式弥补了 RGB 和 CMYK 两种色彩模式的不足,也是 Photoshop 在不同色彩模式之间转换时使用的内部色彩模式,因为它的色域包括了 RGB 和 CMYK 的色域,所以是目前所有模式中色彩范围(也称为色域)最广的颜色模式,它能毫无偏差地在不同系统和平台之间进行转换。

2.3.4　灰度模式

灰度模式用单一色调表现图像,如图 2-5 所示。一个像素的颜色用 8 位元表示,一共可表现 256 阶(色阶)的灰色调(含黑和白),也就是 256 种明度的灰色。它是从黑→灰→白的过渡,如同黑白照片。灰度模式用于将彩色图像转为高品质的黑白图像(有亮度效果)。灰度值可以用黑色油墨覆盖的百分比表示,而颜色调色板中的 K 值用于衡量黑色油墨的量。将彩色图像转换为灰度模式时,所有的颜色信息都将被删除。虽然 Photoshop 允许将灰度模式的图像再转换为彩色模式,但是原来已经丢失的颜色信息则不能再返回。

图 2-4 Lab 模式　　　　　　　　　　　　图 2-5　灰度模式

2.3.5　HSB 模式

HSB 模式表示色相、饱和度、亮度。这是一种从视觉的角度定义的颜色模式。Photoshop 可以使用 HSB 模式从颜色面板拾取颜色,但没有提供用于创建和编辑图像的 HSB 模式。在 0~360°的标准色轮上,色相是按位置度量的。在通常的使用中,色相是由颜色名称标识的,比如红色、绿色或橙色。饱和度 S 是指颜色的强度或纯度。饱和度表示色相中彩色成分所占的比例,以 0(灰色)~100%(完全饱和)的百分比度量。在标准色轮上的饱和度是从中心逐渐向边缘递增的。亮度 B 是颜色的相对明暗程度,通常是以 0(黑色)~100%(白色)的百分比度量。

除了以上几种常见的色彩模式之外,还有一些特别的色彩模式,如位图模式、双色调模式、索引模式和多通道模式等。

2.3.6　索引模式

索引模式是网上和动画中常用的图像模式,当彩色图像转换为索引颜色的图像后,包含近 256 种颜色。索引颜色图像包含一个颜色表。如果原图像中颜色不能用 256 色表示,Photoshop 会从可使用的颜色中选出最相近颜色模拟这些颜色,这样可以减小图像文件的尺寸。索引模式用来存放图像中的颜色并为这些颜色建立颜色索引,颜色表可在转换的过程中定义或在生成索引图像后修改。

2.3.7　多通道模式

多通道模式的英文是 Multichannel。在多通道模式中,每个通道都含有 256 灰度级存放图像中颜色元素的信息。该模式多用于特定的打印或输出。当将图像转换为多通道模式时,可以使用下列原则:原始图像中的颜色通道在转换后的图像中变为专色通道;通过将 CMYK 图像转换为多通道模式,可以创建青色、洋红、黄色和黑色专色通道;通过将 RGB 图像转换为多通道模式,可以创建青色、洋红和黄色专色通道;通过从 RGB、CMYK 或 Lab 图像中删除一个通道,可以自动将图像转换为多通道模式等,对有特殊打印要求的图像非常有用。例如,如果图像中只使用了一两种或两三种颜色时,使用多通道模式可以减少印刷成本。

2.3.8　位图模式

Photoshop 使用的位图模式只使用黑白两种颜色中的一种表示图像中的像素。位图模式的图像也叫作黑白图像,它包含的信息最少,因而图像也最小。当一幅彩色图像要转换成黑白模式时,不能直接转换,必须先将图像转换成灰度模式,再转换为位图模式。

2.4　文　件　格　式

文件格式(或文件类型)指计算机为了存储信息而使用的对信息的特殊编码方式,是用于识别内部储存的资料。比如,有的储存图片,有的储存程序,有的储存文字信息。每一类信息都可以以一种或多种文件格式保存在计算机中。每一种文件格式通常会有一种或多种扩展名可以用来识别,但也可能没有扩展名。扩展名可以帮助应用程序识别文件格式。常见的文件格式图标如图 2-6 所示。

图 2-6　常见的文件格式图标

2.4.1　PSD 格式

PSD 格式是 Adobe 公司开发的专门用于支持 Photoshop 软件的默认的文件格式,也是除大型文档格式 PSB 之外支持 Photoshop 所有功能的唯一格式。这种格式可以存储 Photoshop 中所有的图层、通道、参考线、注解和颜色模式等信息。因此,将文件存储为 PSD 格式时,可以调整首选项设置从而最大限度地提高文件的兼容性,也方便在其他程序中快速读取文件。

PSD 格式在保存时会将文件压缩,以减少占用磁盘空间,但 PSD 格式所包含图像数据的信息较多(如图层、通道、剪辑路径、参考线等),因此它比其他格式的图像文件还是要大很多。同时,由于 PSD 文件保留了所有原图像数据信息,因而修改起来较为方便。大多数排版软件不支持 PSD 格式的文件,必须在图像处理完以后,再转换为其他占用空间小、存储质量好的文件格式。

2.4.2　JPEG 格式

JPEG 的英文全称是 Join Picture Expert Group(联合图像专家组),它是目前应用最为广泛的一种可跨平台操作的有损压缩格式。此格式的图像通常用于图像预览和一些超文本文档中(HTML 文档)。JPEG 格式的最大特色就是文件比较小,可以进行高倍率的压缩,是目前所有格式中压缩率最高的格式之一。但是 JPEG 格式在压缩保存的过程中会以损失最小的方式丢掉一些肉眼不易察觉的数据。因而保存的图像与原图有所差别,没有原图的质量好,因此,对画质要求较高的印刷品最好不要用此图像格式。

JPEG 格式支持 CMYK、RGB 和灰度的颜色模式,但不支持 Alpha 通道。当将一个图像另存为 JPEG 的图像格式时,会打开 JPEG Options 对话框,从中可以选择图像的品质和压缩比例,通常情况下选择"最大"选项压缩图像所产生的品质与原来图像的质量差别不大,但文件大小会减少很多。

2.4.3 TIF(TIFF)格式

TIF 也称 TIFF,英文全称是 Tagged Image File Format(标记图像文件格式)。它是一种无损压缩格式,广泛用于应用程序之间和计算机平台之间的图像数据交换,多用于桌面排版、图形艺术软件。TIF 格式除了支持 RGB、CMYK 和灰度三种色彩模式外,还支持通道、图层和裁切路径的功能,可将图像中的裁切路径以外的部分置入排版软件(如 Pagemaker 软件)时变为透明。

TIF 格式对色彩通道图像来说具有很强的可移植性,是基于标记的文件格式,广泛地应用于对图像质量要求较高的图像的存储与转换中。由于它结构灵活、包容性大,现已成为图像文件格式的一种标准。TIF 格式还允许使用 Photoshop 中的复杂工具和滤镜特效。

2.4.4 BMP 格式

BMP(Bitmap)是 Windows 操作系统中的标准图像文件格式,可以将它分成两类:设备相关位图(DDB)和设备无关位图(DIB)。它采用位映射存储格式,除了图像深度可选以外,不采用其他任何压缩,因此,BMP 是一种无损压缩文件,存储时不会对图像质量产生影响,支持 RGB、索引颜色、灰度和位图颜色模式,但是文件所占用的空间很大。由于 BMP 文件格式是 Windows 环境中交换与图有关的数据的一种标准,因此在 Windows 环境中运行的图形图像软件都支持 BMP 格式。

2.4.5 PNG 格式

PNG 的英文全称是 Portable Network Graphics(便携式网络图形),也是一种无损压缩的位图图像格式。其设计目的是试图替代 GIF 和 TIFF 文件格式,同时增加一些 GIF 文件格式所不具备的特性。PNG 支持 24 位图像,并产生无锯齿状边缘的背景透明效果,但是有些 Web 浏览器不支持 PNG 格式。PNG 的名称来源于"可移植网络图形格式(Portable Network Graphic Format,PNG)",也有一个非官方解释是"PNG's Not GIF"。PNG 一般应用于 Java 程序、网页或 S60 程序中,原因是它的压缩比高,生成文件的体积小。

2.4.6 EPS 格式

EPS 的英文全称是 Encapsulated Post Script,是 Illustrator 软件和 Photoshop 软件之间可交换的文件格式,是最为广泛地被矢量绘图软件和排版软件所接受的文件格式,也是目前桌面印刷系统普遍使用的通用交换格式中的一种综合格式。

EPS 格式可以在 Mac 和 PC 环境下的图形与版面设计中广泛使用,并可在 PostScript

输出设备上打印。几乎每个绘图程序及大多数页面布局程序都允许保存 EPS 文档。在 Photoshop 中,可通过文件菜单的放置(Place)命令(注:Place 命令仅支持 EPS 插图)转换成 EPS 格式。但是,由于 EPS 格式在保存过程中图像体积过大,因此,如果仅仅是保存图像,建议不要使用 EPS 格式。如果文件要打印到无 PostScript 的打印机上,最好也不要使用 EPS 格式,可用 TIFF 或 JPEG 格式来替代。

2.4.7　CDR 格式

CDR 格式是著名绘图软件 CorelDRAW 的专用图形文件格式。由于 CorelDRAW 是矢量图形绘制软件,所以 CDR 可以记录文件的属性、位置和分页等。但它在兼容性方面比较差,所有 CorelDRAW 应用程序中均能够使用,但其他图像编辑软件打不开此类文件。CDR 文件是一种矢量图文件。与另一著名矢量绘图软件 Adobe Illustrator 的 AI 格式可相互导入或导出。低版本可以导进高版本;反之不行。

2.4.8　AI 格式

AI 格式是 Adobe Illustrator 软件的输出格式,是一种矢量图形文件。与 PSD 格式文件相同,AI 文件也是一种分层文件,用户可以对图形内所存在的层进行操作,所不同的是 AI 格式文件是基于矢量输出的,可在任何尺寸大小下按最高分辨率输出,而 PSD 文件是基于位图输出。AI 文件的优点是占用硬盘空间小,打开速度快。

2.4.9　INDD 和 INDB 格式

INDD 格式是 Adobe InDesign 软件的专业存储格式。Adobe InDesign 是专业的书籍排版软件,专为要求苛刻的工作流程而构建,可与 Adobe 的 Photoshop、Illustrator、Acrobat 等软件完美集成。因 Adobe InDesign 是组版软件,格式一般不为其他软件所用,但它是 Pagemaker 的替代品,可以打开 Pagemaker 的文件,具有 Pagemaker 软件的功能,而且它的功能更加强大,例如,可以将字体转化为曲线(路径),并可将其进行渐变,或可使用透明滤镜等。

模块 2

Photoshop CC 软件应用

Photoshop CC基本操作

内容简介

　　本章主要介绍Photoshop CC软件的工作界面和文件基本操作,其中包括 11 个菜单栏、21 组工具箱以及控制面板、标题栏等界面,包括新建、存储、打开、关闭等操作命令;最后介绍颜色设置、标尺、参考线及图像显示控制等辅助功能。通过本章的学习,可以快速熟悉Photoshop CC 软件操作,有助于更好地完成后面章节的学习和实训任务。

学习目标

　　1. 熟悉 Photoshop CC 软件的工具箱、工具选项栏、菜单栏、控制面板等界面操作。
　　2. 掌握文件的新建、打开、存储、关闭等基本操作。
　　3. 掌握颜色设置、标尺、参考线、图像显示控制等辅助功能操作。
　　4. 会制作简单的名片设计。

3.1　工作界面介绍

　　安装并启动 Photoshop CC 后,就可以进入 Photoshop CC 全新的工作界面。整个工作界面在原来的版本上做了深入的改动,不但对面板菜单进行了调整,同时以更人性化的设计构架整个界面,使软件操作变得更得心应手。

　　Photoshop CC 的工作界面以全新的深灰色显示,由菜单栏、工具箱、图像窗口、面板等组成,如图 3-1 所示,下面进行详细介绍。

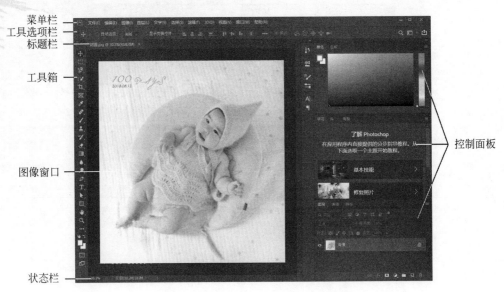

图 3-1　Photoshop CC 2019 工作界面

3.1.1　菜单栏

Photoshop CC 将所有的功能命令分类后,分别放在 11 个菜单栏中,菜单栏中提供了文件、编辑、图像、图层、文字、选择、滤镜、3D、视图、窗口、帮助菜单命令,这些菜单命令是按主题进行组织的。

使用菜单栏时应注意以下几点:

(1) 单击菜单栏中的菜单命令。菜单命令为灰色显示时,表示该命令在当前状态下不可执行。

(2) 菜单后面标有黑色三角形图标,表示该命令还有下一级子菜单。

(3) 菜单命令后标有省略号,表示单击该命令将会弹出一个对话框。

(4) 使用快捷键执行菜单命令。大部分菜单命令都有快捷键,使用快捷键执行菜单命令是最快速的一种方法。例如,要执行【图层样式】命令,可以先按下快捷键 Alt+L 打开【图层】菜单,然后再按下【图层样式】命令的快捷键 Y 键。例如,按下快捷键 Ctrl+J 执行【复制图层】命令。

3.1.2　工具箱

第一次启动 Photoshop CC 时,工具箱位于屏幕左侧。拖动工具箱的标题栏,可以将其停放在工作窗口的任意位置。执行【窗口】|【工具】命令,可以显示或隐藏工具箱。

Photoshop CC 的工具箱中共有 19 组工具,从工具的形态和名称基本可以了解该工具的功能。将鼠标放置在某个图标上,即可显示该工具的名称,若右击按钮图标,则会显示该工具组中其他隐藏的工具,如图 3-2 所示。

注意:工具箱中有些工具按钮在右下角带有一个黑色的三角形图标,表示该工具组含有隐藏工具。按住 Alt 键的同时单击含有隐藏工具的按钮,或者按住 Shift 键反复按相应工具的快捷键,可以循环选择隐藏工具。

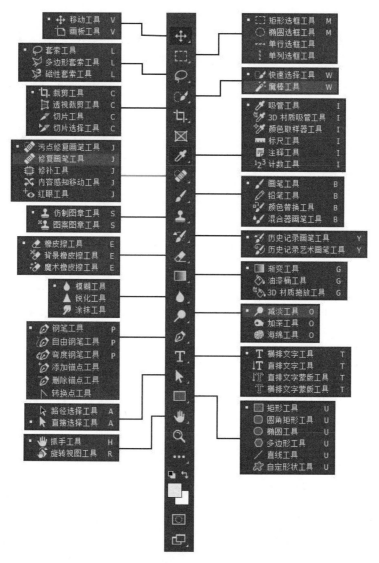

图 3-2　工具箱

3.1.3　工具选项栏

工具选项栏又叫作属性栏,当用户选中工具栏中的某项工具时,工具选项栏会改变成相应工具的属性设置选项,用户可以在其中设定工具的各种属性,如图 3-3 所示。

图 3-3　【钢笔工具】选项栏

3.1.4　控制面板

控制面板又叫调板,它汇集了 Photoshop 操作中常用的选项和功能。在【窗口】菜单下提供了 20 多种面板命令,选择相应的命令就可以在工作界面中打开相应的面板。利用工具箱中的工具或菜单栏中的命令编辑图像后,使用控制面板可进一步细致地调整各选项,将控制面板功能应用于图像上。

默认情况下,控制面板是成组出现的,并且以标签区分。在处理图像的过程中,控制面板可以自由地移动、展开、折叠,也可以显示或隐藏。

1. 显示或隐藏

执行【窗口】菜单中相应的命令,可以显示或隐藏控制面板。

编辑图像时,暂时不用的控制面板可以将其隐藏,需要时再调出来。单击 Photoshop CC 右方的折叠图标按钮 ▶▶ ,可以折叠控制面板;再次单击折叠图标按钮可恢复控制面板。

注意:重复按 Tab 键,可以显示或隐藏控制面板组、工具箱及工具选项栏。重复按快捷键 Shift＋Tab,可显示或隐藏控制面板组。

2. 调整大小

可以将鼠标指针移至控制面板四周,当鼠标指针变为双向箭头时拖动鼠标,调整控制面板的大小。

3. 拆分与组合

控制面板组可以自由拆分或组合。将鼠标指针指向控制面板的标签,按住鼠标左键拖动可以将该控制面板移动到控制面板组外,即拆分控制面板组;将控制面板拖动到另一个控制面板组中,即可重新组合控制面板组。

4. 面板菜单

每个控制面板组的右上角都有一个四横线按钮 ≡ ,单击它可以打开相应的面板菜单,该面板的所有操作命令都包含在面板菜单中,如图 3-4 所示。

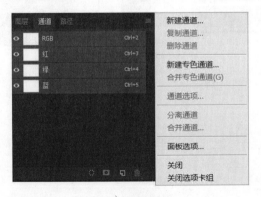

图 3-4　面板菜单

5. 使用面板窗口

在 Photoshop CC 中,所有的控制面板都可以单击面板右端的按钮 ▶▶ 将其折叠为图标,或单击按钮 ≡ 选择关闭【选项卡组】将其关闭。

如果调整控制面板时觉得不合理,想恢复到默认状态,可以执行【窗口】|【工作区】|【复位基本功能】命令。

3.1.5　标题栏

打开一个文件以后,Photoshop 会自动创建一个标题栏。在标题栏中会显示这个文件的名称、格式、窗口缩放比例以及颜色模式等信息。

3.1.6　状态栏

　　状态栏在窗口的最底部，用于显示图像处理的各种信息。

　　当新建或打开图像文件以后，有关图像文件的大小及其他信息将显示在状态栏上。状态栏可分为三个部分，依次为显示比例、文件信息、提示信息。其中，显示比例用于显示当前图像缩放的百分比，文件信息用于显示当前图像的有关信息，提示信息显示了所选工具的操作信息，如图 3-5 所示。

　　左侧的 66.55% 为【缩放比例】文本框。在该文本框中输入缩放比例，按 Enter 键确认，可按输入的比例缩放文档中的图像。

　　如果用鼠标左键按住状态栏的中间部分，将显示当前图像的高度、宽度、通道和分辨率这几方面信息，如图 3-6 所示。

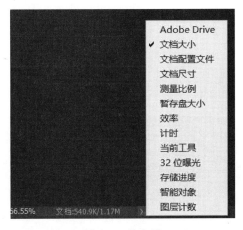

图 3-5　状态栏

图 3-6　图像的相关信息

　　在状态栏中单击灰色的箭头图标，可以出现一个选项菜单，各菜单的意义如下。

　　Adobe Drive：可以进行文件的版本控制。

　　【文档大小】：显示有关图像数据量的信息。如图 3-5 所示左边的数字表示图像的打印大小，它近乎以 PSD 格式拼合后并存储的文件大小；右边的数字表示文件的近似大小，包括图层和通道。

　　注意：这里显示的文件大小与实际存盘的文件大小将有一些出入，这仅是一个参考数值，因为在存盘的过程中还要进行压缩或附加信息的处理。

　　【文档配置文件】：显示图像使用的颜色配置文件的名称。

　　【文档尺寸】：显示图像的尺寸大小。

　　【测量比例】：显示图像测量的比例大小及测量单位。

　　【暂存盘大小】：显示用于处理图像的内存和暂存盘的有关数量信息。

　　【效率】：以百分数的形式表示图像的可用内存大小。

　　【计时】：显示上一次操作所使用的时间。

　　【当前工具】：显示当前正在使用的工具。

【32 位曝光】：用于调整预览图像，以便在计算机显示器上查看 32 位/通道高动态范围（HDR）图像的选项。只有当文档窗口显示 HDR 图像时，该滑块才能用。

【存储进度】：保存文件时，显示存储进度。

【智能对象】：可保留图像的原始内容以及原始特性，防止用户对图层执行破坏性编辑。选择此项可显示丢失或已更改的对象。

【图层计数】：显示当前的图层数量。

3.2　文件的基本操作

3.2.1　新建文件

启动 Photoshop CC 后，系统不会产生一个默认的图像文件，这时用户可根据需要新建一个图像文件。新建图像文件是指新建一个空白图像文件，所以设计图像作品时必须从新建文件开始。

新建文件的基本操作步骤如下。

步骤一：打开 Photoshop CC，启动界面如图 3-7 所示，执行【新建】命令或按下快捷键 Ctrl＋N，弹出【新建文档】对话框，如图 3-8 所示。

图 3-7　Photoshop CC 的启动界面

步骤二：在对话框中设置文件的相关选项。

在【名称】文本框中输入文件的名称，系统的默认名称为"未标题-1"。

在【新建文档】对话框的菜单栏里可以选择系统预设或最近使用的图像尺寸，如果需要自定义图像尺寸，可以直接在【预设详细信息】面板中，在【宽度】和【高度】文本框中输入图像的宽度值与高度值，并选择合适的尺寸单位和纸张方向，如图 3-9 所示。

图 3-8 【新建文档】对话框

在【分辨率】选项中确定图像的分辨率。通常情况下,如果制作图像仅用于计算机屏幕显示,图像分辨率只需用 72ppi 或 96ppi 即可;如果制作的图像需要打印输出,最好用最低分辨率 300ppi。一般把图像【分辨率】设置为 72ppi。因为加大分辨率、高度或宽度的值,图像的尺寸也会随之增大。在实际操作中应尽量避免大图像,因为大图像在操作的时候反应比较慢,会降低计算机的运行速度。

在【颜色模式】下拉列表中可以选择图像的色彩模式,如图 3-10 所示。一般设计图像时

图 3-9 【预设详细信息】

图 3-10 【颜色模式】下拉列表

使用 RGB 模式,因为很多操作只有在 RGB 模式下才可以使用,然后再根据需求将图像转换为 CMYK 模式或 Lab 模式等进行输出。

在【背景内容】下拉列表中可确定图像中的背景图层颜色,如图 3-11 所示。可以将图像设置为白色、黑色或背景色,也可以通过单击右边方块进行颜色拾取。

步骤三:单击【创建】按钮,建立一个新的图像文件。

注意:如果已经打开文件,则无启动界面,可以通过执行下拉菜单中的【文件】|【新建】命令实现。

图 3-11　【背景内容】下拉列表

3.2.2　打开文件

如果要编辑一个已经存在的图像文件,需要打开文件。打开图像文件的基本操作步骤如下。

步骤一:打开 Photoshop CC,启动界面如图 3-12 所示,执行【打开】命令或按下快捷键 Ctrl+O,弹出【打开】对话框,如图 3-13 所示。单击文件,打开所选的图像文件。

图 3-12　Photoshop CC 启动界面

步骤二:打开 Photoshop CC,启动界面上显示【最近打开文件】下所有文件的缩略图,单击缩略图即可打开相应的文件。该命令的菜单中记录了最近打开过的图像文件名称,默认情况下可以记录 20 个最近打开的文件。

注意:如果已经打开文件,则无启动界面,可以通过执行下拉菜单中的【文件】|【打开】命令实现。

3.2.3　存储文件

在处理图像的过程中,一定要养成及时保存文件的好习惯,否则很容易前功尽弃。Photoshop CC 为保存图像文件提供了三种方法。

图 3-13 【打开】对话框

方法一：执行【文件】|【存储】命令,或按下快捷键 Ctrl＋S,可以保存图像文件。如果是第一次执行该命令,将弹出【存储为】对话框用于保存文件,如图 3-14 所示。

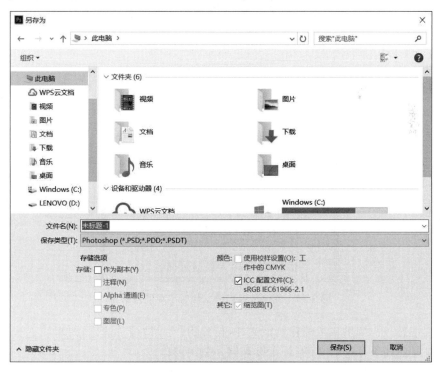

图 3-14 【存储为】对话框

方法二：执行【文件】|【存储为】命令,或按下快捷键 Shift＋Ctrl＋S,可以将当前编辑的文件按指定的格式另取名字存盘,当前文件名将变更为新文件名,原来的文件仍然存在,不

会被覆盖。

方法三：执行【文件】|【导出】|【存储为 Web 所用格式】命令，或按下快捷键 Alt＋Shift＋Ctrl＋S 可以将图像文件保存为网络图像格式，并且可以对图像进行优化，如图 3-15 所示。

图 3-15　【存储为 Web 所用格式】对话框

3.2.4　关闭文件

关闭文件有两种方法。

方法一：执行【文件】|【关闭】命令或【关闭全部】命令。

方法二：单击图像窗口标题栏右侧的关闭按钮。如果图像尚未存盘，将弹出一个对话框询问是否存盘，如图 3-16 所示。

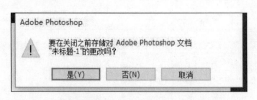

图 3-16　关闭未保存的文件时出现的对话框

单击【是】按钮，如果从未保存过该文件，将弹出【存储为】对话框，要求输入文件名进行存储；如果是已经保存过的文件，将直接存储并关闭窗口。

单击【否】按钮，将直接关闭文件，但不进行存储。

单击【取消】按钮，将取消关闭操作，并返回 Photoshop 工作环境。

3.3 基础辅助功能

基础辅助功能包括颜色设置、图像的显示与控制、标尺与参考线等内容。

3.3.1 颜色设置

一般情况下,绘制图形、填充颜色或编辑图像时需要先选颜色。Photoshop CC 为用户选取颜色提供了多种解决方案,在处理图像作品时要灵活运用。

1. 利用【拾色器】窗口

在 Photoshop CC 工具箱的下方提供了一组专门用于设置前景色、背景色的色块,如图 3-17 所示。

图 3-17 颜色设置工具

默认颜色按钮:可以将颜色设置为默认色,即前景色为黑色,背景色为白色,快捷键为 D 键。

前景色、背景色转换按钮:可以转换前景、背景的颜色,快捷键为 X 键。

前景色、背景色按钮:单击前景色、背景色色块,则弹出如图 3-18 所示的【拾色器】窗口。在该窗口中,设置任何一种色彩模式的参数值都可以选取相应的颜色,也可以在窗口左侧的色域中左击选取相应颜色。

图 3-18 【拾色器】窗口

注意:在【拾色器】窗口中,用户可以设置出 1680 多万种颜色。如果所选颜色旁边出现标识,表示该颜色超出了 CMYK 颜色,印刷输出时标识下方的颜色将替代所选颜色。

在工具箱中设置前景色或背景色的基本操作步骤如下。

步骤一：单击前景色或背景色色块，打开【拾色器】窗口。

步骤二：在该窗口中选择所需要的颜色。

步骤三：单击【确定】按钮，即可将所选颜色设置为前景色或背景色。

2. 利用【颜色】面板

使用【颜色】面板可以方便地选择所需的颜色。执行【窗口】|【颜色】命令，或者按下快捷键 F6，可以打开【颜色】面板，如图 3-19 所示。

在【颜色】面板中可以进行以下操作。

(1) 单击前景色、背景色色块，直接在色彩区域里选取颜色。

(2) 双击前景色、背景色色块进入【拾色器】窗口。

3. 利用【色板】面板

利用【色板】面板选取颜色是最快捷的一种选色方式。利用它可以非常方便地设置前景色、背景色，并且可以任意添加或删除色板。

执行【窗口】|【色板】命令，打开【色板】面板，如图 3-20 所示。将鼠标指针移到【色板】面板，当鼠标指针变为 🖊 时单击所需色板，可以设置前景色；按住 Ctrl 键的同时单击所需色板，则可以设置背景色。

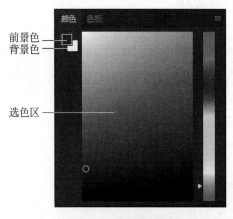

图 3-19　【颜色】面板

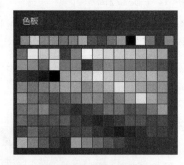

图 3-20　【色板】面板

3.3.2　图像的显示与控制

图像的显示与控制操作在图像处理的过程中使用比较频繁，主要包括图像的缩放、查看图像的不同位置、窗口布局等。

1. 图像的缩放

在图像标记过程中，经常需要将图片的某一部分进行放大或缩小，以便于操作。放大或缩小图像时，窗口的标题栏和底部的状态栏中将显示缩放百分比。

在 Photoshop CC 中，图像的缩放方式有以下几种。

(1) 选择【缩放工具】🔍，将鼠标指针移动到图像上，鼠标指针变为 🔍 时，每单击一次，图像将放大一级，并以单击的位置为中心显示。当图像放大到最大放大级别时将不能再放大。按住 Alt 键，鼠标指针变为 🔍，每单击一次，图像将缩小一级。当图像缩小到最大缩小级别（在水平和垂直方向只能看到一个像素）时将不能再缩小。

（2）选择【缩放工具】🔍，在要放大的图像上按住鼠标左键来回拖动，图像将迅速放大或缩小。

注意：任何情况下按住快捷键 Ctrl＋Space 键，鼠标指针都将变成🔍形状；按住快捷键 Alt＋Space 键，鼠标指针都将变成🔍形状。在任何情况下，按住 Alt 键并向前滚动鼠标轮，图像将放大；按住 Alt 键并向后滚动鼠标轮，图像将缩小。

2．图像查看

图像被放大后，图像窗口不能将全部图像内容显示出来。如果要查看图像的某一部分时，就需要进行相应的操作。

查看图像有以下几种方法。

（1）选择【抓手工具】✋，将鼠标移到图像上，当鼠标指针变为抓手形状时，按住鼠标左键拖动，可以查看图像的不同部分。

（2）拖动图像窗口上的水平、垂直滚动条可以查看图像的不同部分。

（3）按下键盘中的 PageUp 键或 PageDown 键，可以上下滚动图像窗口查看图像。

（4）可以滚动鼠标的中间滚轮查看图像上下不同的部分。

注意：任何情况下按住 Space 键，鼠标指针都将变为✋形状，此时可拖动鼠标查看图像的不同部分。

3．【导航器】面板的使用

使用【导航器】面板可以方便地缩放与查看图像，这是 Photoshop CC 中唯一用于控制图像显示与缩放的控制面板。执行【窗口】|【导航器】命令，可以打开【导航器】面板，如图 3-21 所示。

（1）单击面板底部的放大按钮或缩小按钮，可以放大或缩小图像。

（2）拖动放大按钮与缩小按钮间的三角形滑块，可以放大或缩小图像。

（3）在左下角的文本框中输入一个比例数值，然后按下 Enter 键，可以按指定的比例放大或缩小图像。

（4）按住 Ctrl 键的同时在面板中的缩略图上按住鼠标左键拖动框选，可以自由指定要放大的图像区域，如图 3-22 所示。

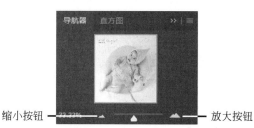

缩小按钮 —— 放大按钮

图 3-21　【导航器】面板

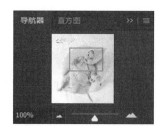

图 3-22　指定要放大的图像区域

（5）在面板中的缩略图上拖动红框，可以查看图像的不同位置（注：框代表图像窗口的显示区域）。

3.3.3　标尺与参考线

标尺、参考线可以帮助用户在图像的长度和宽度方向进行精确定位，这些工具统称为辅助工具。熟练使用这些辅助工具,可以使用户快速、精确地完成设计。对于专业设计人员来说,使用辅助工具进行精细化作业是必不可少的基本技能。

1. 标尺

在 Photoshop CC 中,标尺位于图像工作区域的左侧和顶端位置,是衡量画布大小最直观的工具,当移动鼠标指针时,标尺内的标记将显示鼠标指针的位置;结合标尺和参考线的使用可以准确、精密地标示出操作的范围。

(1) 执行【视图】|【标尺】命令,或按住快捷键 Ctrl+R,可显示和关闭标尺,如图 3-23 所示。

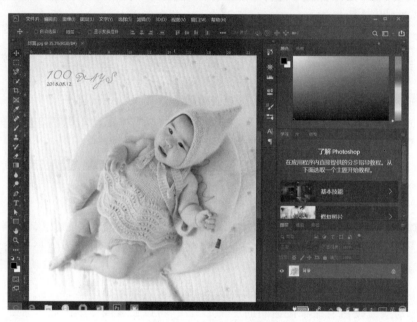

图 3-23　标尺的显示图

(2) 标尺具有多种单位以适应不同大小的图像的操作需求,默认标尺单位为厘米,在标尺上右击,在弹出的快捷菜单中可以更改标尺单位,如图 3-24 所示。

(3) 指定标尺的原点。显示标尺后,可以看到标尺的坐标原点位于图像窗口的左上角。如果需要改变标尺原点,可将鼠标指针置于原点处,然后左击出现"十"字形标志,按住鼠标拖动,在适当位置释放鼠标,则交叉点变为新的标尺原点,如图 3-25 所示。改变了标尺原点后,双击窗口左上角原点处,则新原点变为默认方式。

图 3-24　标尺的单位图

图 3-25　设置标尺原点

2. 参考线

在 Photoshop CC 中编辑图像时,使用参考线同样可以实现精确定位。使用参考线可以用以下方法。

(1) 执行【视图】|【显示】|【参考线】命令,可以显示或隐藏窗口中的参考线。

(2) 如果图像窗口中已显示标尺,将鼠标指针指向水平或垂直标尺向下或向右拖动鼠标,可以创建水平或垂直参考线。按住 Alt 键的同时从水平标尺向下拖动鼠标可以创建垂直参考线,从垂直标尺向右拖动鼠标可以创建水平参考线。

图 3-26 【新建参考线】
对话框

(3) 执行【视图】|【新建参考线】命令,弹出【新建参考线】对话框,如图 3-26 所示。在该对话框中可以选择新建参考线的取向及与相应标尺的距离。

(4) 选择【移动工具】➕,将鼠标指针指向参考线的位置,如果将其拖动至窗口外,可以删除该参考线;也可以执行【视图】|【清除参考线】命令,删除图像窗口中所有的参考线。

(5) 执行【视图】|【锁定参考线】命令,可以锁定图像窗口中所有的参考线,使其不能发生移动。

(6) 执行【视图】|【对齐到】|【参考线】命令,当移动图像或创建选择区域时,可以使图像或选择区域自动捕捉参考线,自动实现对齐操作。

3.4 图像的控制

【图像】下拉菜单如图 3-27 所示,本节主要将对【图像大小】、【画布大小】、【图像旋转】等进行详细介绍。

图像(I) 图层(L) 文字(Y) 选择(S) 滤镜(T) 3D(
模式(M) ▶
调整(J) ▶
自动色调(N)　　　　Shift+Ctrl+L
自动对比度(U)　　Alt+Shift+Ctrl+L
自动颜色(O)　　　　Shift+Ctrl+B
图像大小(I)...　　　　Alt+Ctrl+I
画布大小(S)...　　　　Alt+Ctrl+C
图像旋转(G) ▶
裁剪(P)
裁切(R)...
显示全部(V)
复制(D)...
应用图像(Y)...
计算(C)...
变量(B) ▶
应用数据组(L)...
陷印(T)...
分析(A) ▶

图 3-27 【图像】下拉菜单

3.4.1　图像大小

　　想要调整图像的尺寸,可以用【图像大小】命令完成。执行【图像】|【图像大小】命令,打开【图像大小】对话框,如图 3-28 所示。各选项的具体含义如下。

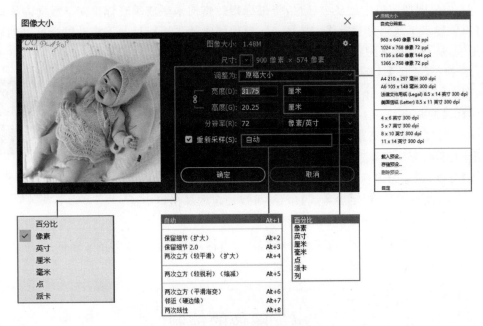

图 3-28　【图像大小】对话框

　　【尺寸】:显示当前文档的尺寸。单击下三角按钮,在弹出的下拉菜单中可以选择尺寸单位。

　　【调整为】:可以选择多种常用的预设图像大小,例如,A4 纸张大小。

　　【宽度/高度】:在文本框中输入数值,即可设置图像的宽度或者高度。输入数值前,需要先在右侧的单位下拉列表中选择合适的单位。

　　约束长宽比 :单击该按钮,对图像大小进行调整,图像还会保持原有的长宽比;若未开启,可以分别调整图像的宽度和高度的数值。

　　【分辨率】:用于设置分辨率大小,调整前需要选择合适的单位。需要注意的是,增大【分辨率】的数值不会使模糊的图片变清晰。

　　【重新采样】:可以选择重新取样的方式。

　　缩放样式 :单击该按钮,在弹出的菜单中选择【缩放样式】,此后,对图像大小进行调整时,其原有样式会按照比例进行缩放。

3.4.2　画布大小

　　画布是指绘制和编辑图像的工作区域,也就是图像显示的区域。调整画布大小可以在图像四边增加空白区域,或者裁剪掉不需要的图像边缘。其操作步骤如下。

　　步骤一:打开素材,执行【图像】|【画布大小】命令,如图 3-29 所示。

　　注意:在【画布大小】对话框中,可将扩展的画布颜色设置为当前前景色或背景色,也可

图 3-29 【画布大小】对话框

将其设置为白色，或者单击颜色图标，打开【拾色器】窗口，自定义画布颜色。

步骤二：设置【定位】项的基准点，调整图像在新画布上的位置和大小，如图 3-30 所示。

图 3-30 调整画布位置和大小

注意：勾选【相对】复选框时，画布大小数值填写的是在原画布大小上增加的；不勾选【相对】复选框时，画布大小数值是按原大小进行调整的。

步骤三：单击【确定】按钮，若新设置的画布比原来的画布小，将弹出如图 3-31 所示对话框，单击【继续】按钮即可。

图 3-31 【画布大小】剪切对话框

3.4.3　图像旋转

执行【图像】|【图像旋转】的子菜单中相应命令解决图像角度问题,如图 3-32 所示。

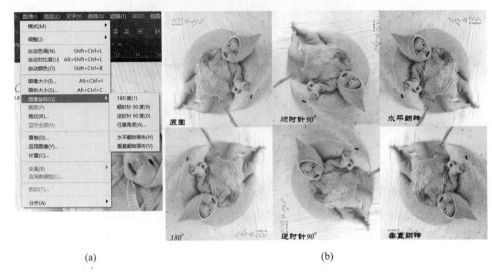

(a)　　　　　　　　　　　　　　　(b)

图 3-32　图像旋转

执行【图像】|【图像旋转】|【任意角度】命令,在弹出的【旋转画布】对话框中输入特定的旋转角度,并设置旋转方向为【度顺时针】或【度逆时针】,如图 3-33 所示。旋转后的画面中多余的部分被填充为当前背景色。

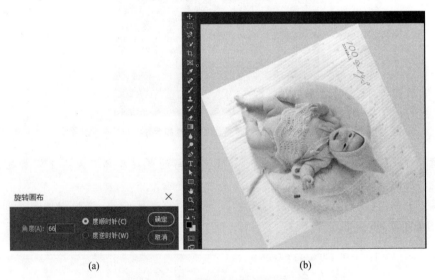

(a)　　　　　　　　　　　　　　　(b)

图 3-33　【任意角度】旋转后的效果

3.4.4　图像裁切

【裁切】和【裁剪】命令都可以对画布大小进行一定的修整,但是两者又有不同的地方,【裁切】命令可以根据像素颜色差别裁剪画布。其操作步骤如下。

步骤一：打开素材。

步骤二：执行【图像】|【裁切】命令，在弹出的【裁切】对话框中选中【左上角像素颜色】单选按钮，单击【确定】按钮，如图 3-34 所示，图像上与右下角相同的颜色区域被剪切掉。

(a)

(b)

(c)

图 3-34 【裁切】命令

【应用案例】 名片设计及展示效果图制作

为自己设计制作一张名片，并完成展示效果图，如图 3-35 所示。

技术点睛：

• 新建图纸、保存图纸、打开文件、置入文件。

• 使用标尺和参考线辅助功能定位。

• 使用【移动工具】移动图层。

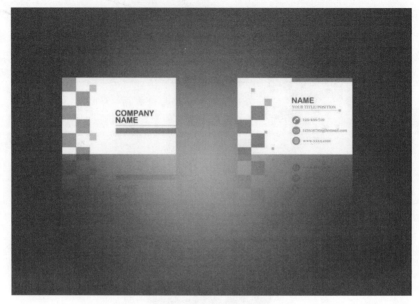

图 3-35　名片最终效果

- 使用【文字工具】编辑字体。
- 使用【渐变工具】、【图层蒙版】对名片进行效果处理。

任务一：制作名片正面

（1）启动 Photoshop CC 软件。

（2）单击【新建】按钮，弹出【新建文档】对话框，如图 3-36 所示，在【预设详细信息】面板中的【名称】文本框中输入文件名为"名片正面"，【宽度】输入 8.5，【高度】输入 5.5，【单位】选择"厘米"，【分辨率】为 300 像素/英寸，【颜色模式】为"RGB 颜色，8 位"，在【背景内容】列表框中选择图像的背景颜色为"白色"，单击【创建】按钮。

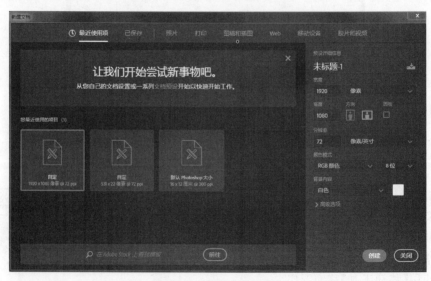

图 3-36　新建"名片正面"

（3）显示【标尺】，利用【移动工具】拉参考线，如图 3-37 所示。

图 3-37　参考线定位(1)

（4）新建图层，使用【矩形选框工具】 绘制矩形，设置相应的前景色，使用【油漆桶工具】 进行填色，然后多次操作，效果如图 3-38 所示。

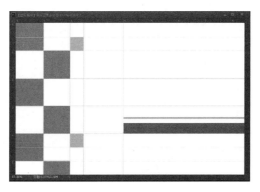

图 3-38　矩形绘制与填色(1)

（5）选择【文字工具】，在工具选项栏上选择文字为 Arial Rounded MT Bold，字体大小为 16 点，颜色为 R:50，G:75，B:90，如图 3-39 所示。

图 3-39　【文字工具】菜单栏编辑

（6）单击图像空白处，输入文字，在图层窗口可得到新的文字图层，然后通过【移动工具】将文字移动到合适的位置，得到名片正面的最终效果，如图 3-40 所示。

（7）按快捷键 Ctrl＋S，将文件保存为 PSD 格式。再用下拉菜单【存储为】将文件保存为 JPEG 格式，便于后面做名片的展示效果图，如图 3-41 所示。

任务二：制作名片反面

（1）按快捷键 Ctrl＋N，弹出【新建文档】对话框，在【预设详细信息】面板中的【名称】文本框中输入文件名为"名片反面"，【宽度】输入 8.5，【高度】输入 5.5，【单位】选择"厘米"，【分辨率】为 300 像素/英寸，【颜色模式】为"RGB 颜色，8 位"，在【背景内容】列表框中选择图像的背景颜色为"白色"，单击【创建】按钮。

图 3-40　名片正面最终效果

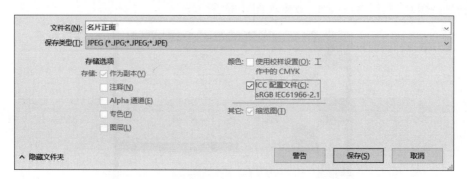

图 3-41　保存格式

（2）显示【标尺】，利用【移动工具】拉参考线，如图 3-42 所示。

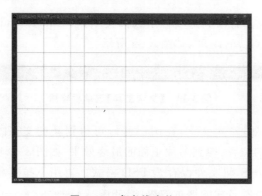

图 3-42　参考线定位（2）

（3）新建图层，使用【矩形选框工具】绘制矩形，设置相应的前景色，使用【油漆桶工具】进行填色，然后多次操作，效果如图 3-43 所示。

（4）置入素材文件 sc1，并根据具体状况对素材大小进行更改，按 Enter 键确定。

（5）选择【文字工具】，在工具菜单栏里选择合适的字体及大小，在图片合适的位置编辑相应文字，得到如图 3-44 所示的最终效果。

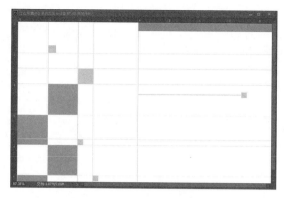

图 3-43　矩形绘制与填色（2）

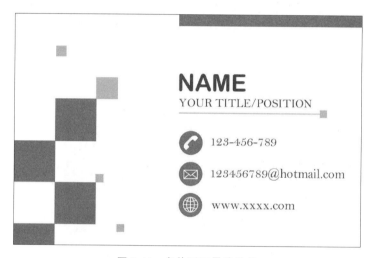

图 3-44　名片反面最终效果

（6）按快捷键 Ctrl＋S，将文件保存为 PSD 格式。再用下拉菜单【存储为】将文件保存为 JPEG 格式，便于后面制作名片效果展示图。

任务三：制作名片效果展示图

（1）单击【新建】按钮，弹出【新建文档】对话框，如图 3-45 所示，在【预设详细信息】面板中的【名称】文本框中输入文件名为"名片设计"，执行【打印】| A4 命令，【纸张方向】为"横向"，【分辨率】为 300 像素/英寸，【颜色模式】为"RGB 颜色，8 位"，在【背景内容】列表框中选择图像的背景颜色为"白色"，单击【创建】按钮。

（2）选择【渐变工具】，选择工具选项栏中的【渐变编辑器】，打开【渐变编辑器】对话框，将第一个色标的颜色设置为 R：193，G：193，B：193，第二个色标的颜色设置为 R：79，G：79，B：79，如图 3-46 所示，单击【确定】按钮。在工具选项栏中选择【径向渐变】，按图 3-47 所示方向对背景图层进行径向渐变色填充。

（3）将所保存的"名片正面.jpg""名片反面.jpg"置入图中，并调整好图片的大小，如图 3-48 所示。

图 3-45　【新建文档】对话框

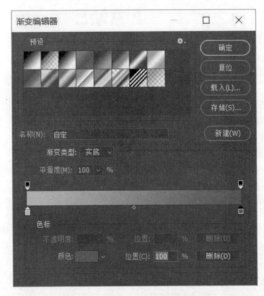

图 3-46　【渐变编辑器】对话框

图 3-47　背景图层渐变方向

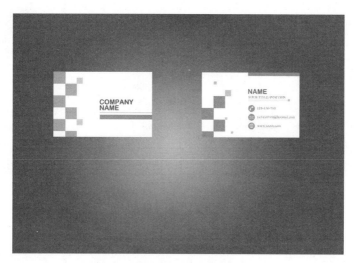

图 3-48　置入"名片正面""名片反面"

（4）将图层"名片正面""名片反面"放入文件组中并将组名改为"名片"，如图 3-49 所示。按快捷键 Ctrl＋J 复制图层组。得到图层"名片-拷贝"并将组名改为"倒影"，单击图层窗口【图层蒙版】 ，对图层组"倒影"链接图层蒙版如图 3-50 所示。

图 3-49　名片组

图 3-50　倒影组

（5）选择"倒影组图层"，按快捷键 Ctrl＋T，右击选择【垂直翻转】，并用【移动工具】将图片移动到合适的位置，按 Enter 键确定，如图 3-51 所示。

（6）选择"倒影组图层"的【图层蒙版】，选择【渐变工具】并用渐变色"黑到白"进行从下到上填充，得到最终名片效果，如图 3-52 所示。

（7）按快捷键 Ctrl＋S，将文件保存为 PSD 格式。

注意：图层蒙版的使用，可以使图层编辑更为便利，在图层蒙版中黑色代表图层隐藏，

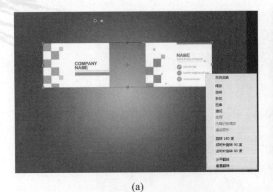   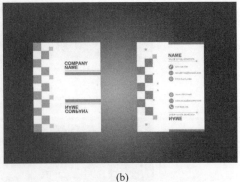

(a)   (b)

图 3-51   垂直翻转

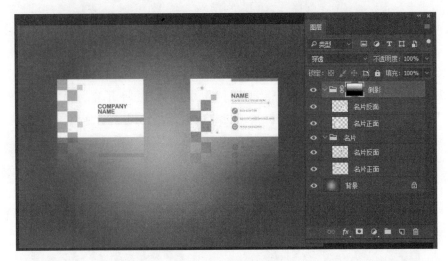

图 3-52   蒙版效果

白色代表图层显示。这类似于哈利·波特的隐形斗篷,穿黑色斗篷,看不见身体,脱下帽子就能看到头部。此知识点在后面章节中还会详细介绍。

【实训任务】   设计制作 VIP 会员卡及展示效果图

请自行设计制作一张专属的 VIP 会员卡,如银行 VIP 会员卡、酒店 VIP 会员卡等。

第4章

选区的绘制与编辑

内容简介

　　本章主要介绍Photoshop软件中的选区相关操作，其中包括工具箱中的选框工具组、套索工具组、魔术棒工具组，【选择】下拉菜单栏中的颜色选择、修改等功能，【编辑】下拉菜单栏中的复制、粘贴等功能。通过本章的学习，可以快速掌握选区的绘制与编辑操作，有助于后期对图像的编辑和处理等操作，更好地完成后面章节的学习和实训任务。

学习目标

　　1. 掌握选框工具组、套索工具组、魔术棒工具组。

　　2. 掌握【选择】下拉菜单栏中的常用选择功能。

　　3. 掌握【编辑】下拉菜单栏中的常用选区功能。

　　4. 会制作简单的照片合成效果。

　　选区在 Photoshop CC 中有非常重要的作用，特定区域的选择和编辑是一项基础性的操作，很多操作都是基于选区进行的。因此，选区的创建效果将直接影响图像处理的品质，这些在使用 Photoshop CC 设计和处理图像的过程中，需要部分调整的特定区域称为选区（被虚线包围的闭合区域，此闭合虚线通常称为蚂蚁线），如图 4-1 所示。

　　在 Photoshop CC 中创建选区的方法有很多，可以通过工具箱中的选区工具组直接创建，可以利用【选择】下拉菜单中的【颜色范围】命令创建，可以使用【路径工具】或使用【滤镜】下拉菜单中的【抽取】命令等创建，还可以使用快速蒙版创建选区。

图 4-1　选区

4.1　使用工具箱

4.1.1　选框工具组

选框工具组包含【矩形选框工具】【椭圆选框工具】【单行选框工具】和【单列选框工具】四种，平时只有被选择的工具为显示状态，其他为隐藏状态，可以通过单击工具按钮的下三角按钮显示所有的工具，如图 4-2 所示。

1. 矩形选框工具

使用【矩形选框工具】可以创建矩形选区。选择工具箱中的【矩形选框工具】，将鼠标指针指向编辑窗口，按住鼠标左键并拖动鼠标，即可创建一个矩形选区；若要创建正方形选区，则按住快捷键 Shift＋鼠标左键并拖动鼠标即可，如图 4-3 所示。

图 4-2　选框工具组　　　　　　　　　　图 4-3　创建正方形选区

如果要得到精确的矩形选区或控制创建选区的操作，只需在【矩形选框工具】选项栏中进行相应的参数设置即可，如图 4-4 所示。各选项的具体含义如下。

图 4-4　【矩形选框工具】选项栏

新选区：可以创建新选区，在图像中单击或按快捷键 Ctrl＋D 可以取消选区。

添加到选区：在已有选区的前提下单击该按钮，继续在图像中绘制选区，如图 4-5 所示；也可以在绘制好一个选区后，按住 Shift 键，当鼠标指针的右下方出现"＋"号时再绘制其他需要增加的选区。

从选区减去：在已有选区的前提下单击该按钮，继续在图像中绘制选区，可以使新绘制的选区减去已有的选区，如图 4-6 所示；也可以在绘制好一个选区后，按住 Alt 键，当鼠标指针的右下方出现"－"号时再绘制用来修剪的选区。

与选区交叉：在已有选区的前提下单击该按钮，继续在图像中绘制选区，可以将新绘制的选区与已有的选区相交，选区结果为相交的部分，如图 4-7 所示；也可以在绘制好一个

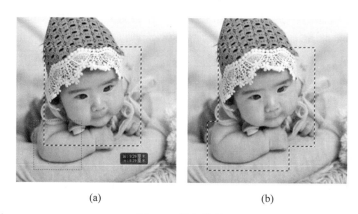

(a)　　　　　　　　　　　　(b)

图 4-5　增加选区

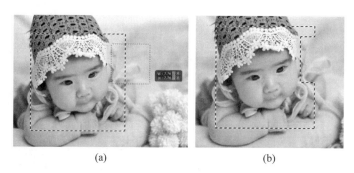

(a)　　　　　　　　　　　　(b)

图 4-6　选区相减

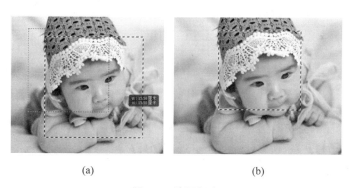

(a)　　　　　　　　　　　　(b)

图 4-7　选区相交

选区后,按住快捷键 Shift＋Alt,当鼠标指针的右下方出现"×"号时再绘制另一个选区。如果新绘制的选区与已有选区无相交,则图像中无选区。

软化选区的边 羽化: 0 像素 :此选框用于设置选区的羽化属性。羽化选区可以模糊选区边缘的像素,产生过渡效果。羽化宽度越大,则选区的边缘越模糊,选区的直角部分也将变得圆滑,这种模糊会使选定范围边缘上的一些细节丢失。在羽化后面的文本框中可以输入羽化数值来设置选区的羽化功能(取值范围是 0～250 像素)。

平滑边缘转换 ☑ 消除锯齿 :勾选此复选框后,选区边缘的锯齿将消除。

注意:此复选框只有在【椭圆选取工具】中才能使用。

设置选框工具如何绘制 样式: 固定比例 ：此选项用于设置选区的形状，单击右侧的三角箭头按钮，打开下列表框，可以选取不同的样式。其中，【正常】表示可以创建不同大小和形状的选区；【固定比例】表示可以设置选区宽度和高度之间的比例，并可在其右侧的【宽度】和【高度】文本框中输入具体的数值；【固定大小】表示将锁定选区的长宽比例及选区大小，并可在右侧的文本框中输入一个数值。

注意：【样式】下拉列表框仅当选择【矩形选框工具】和【椭圆选框工具】后才可以使用。

创建或调整选区 选择并遮住... ：新版 Photoshop CC 更新了一个很强大的功能【选择并遮住】(或使用快捷键 Alt+Ctrl+R)，用它替代原来的【调整边缘】按钮。此功能经常用于对一些毛发质感的图片进行选择创建或调整，单击【选择并遮住】按钮后，界面如图 4-8 所示。

图 4-8 【选择并遮住】界面

2. 椭圆选框工具

使用【椭圆选框工具】○ 可以创建椭圆形选区。设置选区的方法、步骤与使用【矩形选框工具】相似，即在工具箱中单击【椭圆选框工具】后，在图形编辑窗口按住鼠标左键绘制一个椭圆形区域即可，如图 4-9 所示。

3. 单行/单列选框工具

使用【单行选框工具】 和【单列选框工具】 ，可以非常准确地创建一行或一列像素选区。这两种工具的使用方法类似，主要是用来设置高度或宽度为 1 像素的选区，如图 4-10 所示。

图 4-9　创建椭圆形选区　　　　　　　　图 4-10　创建单行选区

4.1.2　套索工具组

使用套索工具组可以自由地手动绘制选区范围,在图像中创建任意形状的选区。套索工具组包括【套索工具】【多边形套索工具】和【磁性套索工具】三种。

1. 套索工具

选取【套索工具】 🔎 ,按住鼠标左键不放并拖动鼠标,结束时回到起始点松开鼠标左键即可完成选区创建,如图 4-11 所示。

图 4-11　【套索工具】创建选区

注意:选区必须是一个封闭的图形,起点和终点重合。

2. 多边形套索工具

使用【多边形套索工具】 ☑ 可以绘制由直线连接形成的不规则的多边形选区。此工具和【套索工具】的不同是可以通过确定连续的点来选取选区,如图 4-12 所示。

3. 磁性套索工具

使用【磁性套索工具】 🧲 可以自动捕捉图像中对比度比较大的两部分的边界,可以准确、快速地选择复杂图像的区域,多用于人物等边界复杂图像的抠图使用。具体操作步骤如下。

步骤一:在工具箱中选取【磁性套索工具】,此时在编辑窗口上方显示该工具选项栏,如图 4-13 所示,前面的选项和【矩形选框工具】一样,后面的各选项作用如下。

【宽度】:系统能够检测的边缘宽度。其值为 1～40,值越小,检测的范围越小。

图 4-12　【多边形套索工具】创建选区

图 4-13　【磁性套索工具】选项栏

【对比度】：其值为 1%～100%，值越大，对比度越大，边界定位也就越准。

【频率】：设置定义边界时的锚点数，这些锚点起到了定位选择的作用。其值为 0～100，值越大产生的锚点也就越多。

压力：用于使用绘图板压力以更改钢笔宽度。

步骤二：在起点处单击，并沿着待选图像区域边缘拖动，最后回到起点，当鼠标指针下方出现一个小圆圈时单击或者按 Enter 键即可形成封闭区域，如图 4-14 所示。

图 4-14　【磁性套索工具】创建选区

4.1.3　快速选择工具组

之前介绍的选框工具组、套索工具组都需要通过手动绘制选区，但是在 Photoshop CC 中还有智能化的选区工具，即【快速选择工具】和【魔棒工具】。这两种工具能够选取相似颜色的所有像素，其使用方法极为灵活，选区范围也极为广泛。

1. 快速选择工具

【快速选择工具】可以利用可调整的圆形画笔笔尖，快速在图像中对需要选取的部分建立选区，使用方法很简单，只要选中该工具后，用鼠标指针在图像中拖动或单击就可将鼠标经过的地方创建为选区。选择【快速选择工具】后，工具选项栏中会显示该工具的一些选项设置,如图 4-15 所示,各选项的具体含义如下。

图 4-15 【快速选择工具】选项栏

选区模式 ：用来对选区方式进行设置,包括【新选区】、【添加到选区】、【从选区中减去】。

画笔 ：初选较大区域时,画笔尺寸可以大些,以提高选区的效率;但对于小块的主体或修整边缘时则要换成小尺寸的画笔。总的来说,大画笔选择快,但选择粗糙,容易多选;小画笔一次只能选择一小块主体,选择慢,但得到的边缘精度高。

注意：更改画笔大小可以在建立选区后,按 Alt 键的同时,按住鼠标右键,向右或向左拖动,即可增大或减小【快速选择工具】画笔的大小。

【对所有图层取样】：当图像中含有多个图层时,选中该复选框,将对所有可见图层的图像起作用;没有选中时,【快速选择工具】只对当前图层起作用。

【自动增强】：当图像中含有多个图层时,选中该复选框,将对所有可见图层的图像起作用;没有选中时,【快速选择工具】只对当前图层起作用。

2. 魔棒工具

【魔棒工具】 可以选取图像中颜色相同或颜色相近的不规则区域。单击工具箱中的【魔棒工具】按钮,鼠标在图像区域变成了魔棒形状,单击所需选取图像中的任意一点,图像中与该点颜色相同或相似的颜色区域将会自动被选取,如图 4-16 所示。

图 4-16 【魔棒工具】创建选区

单击【魔棒工具】按钮,工具选项栏中会显示该工具的一些选项设置,如图 4-17 所示。各选项的具体含义如下。

图 4-17 【魔棒工具】选项栏

【容差】：用于控制在识别各像素值差异时的容差范围。可以输入 0～255 的数值,取值越大,容差的范围越大;反之,取值越小,容差的范围越小。

【消除锯齿】:用于消除不规则轮廓边缘的锯齿,使边缘变得平滑。

【连续】:选中该复选框时,可以只选取相邻图像区域;未选中该复选框时,可将不相邻的区域也添加入选区。

【对所有图层取样】:选中该复选框时,选区的识别范围将跨越所有可见的图层;未选中该复选框时,则只对当前图层起作用。

4.2　使用菜单栏

4.2.1　选择菜单栏

选区创建后,还可以通过【选择】菜单栏对选区进行取消、修改、变换、存储选区等操作。如图 4-18 所示。

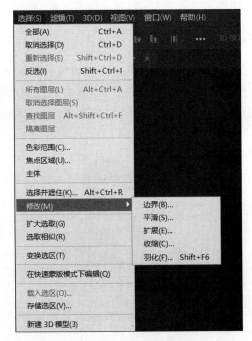

图 4-18　【选择】菜单栏

1. 色彩范围

利用【色彩范围】命令在图像中指定颜色定义选区,并可以通过指定其颜色增加或减少选区。

执行【色彩范围】命令制作选区效果的操作方法如下。

步骤一:打开一张图像。

步骤二:执行【选择】|【色彩范围】命令,打开【色彩范围】对话框。

步骤三:将鼠标移至【色彩范围】对话框的缩略图上,则鼠标指针变为吸管图标,单击,吸取该区域的颜色,如图 4-19 所示。

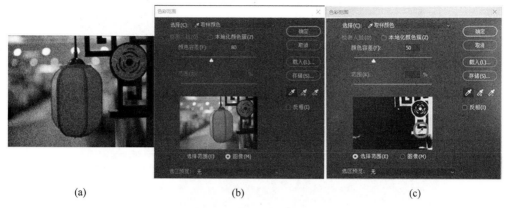

(a)   (b)   (c)

图 4-19 【色彩范围】选区

步骤四：设置【颜色容差】为 50，单击【确定】按钮，即可创建如图 4-20 所示的选区效果。

图 4-20 【色彩范围】创建的选区

2. 焦点区域

【焦点区域】命令能够自动识别画面中处于拍摄焦点范围内的图像，并制作该部分的选区。此命令是在 Photoshop 中半自动的抠图工具。具体操作步骤如下。

步骤一：打开一张图像。

步骤二：执行【选择】|【焦点区域】命令。

步骤三：弹出【焦点区域】对话框，如图 4-21 所示。各选项的具体含义如下。

【视图】：用来显示被选择的区域，默认的视图方式为【闪烁虚线】，即选区。单击【视图】右侧的下三角按钮可以看到【闪烁虚线】【叠加】【黑底】【白底】【黑白】【图层】和【显示图层】。

【焦点对准范围】：用来调整所选范围。数值越大选择范围越大。

【图像杂色级别】：在包含杂色的图像中选定过多背景时增加图像杂色的级别。

【输出到】：用来设置选区范围的保存方式，包括【选区】【新建图层】【新建带有图层蒙版的文档】选项。

【选择并遮住】：单击该按钮，可打开【选择并遮住】窗口。

【添加选区工具】：按住鼠标拖曳可以扩大选区。

【减去选区工具】：按住鼠标拖曳可以缩小选区。

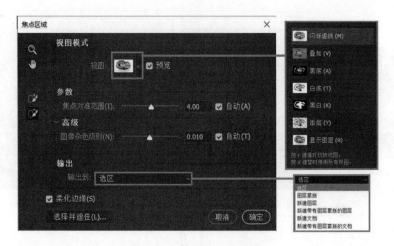

图 4-21　【焦点区域】对话框

步骤四：稍等片刻，画面中会自动创建选区。创建的选区范围可以通过【焦点对准范围】进行调整，数值越大范围越大，但是通过这种方法调整的选区有时不能满足要求，会出现或多或少的情况。这时，可通过【添加选区工具】和【减少选区工具】进行手动调整选区的范围。

步骤五：选区调整满意后，进行输出。单击【输出到】按钮，在下拉列表框中可以选择一种选区保存方式，如图 4-22 所示。

图 4-22　【焦点区域】选区

3. 主体
【主体】命令是 Photoshop CC 新增的一个命令，可产生抠图效果。其操作步骤如下。
步骤一：打开一张图像。
步骤二：执行【选择】|【主体】命令。
步骤三：选中图片中的主体内容，如图 4-23 所示。

4. 选择并遮住
【选择并遮住】命令是一个既可以对已有选区进一步编辑，也可以重新创建选区的功能。该命令可以用于对选区进行边缘检测，调整选区的平滑度、羽化、对比度以及边缘位置。该命令可以智能地细化选区，常用于长发、动物或细密的植物抠图。

图 4-23 【主体】选区

该工具使用的具体操作步骤如下。

步骤一：打开一张图像。

步骤二：使用【快速选择工具】创建选区，执行【选择】|【选择并遮住】命令，此时界面发生改变，如图 4-24 所示。左侧为用于调整选区以及视图的工具，左上方为所选工具的选项，右侧为选区编辑选项。各选项的具体含义如下。

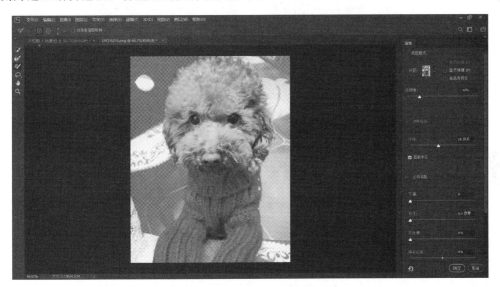

图 4-24 【选择并遮住】命令

【快速选择工具】：通过按住鼠标左键拖曳涂抹，软件会自动查找和跟随图案颜色的边缘创建选区。

【调整半径工具】：精确调整发生边缘调整的边界区域。制作头发或毛皮选区时可以使用该工具柔化区域以增加选区内的细节。

【画笔工具】：通过涂抹的方式添加或减去选区。单击【画笔工具】按钮，在选项栏中单击【添加到选区】按钮，单击下三角按钮在下拉列表框中设置笔尖【大小】、【硬度】、【距离】选项，在画面中按住鼠标拖曳进行涂抹，涂抹位置就会显示像素，也就是在原来选区的基础上添加了选区；若是单击【从选区减去】按钮，在画面中涂抹，即可对选区进行减去。

　　套索工具组：在该工具组中有【套索工具】和【多边形套索工具】。使用该工具可以在选项栏中设置选区运算的方式。

　　步骤三：在右侧的【视图模式】选项组中可以进行视图显示方式的设置，如图 4-25 所示。各选项的具体含义如下。

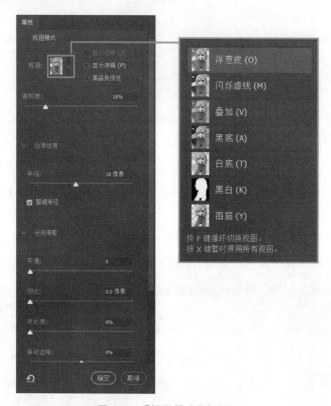

图 4-25 【视图模式】选项组

　　【视图】：在此下拉列表中可以选择不同的显示效果。

　　【显示边缘】：显示以半径定义的调整区域。

　　【显示原稿】：可以查看原始选区。

　　【高品质预览】：勾选该选项，能够以更好的效果预览选区。

　　【智能半径】：自动调整边缘区域中发现的硬边缘和柔化边缘的半径。

　　【平滑】：减少选区边界中的不规则区域，以创建较为平滑的轮廓。

　　【羽化】：模糊选区与周围像素之间的过渡效果。

　　【对比度】：锐化选区边缘并消除模糊的不协调感。

　　【移动边缘】：当设置为负值时，可以向内收缩选区边界；当设置为正值时，可以向外扩展选区边界。

　　【清除选区】：单击该按钮可以取消当前选区。

　　【反相】：单击该选项，即可得到反相的选区。

　　【净化颜色】：将彩色边缘替换为附近完全选中的像素颜色。颜色替换的强度与选区边缘的羽化程度是成正比的。

【输出到】：设置选区的输出方式。

【记住设置】：选中该选项，在下次使用该命令的时候会默认显示上次使用的参数。

【复位工作区】：单击该按钮可以使当前参数恢复默认值。

5. 修改

在 Photoshop CC 中设置好一个选区后，还可以对其进行细致地修改，如边界、平滑、扩展、收缩、羽化、变换选区等。

1）边界

设置好一个椭圆形选区后，执行【选择】|【修改】|【边界】命令，在弹出的【边界选区】对话框中设置需要扩展的像素宽度数值，最后单击【确定】按钮，如图 4-26 所示，将左边图像的选区扩边 80 个像素后，得到右边图像的选区，此时选中的是两条边框线之间的像素。

(a)   (b)   (c)

图 4-26　选区边界示意

2）平滑

使用【平滑】命令可以使选区的边缘更为平滑。绘制好矩形选区后，执行【选择】|【修改】|【平滑】命令，在弹出的【平滑选区】对话框中设置【取样半径】的大小，最后单击【确定】按钮，如图 4-27 所示，将选区【取样半径】设置为 200 像素后得到的选区。

(a)   (b)   (c)

图 4-27　选区平滑示意

3）扩展

使用【扩展】命令可以使原选区的边缘向外扩展，并平滑边缘。绘制好矩形选区后，执行【选择】|【修改】|【扩展】命令，在弹出的【扩展选区】对话框中设置【扩展量】的大小，最后单击【确定】按钮。如图 4-28 所示，将左边图像的选区向外扩展 200 像素后，得到右边图像的选区。

(a)　　　　　　　　　　(b)　　　　　　　　　　(c)

图 4-28　选区扩展示意

4）收缩

与扩展选区相反，使用【收缩】命令可以将选区向内收缩。绘制好选区后，执行【选择】|【修改】|【收缩】命令，在弹出的【收缩选区】对话框中设置【收缩量】的大小，最后单击【确定】按钮。

5）羽化

使用【羽化】命令可以将已经选定的选区边缘进行柔化处理。羽化的效果只有将选区内的图像复制、粘贴到其他的图像区域中才可以看到明显效果。在图像上建立选区，执行【选择】|【修改】|【羽化】命令，或使用快捷键 Shift+F6，在【羽化选区】对话框中设置【羽化】的像素值，就可以对选区边缘完成羽化效果的处理。

对图像中某一部分的边缘做羽化效果处理，其操作步骤如下。

步骤一：打开一张图像，如图 4-29 所示，用【快速选区工具】选取主体部分。

步骤二：执行【选择】|【修改】|【羽化】命令，弹出【羽化选区】对话框，设置【羽化】为 80 像素，单击【确定】按钮。

步骤三：使用快捷键 Ctrl+J 复制选区，再选择【移动工具】将复制的选区移到边上，如图 4-30 所示。可以看出，复制的图像的边缘界限不是很清楚，有柔化过的效果。

图 4-29　打开的图像　　　　　　　　图 4-30　羽化后的图像效果

6. 变换选区

在创建好选区以后，还可以对其进行缩放、旋转、扭曲、翻转等变形操作。变换选区时首先在图像上绘制一个选区，然后执行【选择】|【变换选区】命令，此时图像上的选框四周显示有调节点，在图像上右击，弹出如图 4-31 所示的菜单，在其中选择需要进行的变形命令即可。

7．存储与载入选区

在选取选区的过程中，一些选区的形状并不规则，使用【存储选区】命令可以将这些选区保存，以避免复杂、重复的选取工作。当创建好选区后，执行【选择】|【存储选区】命令，在弹出的【存储选区】对话框中为选区设置名称，单击【确定】按钮即可，如图 4-32 所示。

图 4-31　【变换选区】菜单

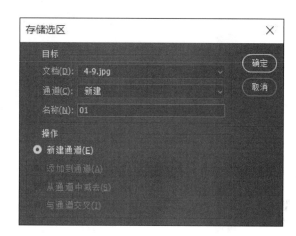

图 4-32　【存储选区】对话框

如果需要调用已经存储过的选区，则执行【选择】|【载入选区】命令，在弹出的【载入选区】对话框中选择所需选区，单击【确定】按钮即可，如图 4-33 所示。

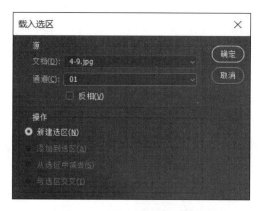

图 4-33　【载入选区】对话框

4.2.2　编辑菜单栏

编辑菜单栏中的部分操作主要针对选区内容，而选择菜单栏中的操作只是针对选区（蚂蚁线）不同。

1．复制、剪切与粘贴

在图像中创建选区后，常会根据应用的需求，将选区内的图像内容进行复制或者移动到不同图层，甚至不同的文件中。

执行【编辑】|【拷贝】命令，将选区内的图像复制并保留到剪贴板中，再执行【编辑】|【粘

贴】命令,粘贴选区内的图像到目标位置,此时被操作的选区会自动取消,并生成新的图层。也可使用快捷键 Ctrl+J,直接复制所选区域,如图 4-34 所示。

图 4-34　复制与粘贴后的效果

执行【编辑】|【剪切】命令,剪切后的区域内容将不会存在,选区内的图像被保留到剪贴板中。如果是在背景图层中操作,被剪切的区域将使用背景颜色填充,然后执行【编辑】|【粘贴】命令,粘贴选区内的图像到目标位置,并生成新的图层,如图 4-35 所示。也可以使用快捷键 Ctrl+X 进行剪切,快捷键 Ctrl+V 进行粘贴。

(a)　　　　　　　　　　　　　　　　(b)

图 4-35　剪切与粘贴后的效果

2. 自由变换和变换

变换选区内容指改变创建的选区内图像形状的操作。编辑菜单栏中的变换操作主要包括自由变换和变换两种,它们的操作略有不同,但功能基本相似。

执行【编辑】|【自由变换】命令,或按快捷键 Ctrl+T,出现编辑点,然后进行相关缩放或旋转操作;或者右击,出现如图 4-36 所示的下拉列表,然后选择对应选项进行相关操作。

执行【编辑】|【变换】命令,出现如图 4-37 所示的下级联菜单,选择对应选项进行相关操作。例如,在图像上创建选区后,执行【编辑】|【变换】|【变形】命令,然后在工具选项栏中选择具体的变形样式,如图 4-38(a)所示。例如,图 4-38(b)所示的是【鱼眼】变换,图 4-38(c)所示的是【贝壳】变换。

图 4-36　自由变换

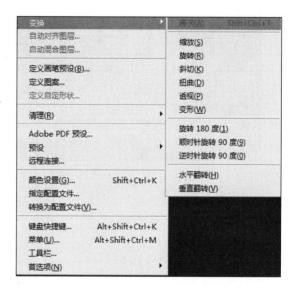

图 4-37　变换

3. 内容识别缩放

根据内容识别变换选区内容,可以在选区内建立保护区,在改变选区整体比例时保护区内的像素比例保持不变,保护区外的像素按比例变换。可以先对图像中某些不变的区域建立保护,然后再建立选区,在改变选区比例时执行【编辑】|【内容识别缩放】命令,使得保护区内图像比例不变,其他区域的图像按照选区比例改变而改变。

例如,要调整如图 4-39(a)所示的图像比例,但图像中人物的比例保持不变,具体操作步骤如下。

步骤一:打开图像,用【快速选择工具】选择人物,如图 4-39(b)所示。

步骤二:执行【选择】|【存储选区】命令,建立【名称】为"人"的保护区,如图 4-40 所示。

步骤三:对整个图像创建矩形选区,如图 4-41(a)所示,然后执行【编辑】|【内容识别缩放】命令,在工具选项栏【保护】按钮下拉列表中选择"人"选项,用鼠标拖动矩形选区的控制点将图像变窄,此时处于保护区中的图像比例始终不变,效果如图 4-41(b)所示。

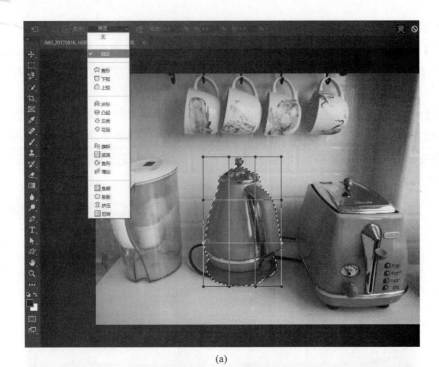

(a)

(b)

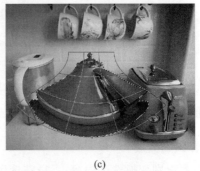

(c)

图 4-38　选区变形示意

(a)

(b)

图 4-39　选区图像保护区域

图 4-40 【存储选区】对话框

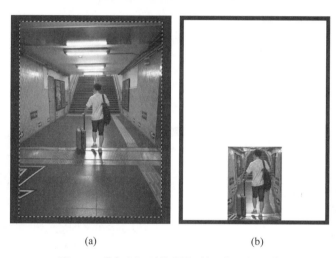

(a)   (b)

图 4-41 【内容识别缩放】调整图像比例示意

【应用案例】 设计婚礼邀请函封面

制作婚礼邀请函的内容,完成的最终效果如图 4-42 所示。

技术点睛:

- 使用【快速选择工具】、【选择并遮住】、【主体】对人物进行选取。
- 使用【文字工具】对杂志内容进行编辑。
- 了解【添加图层样式】命令,添加阴影效果。

(1) 按快捷键 Ctrl＋N,新建一个海报的文件,命名为"婚礼邀请函"。将【前景色】设置为♯fff0fd,按快捷键 Alt＋Delete 将背景图层上色。

(2) 将素材文件夹中的 sc2 图片文件置入图中,并放置在合适的位置,如图 4-43 所示。

(3) 打开素材文件夹中的 sc3 文件,执行【选择】|【主体】命令,再使用【快速选择工具】选取人物,如图 4-44 所示。

图 4-42　婚礼邀请函

图 4-43　置入素材(1)

（4）选择【移动工具】将所选取的人物拖曳到"婚礼邀请函"的文档中，放在合适的位置，如图 4-45 所示。

（5）打开素材文件夹中的 sc4 文件，执行【选择】|【主体】命令，再使用【快速选择工具】选取人物，置入"婚礼邀请函"文档，使用快捷键 Ctrl＋T 调整图片大小及角度，如图 4-46 所示。

图 4-44　【主体】选取人物

图 4-45　置入选取人物（1）

图 4-46　置入选取人物（2）

（6）使用【快速选择】工具，选取"图层 2"中的蓝色背景板，按住快捷键 Ctrl＋J 复制图层，得到"图层 3"，如图 4-47 所示。

图 4-47　复制图层

（7）将素材文件夹中的 sc5 文件拖曳置入图中，按快捷键 Ctrl＋Alt＋G 使图片进入蓝色背景板范围，如图 4-48 所示。按快捷键 Ctrl＋T，调整图片到合适的位置，如图 4-49所示。

图 4-48   置入素材(2)

图 4-49   调整素材

（8）选择"图层 3"图层，使用【添加图层样式】为其添加阴影效果，使其具有立体感，如图 4-50 所示。

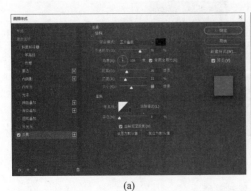
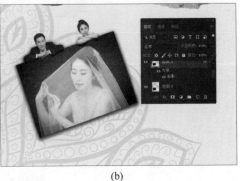

(a)   (b)

图 4-50   添加图层样式

（9）使用相同的方式，将素材文件夹中的 sc6 和 sc7 图片文件置入文档，效果如图 4-51 所示。

图 4-51　置入素材（3）

（10）选择【文字工具】，编辑邀请函的文字内容。最终得到如图 4-42 所示的效果。

【实训任务】　设 计 壁 纸

充分利用所学知识，为自己的计算机桌面设计一个桌面壁纸，提高自己的观察能力与搜索能力。

第5章

图像的编辑与修改

内容简介

本章主要介绍Photoshop CC软件中图像的编辑与修改工具,包括图像【裁剪工具】、【移动工具】、【画笔工具】、【填充工具】、【修复工具】、【图章工具】、【橡皮擦工具】、【模糊工具】、【色调工具】等。通过本章的学习,可以完成图像的各类绘制和编辑操作,有助于更好地完成后续的综合绘制任务。

学习目标

1. 熟悉 Photoshop 软件的图框工具。

2. 熟练掌握图像【裁剪工具】、【移动工具】的使用和操作。

3. 熟练运用【画笔工具】和【填充工具】完成绘制操作。

4. 熟练运用【修复工具】、【图章工具】、【橡皮擦工具】、【模糊工具】、【色调工具】完成图像的编辑工作。

5. 能够绘制简单的明信片以及完成照片的简单修复工作。

5.1 图像编辑工具

5.1.1 裁剪工具组

裁剪工具组主要包括【裁剪工具】、【透视裁剪工具】、【切片工具】、【切片选择工具】,如图 5-1 所示。

图 5-1 裁剪工具组

1. 裁剪工具

【裁剪工具】🔲就如裁纸刀,可以对图像进行裁切,使图像文件的尺寸发生变化。使用该工具可以将图像中被【裁剪工具】选取的图像区域保留,其他区域删除。裁剪的目的是移去部分图像以形成突出或加强构图效果的过程。

使用【裁剪工具】调整图像的具体操作步骤如下。

步骤一:按快捷键 Ctrl+O,打开素材 5-3。

步骤二:选择【裁剪工具】后,工具选项栏如图 5-2 所示。各选项的具体含义如下。

图 5-2　【裁剪工具】选项栏

【比例】:可以显示当前的裁剪比例或者是新的裁剪比例,其下拉选项如图 5-3 所示。如果图像中有选区,则按钮显示为选区。

宽度、高度:可输入固定的数值,直接完成图像的裁切。

纵向与横向旋转裁剪框🔁:设置裁剪框为纵向裁剪或横向裁剪。

【拉直】:可以矫正倾斜的照片。

视图🔳:可以设置裁剪框的视图形式,如黄金比例和金色螺线等,如图 5-4 所示,可以参考视图辅助线裁剪出完美的图片。

图 5-3　【比例】下拉列表

图 5-4　【视图】下拉列表

设置其他裁剪选项⚙:可以设置裁剪的显示区域,以及裁剪屏蔽的颜色、不透明度等,其下拉列表如图 5-5 所示。

【删除裁剪像素】:勾选该复选框后,裁剪完毕后的图像将不可更改;不勾选该复选框,即使裁剪完毕后选择【裁剪工具】单击图像区域仍可显示裁切前的状态,并且可以重新调整裁剪框。

步骤三:在图画中按住鼠标左键拖动,可以绘制一个需要保留的区域,如图 5-6(a)所示。还可以对这个区域进行调整,将鼠标指针移动到裁剪框的边缘或者四角处,按住鼠标左键拖动,即可调整裁剪框的大小,如图 5-6(b)所示。若要

图 5-5　【设置其他裁剪选项】
下拉列表

选择裁剪框,可将鼠标指针放置于裁剪框外侧,当鼠标指针变成双箭头弧形时,按住鼠标左键拖动即可,如图 5-6(c)所示。调整完后按 Enter 键确认。

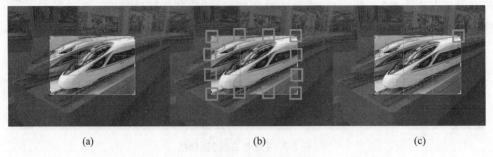

(a)　　　　　　　　　　　(b)　　　　　　　　　　　(c)

图 5-6　【裁剪工具】使用示意

2. 透视裁剪工具

【透视裁剪工具】 可以把具有透视的影像进行裁剪,把画面拉直并纠正成正确的视角。常用于去除图像中的透视感,或者在有透视感的图像中提取局部,也可以为图像提供透视感。

使用【透视裁剪工具】调整图像的具体操作步骤如下。

步骤一:按快捷键 Ctrl+O,打开素材 5-4。

步骤二:右击裁剪工具组,选择【透视裁剪工具】。

步骤三:在建筑物的一角处单击,并依次沿着透视感的建筑物绘出四个点,然后按 Enter 键确认,可得到如图 5-7 所示的去除透视感图片。若按当前图像透视感反向绘制裁剪框,则能强化原有透视感,如图 5-8 所示。

(a)　　　　　　　　　　　　　　　(b)

图 5-7　【透视裁剪工具】去除图像透视感

(a)　　　　　　　　　　　　　　　(b)

图 5-8　【透视裁剪工具】增加图像透视感

3.切片工具

当制作的较大图片无法上传到网页时,只能把它切成一个个小块再上传,这时就需要使用到【切片工具】。

使用【切片工具】调整图像的具体操作步骤如下。

步骤一:按快捷键 Ctrl+O,打开素材"5-5"。

步骤二:右击裁剪工具组,选择【切片工具】。

步骤三:在想切片的地方开始按左键,然后往左拉或者往下拉,就会出现一个四方形的区域块,这就是要切除的范围,一直拉到合适的位置为止。每一个片块代表一个区域,在上面有蓝色数字标识,如图 5-9 所示。

图 5-9 【切片工具】的使用

步骤四:执行【文件】|【导出】|【存储为 Web 所用格式】命令保存即可。Web 是一种专门为网页制作者设置的格式,如图 5-10 所示。格式类型可根据需要选择,如果选择HTML,会有一个自动生成的网页模式。

步骤五:根据之前保存的路径,找到该文件夹,打开后就能看到一张张图片,这些图片就是根据刚才切片的规格分开存放的,如图 5-11 所示。

4.切片选择工具

【切片选择工具】在将图片进行切片处理后,能够准确地选出被分割的小块内容,直接单击其中某小块的区域则会显示被选中的状态,即边缘变成褐色,选中后可以更方便地进行编辑操作。如将鼠标指针放在被选中对象的边缘会出现可以拉动的图标,此时可以通过这个图标改变该区域的大小。

5.1.2 图框工具

【图框工具】是 Photoshop CC 2019 新添加的一个工具,它将形状或文本转化为图框,以便用户向其中填充图像,即为图像创建占位符图框。该工具更适合制作相册模板。

使用【图框工具】调整图像的具体操作步骤如下。

步骤一:选择【图框工具】,在选项栏中选择【矩形图框】或【圆形图框】并在画布上单击

图 5-10　【切片工具】的存储

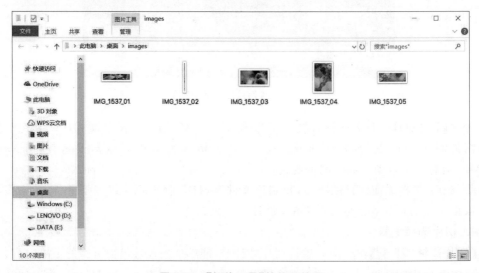

图 5-11　【切片工具】的使用效果

鼠标进行拖曳,得到一个占位符图框,如图 5-12 所示。

步骤二:将素材 5-6 拖曳到图框中,得到如图 5-13 所示的图片。

步骤三:选择【移动工具】后单击图片,按快捷键 Ctrl+T 改变图片的大小,移动图片在图框中展示所需的部分,如图 5-14 所示。

步骤四:单击图框后图框上会出现控制点,可以通过拖曳控制点改变图框的大小,如图 5-15 所示。

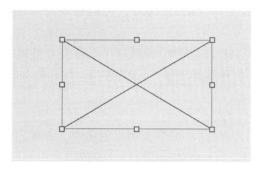

图 5-12　占位符图框

图 5-13　置入图片

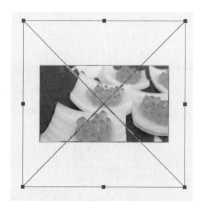

图 5-14　图片变换

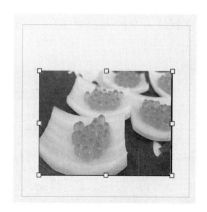

图 5-15　图框变换

5.1.3　移动工具组

移动工具组包括【移动工具】和【画板工具】,如图 5-16 所示。

1. 移动工具

图 5-16　移动工具组

【移动工具】主要是针对当前【选区】或当前【图层】内容操作,用来移动所选图像的位置。它不限制图像的区域,可以在不同图层或不同图片中使用。【移动工具】的快捷键是 V 键,按住键盘上的 Alt 键,配合【移动工具】,可以实现在当前图层中复制图像的目的。单击工具箱中的【移动工具】,将弹出其选项栏,如图 5-17 所示。各选项的具体含义如下。

图 5-17　【移动工具】选项栏

【自动选择】:选择【图层】选项,在具有多个图层的图像上单击,系统将自动选中单击位置所在的图层;选择【组】选项,在具有多个组的图像上单击,系统将自动选中单击位置所在的组。

【显示变换控件】:勾选该复选框,则选定范围的四周出现控制点,用户可以方便地调整选定范围中的图像尺寸。

对齐图层:当同时选择了两个或两个以上的图层时,单击相应的按钮可以将所选图层按一定规则进行均匀分布排列。分布方式包括按顶分布、垂直居中分布、按底分布、按左分布、水平居中分布和按右分布等。

注意：选择【移动工具】后，按键盘上的←、→、↑、↓键，可以以1个像素为单位，将图像按照指定的方向移动；按住Shift键的同时按住这些方向键，可以以10个像素为单位移动图像。

2. 画板工具

在新版的Photoshop CC中，通过画板工具，可以在一个文档中创建多个画板，方便多页面同步操作，这样能很好地观察整体效果。

1）使用【画板工具】新建画板

选择工具箱中的【画板工具】，可以选择固定的大小，如iPhone 6、iPad等，也可以自定义【宽度】与【高度】，接着单击【添加新画板】按钮，然后在空白区域单击，即可新建画板，如图5-18所示。

(a)　　　　　　　　　　　　　(b)

图5-18　新建画板

2）使用【画板工具】移动画板

选择工具箱中的【画板工具】，然后将鼠标指针移动至画板定界框上，按住鼠标左键拖曳，即可移动画板。

3）使用【画板工具】编辑画板

按住鼠标左键并拖拉画板界定框上的控制点，能调整画板的大小，如图5-19所示。

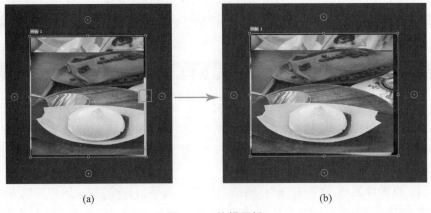

(a)　　　　　　　　　　　　　(b)

图5-19　编辑画板

5.1.4 填充工具组

填充工具组主要由【渐变工具】、【油漆桶工具】、【3D材质拖放工具】组成，如图5-20所示。也可以通过菜单栏的命令进行操作。

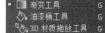

图5-20 填充工具组

1. 渐变工具

渐变指由多种颜色过渡而产生的一种效果。选择工具箱中的【渐变工具】，选项栏如图5-21所示。各选项的具体含义如下。

图5-21 【渐变工具】选项栏

【渐变编辑器】：单击右侧下拉按钮，在下拉面板中有预设渐变颜色，单击选中即可。在所要填充的区域，按住鼠标左键拖曳，然后松开鼠标完成填充操作，如图5-22所示。也可直接单击渐变条弹出【渐变编辑器】对话框，如图5-23所示。

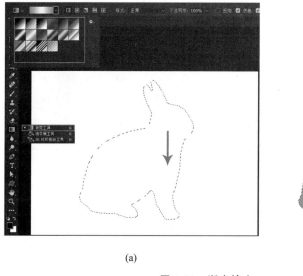

(a)   (b)

图5-22 渐变填充

若没有合适的渐变效果，可以在下方渐变色条中编辑合适的渐变效果。双击渐变色条底部的色标，在弹出的【拾色器】窗口中设置颜色。如果色标不够可以在渐变色条下方单击，添加更多的色标。若要删除色标，直接往下拖曳色标即可完成删除，如图5-24所示。

按住色标并左右拖动可以改变调色色标的位置。拖曳【颜色中心】滑块◆，可以调整两种颜色的过渡效果，如图5-25所示。

单击色条上方的色标，可以编辑颜色的【不透明度】，如图5-26所示。

【渐变类型】：选项栏中有【线性渐变】、【径向渐变】、【角度渐变】、【对称渐变】和【菱形渐变】五种选项。具体效果如图5-27所示。

【模式】：用来设置应用渐变时的混合模式。

【不透明度】：用来设置渐变色的不透明度。

【反向】：用来转换渐变中的颜色顺序，以得到反方向的渐变结果。

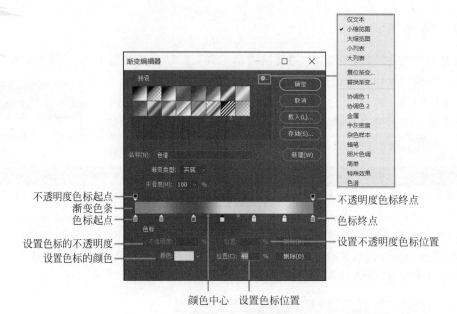

图 5-23　【渐变编辑器】对话框

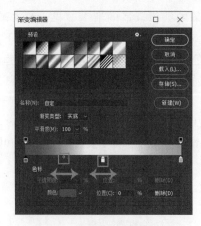

(a)

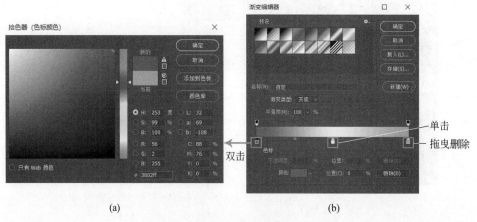

(b)

图 5-24　编辑色标

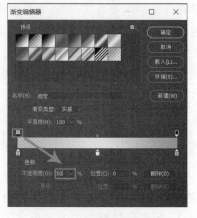

图 5-25　移动【色标】/【滑块】

图 5-26　编辑【不透明度】

(a)线性渐变　　(b)径向渐变　　(c)角度渐变　　(d)对称渐变　　(e)菱形渐变

图 5-27　【渐变类型】

【仿色】：可以使渐变效果更平滑，主要用于防止打印时出现条带，在计算机屏幕上不能明显地体现。

2. 油漆桶工具

在使用【油漆桶工具】时，如果创建了选区，填充的区域为当前选区；如果没有创建选区，填充的区域就是与鼠标单击处颜色相近的区域。【油漆桶工具】选项栏如图 5-28 所示。各选项的具体含义如下。

图 5-28　【油漆桶工具】选项栏

填充模式：在填充模式的下拉列表中有【前景】和【图案】两种，如果填充【前景】可先设置前景色，然后在需要填充的区域位置单击即可填充颜色，如图 5-29 所示。如果要填充【图案】，可以在弹出的【图案】列表中选择需要的类型，单击填充区域即可，如图 5-30 所示。

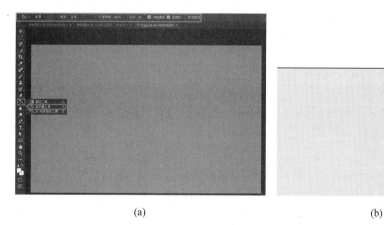

(a)　　　　　　　　　　　　　　　　　　　　(b)

图 5-29　【油漆桶工具】填充前景色

【模式】：用来设置填充内容的混合模式。

【不透明度】：用来设置填充内容的不透明度。

【容差】：用来定义必须填充的像素颜色的相似程度与选区颜色的差值，设置较低的容差值会填充颜色范围为与鼠标单击处像素非常相似的像素；设置较高的容差值会填充更大范围的像素，如图 5-31 所示。

【消除锯齿】：平滑填充选区的边缘。

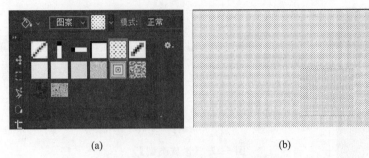

(a)   (b)

图 5-30　【油漆桶工具】填充图案

(a) 容差40　　　　　　　　　　(b) 容差80

图 5-31　【容差】区别

【连续的】：勾选该复选框，只填充图像中处于连续范围内的区域；不勾选该复选框，可以填充图像中所有的像素。

【所有图层】：勾选该复选框，可以对所有可见图层中的合并颜色数据填充像素；不勾选该复选框，仅填充当前选择的图层。

3. 3D 材质拖放工具

【3D 材质拖放工具】需要在 3D 模式下才使用，具体操作步骤如下。

步骤一：新建一个文件，在文件中输入文字，如 PS。

步骤二：执行【窗口】|3D 命令，弹出 3D 对话框，选中【3D 模型】单选按钮，单击【创建】按钮，弹出确定对话框，单击【是】按钮，就进入了 3D 模式，如图 5-32 所示。

步骤三：将字体旋转至合适的角度，单击【3D 材质拖放工具】，在选项栏【材质】下拉列表框中选择合适的颜色，然后单击字体的面赋予材质，如图 5-33 所示。

4.【编辑】|【填充】命令

使用【填充】命令可以为整个图层或选区内的部分填充颜色、图案、历史记录等，在填充的过程中还可以使填充的内容与原始内容产生混合效果。

执行【编辑】|【填充】命令，或按快捷键 Shift＋F5，打开【填充】对话框，如图 5-34 所示。在这里首先需要设置填充的内容，接着还可以进行混合的设置，设置完成后单击【确定】按钮

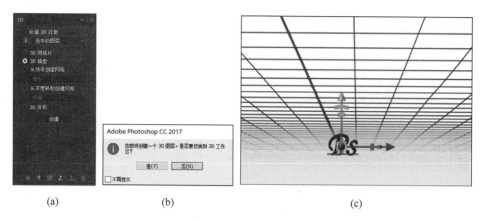

(a)　　　　　　　　　(b)　　　　　　　　　(c)

图 5-32　进入 3D 模式

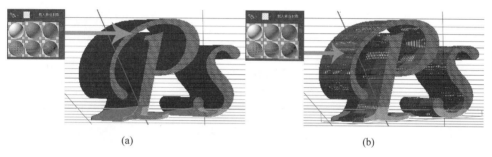

(a)　　　　　　　　　　　　　　　(b)

图 5-33　【3D 材质拖放工具】

进行填充。需要注意的是，对文字图层、智能对象等特殊图层以及被隐藏的图层不能使用【填充】命令。各选项的具体含义如下。

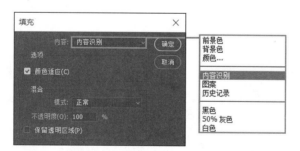

图 5-34　【填充】对话框

（1）【内容】：用来设置填充的内容。包含【前景色】、【背景色】、【颜色】、【内容识别】、【图案】、【历史记录】、【黑色】、【50％灰色】和【白色】，部分选项的具体含义如下。

【颜色】：选中此项后，弹出【拾色器】窗口，设置合适的颜色，单击【确定】按钮，完成填充操作，如图 5-35 所示。

【内容识别】：是一个智能的填充方式，可以通过感知该选区周围的内容进行填充。一般可用于除去瑕疵。首先确定选区，然后执行【编辑】|【填充】命令，将【内容】设置为【内容识别】，勾选【颜色适应】复选框，单击【确定】按钮即可完成，如图 5-36 所示。

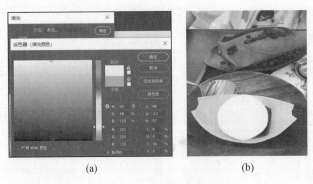

图 5-35　填充【颜色】的效果

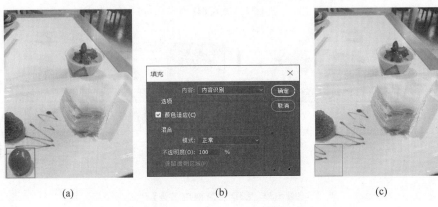

图 5-36　填充【内容识别】的效果

　　【图案】：选择需要填充的图层或选区，打开【填充】对话框，设置【内容】为【图案】，然后单击【自定图案】的下拉菜单，再选择一个图案，单击【确定】按钮即可完成，如图 5-37 所示。

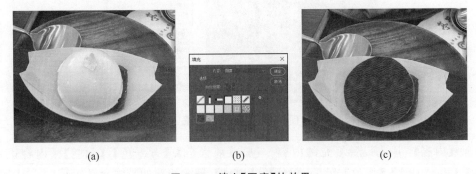

图 5-37　填充【图案】的效果

　　【历史记录】：设置【内容】为【历史记录】选项，可填充历史记录面板中所标记的状态。

　　【黑色】、【50％灰色】、【白色】：当【内容】设置为【黑色】时，可填充为黑色；当【内容】设置为【50％灰色】时，可填充为灰色；当【内容】设置为【白色】时，可填充为白色，如图 5-38 所示。

　　（2）【模式】：用来设置填充内容的混合模式。

　　（3）【不透明度】：用来设置填充内容的不透明度。

(a)　　　　　　　　　　(b)　　　　　　　　　　(c)

图 5-38　填充【黑色】、【50%灰色】、【白色】的效果

（4）【保留透明区域】：勾选该复选框后，至填充图层中包含像素的区域，而透明区域不会被填充。

【应用案例】　制作雪花水晶球

制作一个雪花水晶球，完成的效果如图 5-39 所示。

图 5-39　雪花水晶球

技术点睛：

- 使用【调整】命令对图层进行颜色及明暗的调整。
- 通过对【画笔工具】的设置，得到雪花。

（1）按快捷键 Ctrl＋N 新建一个【高度】为 21，【宽度】为 21，【单位】为 cm，【分辨率】为 300dpi 的新文档。

（2）【前景色】选取 R：7，G：6，B：38，按快捷键 Alt＋Delete 将前景色覆盖到背景图层。

（3）将素材 sc1 水晶球图片导入文档，并添加图层蒙版，如图 5-40 所示。利用图层蒙板，将水晶球底座球体内部的边缘涂去，如图 5-41 所示。

（4）将素材 sc2 森林木屋图片导入文档，调整图片大小后，将其放在合适的位置并添加图层蒙版，如图 5-42 所示。

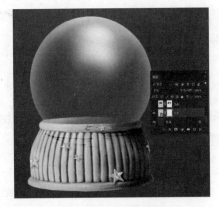

图 5-40　导入水晶球

图 5-41　修改水晶球

（5）选中名称为 sc2 的图层蒙版，使用【画笔工具】对森林木屋图片进行修剪，得到如图 5-43 所示的效果。

图 5-42　导入森林木屋

图 5-43　修改森林木屋

（6）在调整窗口中单击【可选颜色】图 按钮，弹出【可选颜色】对话框，对其数据进行设置，【颜色】为"红色"，【青色】为＋100，【洋红】为－100，【黄色】为－100，【黑色】为＋26，如图 5-44 所示。设置完成后，按快捷键 Alt＋Ctrl＋G，使【可选颜色 1】图层只对 sc2 森林木屋图层进行调整，如图 5-45 所示。

图 5-44　【可选颜色】对话框

图 5-45　【可选颜色】对图层进行调整

（7）在调整窗口中单击【曲线】按钮![曲线图标]进行设置，如图 5-46 所示。同样在调整窗口中分别单击【色阶】、【亮度/对比度】对 sc2 图层进行调整。具体设置如图 5-47 和图 5-48 所示。

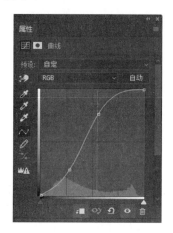 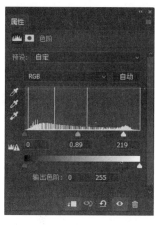 

图 5-46 【曲线】对话框　　　　图 5-47 【色阶】对话框　　　　图 5-48 【亮度/对比度】对话框

（8）在图层窗口，单击【新建图层】按钮![新建图层图标]，选择【画笔工具】，按快捷键 F5 调出【画笔】对话框，将【画笔笔尖形状】选择为 star 33 pixels，【大小】设置为 69 像素，【间距】设置为 96％；再分别对【形状动态】、【散布】进行设置，如图 5-49 所示。

注意：每进行一个图形的设置，都要新建一个图层。养成良好习惯，有助于后期图像的更改。

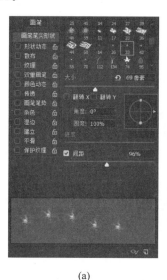 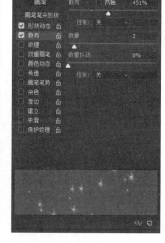

(a)　　　　　　　　　　(b)　　　　　　　　　　(c)

图 5-49 【画笔】对话框

（9）将【前景色】设置为白色，在水晶球内部进行雪花的添加，用【橡皮工具】将水晶球外多余的雪花擦除，得到如图 5-39 所示的最终效果。

【实训任务】 设计明信片

根据上述内容,利用【画笔工具】、【填充工具】自行设计明信片,如校园明信片、明星明信片等。

5.2　画笔模式工具

5.2.1　【画笔设置】面板

【画笔设置】面板不只是针对【画笔工具】的设置,而是针对大部分以画笔模式进行工作的工具,如【画笔工具】、【铅笔工具】、【混合器画笔工具】、【图章工具组】、【橡皮擦工具】、【历史画笔工具组】、【涂抹工具组】等。

【画笔设置】面板可以通过执行【窗口】|【画笔设置】命令或按快捷键 F5,以及【画笔工具】选项栏的【切换画笔设置】☑按钮得到,如图 5-50 所示。各选项的具体含义如下。

启用/关闭选项:处于勾选的选项为启用,未被勾选的选项为关闭。

锁定/未锁定:闭合的锁图标🔒代表该选项处于锁定状态,打开的锁图标🔓代表该选项处于未锁定状态。可以单击该图标进行切换。

面板菜单:单击▤按钮,可以打开【画笔设置】面板的菜单。

切换实时笔尖预览:可以在画布中实时显示笔尖的样式,如图 5-51 所示。

创新画笔:将当前设置的画笔保存为一个新的预设画笔。

图 5-50　【画笔设置】面板

图 5-51　笔尖的样式

1.【画笔笔尖形状】选项

默认情况下【画笔设置】面板会显示【画笔笔尖形状】设置页面,可以对画笔的形状、大小、硬度等常用参数进行设置,还可以对画笔的角度、圆度以及间距进行设置。可以随意调整数值,得到不同的效果并在底部看到当前画笔的预览效果,如图 5-52 所示。各选项的具体含义如下。

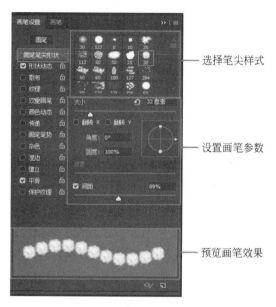

图 5-52 【画笔设置】面板布局

【大小】:控制画笔的大小,可以直接输入像素值,也可以通过拖动大小滑块设置画笔大小。

【翻转 X/翻转 Y】:将画笔笔尖在其 X 轴或 Y 轴上进行翻转,如图 5-53 所示。

(a) 无翻转   (b) X 轴翻转   (c) Y 轴翻转

图 5-53 翻转 X/翻转 Y

【角度】:指定笔尖在长轴的水平方向进行旋转的角度,如图 5-54 所示。

(a) 0°   (b) 45°   (c) 100°

图 5-54 角度

　　【圆度】：设置画笔短轴和长轴之间的比率，即画笔的压扁程度。【圆度】值为 100％时，画笔未被压扁；当【圆度】值介于 0～100％时，画笔呈现压扁状态，如图 5-55 所示。

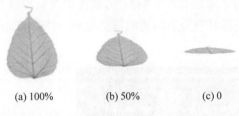

(a) 100%　　　(b) 50%　　　(c) 0

图 5-55　圆度

　　【硬度】：该数值在使用圆形画笔时可用，用来控制画笔硬度中心的大小。数值越小，画笔的柔和度越高，如图 5-56 所示。

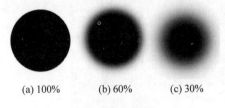

(a) 100%　　　(b) 60%　　　(c) 30%

图 5-56　硬度

　　【间距】：控制描边中两个画笔笔迹之间的距离。数值越大，笔迹之间的间距越大，如图 5-57 所示。

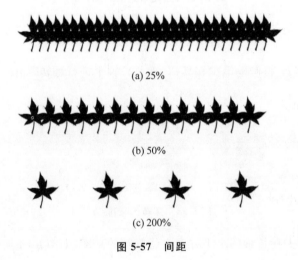

(a) 25%

(b) 50%

(c) 200%

图 5-57　间距

　　【形状动态】：【形状动态】页面用于设置绘制出带有大小不同、角度不同、圆度不同笔触效果的线条。在【形状动态】页面中，如图 5-58 所示，可以看到【大小抖动】、【角度抖动】、【圆度抖动】，此处的抖动是指某项参数在一定范围内随机变换。数值越大，变化范围越大。

　　【大小抖动】：指定描边中画笔笔迹大小的改变方式。数值越大，图像轮廓越不规则，如图 5-59 所示。

图 5-58 【形状动态】页面

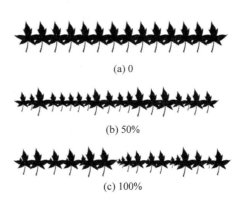

(a) 0

(b) 50%

(c) 100%

图 5-59 【大小抖动】效果

【控制】：其下拉列表可以设置【大小抖动】的方式。其中，【关】选项表示不控制画笔笔迹大小变换；【渐隐】选项指按照指定数量的步长在初始直径和最小直径之间渐隐画笔笔迹的大小，使笔迹产生逐渐淡出的效果。若计算机配置有绘图板，可以选择【钢笔压力】、【钢笔斜度】、【光笔轮】或【旋转】选项，然后根据钢笔的压力、斜度、钢笔位置或旋转角度来改变初始直径和最小直径之间的画笔笔迹大小，如图 5-60 所示。

【最小直径】：当启用【大小抖动】选项后，可以设置画笔笔迹缩放的最小缩放百分比。数值越大，笔尖的直径变化越小，如图 5-61 所示。

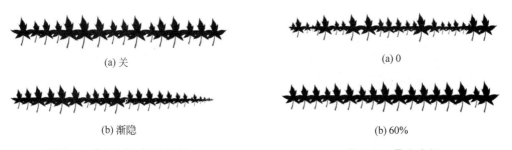

(a) 关

(b) 渐隐

图 5-60 【大小抖动】的控制

(a) 0

(b) 60%

图 5-61 最小直径

【倾斜缩放比例】：当【大小抖动】的【控制】设置为【钢笔斜度】选项时，该选项用来设置在旋转前应用于画笔高度的比例因子。

【角度抖动/控制】：用来设置画笔笔迹的角度，如图 5-62 所示。

【圆度抖动】/【控制】/【最小圆度】：要设置【圆度抖动】的方式，可以在该选项的【控制】下拉列表中进行选择，如图 5-63 所示。

【翻转 X 抖动/翻转 Y 抖动】：将画笔笔尖在其 X 轴或 Y 轴上进行翻转。

【画笔投影】：绘图板绘制时，勾选该复选框，可以根据画笔的压力改变笔触的效果。

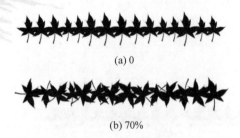

(a) 0

(b) 70%

图 5-62 【角度抖动】效果

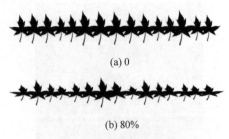

(a) 0

(b) 80%

图 5-63 【圆度抖动】效果

2.【散布】选项

【散布】页面如图 5-64 所示,它用于设置描边笔迹中笔迹的数目和位置,使画笔笔迹沿着绘制的线条扩散。在【散布】页面中可以对散布的方式、数量和散布的随机性进行调整。数值越大,变化范围越大。

【散布/两轴/控制】:指定画笔笔迹在描边中的分散程度,该值越大,分散的范围越广。当勾选【两轴】复选框时,画笔笔迹将以中滚点为基准,向两侧分散。如果要设置画笔笔迹的分散方式,可以在下面的【控制】下拉列表中进行选择,如图 5-65 所示。

图 5-64 【散布】页面

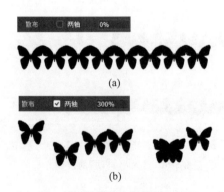

(a)

(b)

图 5-65 【散布】效果

【数量】:指定在每个间距间隔应用的画笔笔迹数量。数值越大,笔迹重复的数量越大,如图 5-66 所示。

【数量抖动/控制】:指定画笔笔迹的数量如何针对各种间距间隔产生的变化,如图 5-67 所示。

3.【纹理】选项

【纹理】页面如图 5-68 所示,用于设置画笔笔触的纹理,使之可以绘制带有纹理的笔触效果。在【纹理】页面中可以对图的大小、亮度、对比度、混合模式等选项进行设置。

(a) 数量1

(b) 数量5

图 5-66 【数量】效果

(a) 0

(b) 100%

图 5-67 【数量抖动】效果

图 5-68 【纹理】页面

【反相】：单击图案缩略图右侧的下三角按钮，在弹出的【图案】拾色器中选择一个图案，并将其设置为纹理，这样绘制的笔触就会带有纹理。若勾选【反相】复选框，可以基于图案中的色调翻转纹理中的亮点和暗点，如图 5-69 所示。

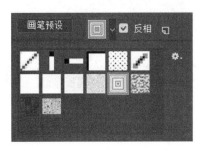

(a)

(b) 未勾选 "反相"

(c) 勾选 "反相"

图 5-69 设置【纹理】效果

【缩放】：用来设置图案的缩放比例。图案越小，纹理越多越密集，如图5-70所示。

【为每个笔尖设置纹理】：将选定的纹理单独应用于画笔描边中的每个画笔笔迹，而不是作为整体应用于画笔描边。若勾选该复选框，则下方的【深度抖动】不可用。

【模式】：用来设置用于组合画笔和图案的混合模式。

【深度】：用来设置油彩渗入纹理的深度，数值越大，渗入的深度越大，如图5-71所示。

图 5-70　【缩放】效果　　　　　　　图 5-71　【深度】效果

【最小深度】：当【深度抖动】下方的【控制】选项设置为【渐隐】、【钢笔压力】、【钢笔斜度】或【光笔轮】选项，并勾选【为每个笔尖设置纹理】复选框时，【最小深度】选项用来设置油彩可渗入纹理的最小深度。

【深度抖动】：当勾选【为每个笔尖设置纹理】复选框时，【深度抖动】选项用来设置深度的改变方式。

4.【双重画笔】选项

【双重画笔】页面中，可以设置绘制的线条呈现两种画笔混合的效果。在对【双重画笔】设置前，需要先设置【画笔笔尖形状】主画笔参数属性，再启用【双重画笔】选项。在顶部的【模式】是指选择从主画笔和双重画笔组合画笔笔迹时要使用的混合模式，设置好后从【双重画笔】选项中选择另外一个笔尖。其他参数与其他选项中的参数相同，如图5-72所示。

(a)

(b)

图 5-72　【双重画笔】页面

5.【颜色动态】选项

【颜色动态】页面如图 5-73 所示,用于设置绘制颜色变化的效果。在设置【颜色动态】之前,需要设置合适的前景色与背景色,然后在【颜色动态】页面进行其他参数选项的设置。

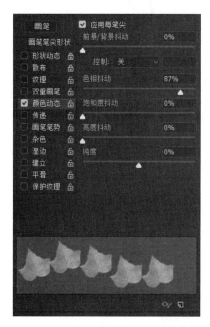

图 5-73 【颜色动态】页面

【应用每笔尖】:勾选该复选框后,每个笔触都带有颜色,如果要设置【颜色动态】,则必须勾选该复选框。

【前景/背景抖动】/【控制】:用来指定前景色和背景色之间的油彩变化方式。数值越小,变化后的颜色越接近前景色;数值越大,变化后的颜色越接近背景色,如图 5-74 所示。

【色彩抖动】:用来设置颜色变化范围。数值越小,颜色越接近前景色;数值越大,色相变化越丰富,如图 5-75 所示。

图 5-74 【前景/背景抖动】效果　　　　图 5-75 【色彩抖动】效果

【饱和度抖动】:用来设置颜色的饱和度变化范围。数值越小,色彩饱和度变化越小;数值越大,色彩饱和度变化越大,如图 5-76 所示。

【亮度抖动】:用来设置颜色亮度的随机性,数值越大随机性越强。

【纯度】:用来设置颜色的纯度。数值越小,笔迹的颜色越接近于黑白色;数值越大,颜色纯度越高,如图 5-77 所示。

(a) 30%

(a) −100%

(b) 80%

(b) +100%

图 5-76 【饱和度抖动】效果　　　　　　　图 5-77 【纯度】效果

6.【传递】选项

【传递】页面如图 5-78 所示,用于设置笔触的不透明度、流量、湿度、混合等数值,以用来控制油彩在描边路线中的变化方式。【传递】选项常用于光效的制作。在绘制光效时,光斑通常带有一定的透明度,所以需要勾选【传递】复选框进行参数的设置,以增加光斑的透明度变化。

【不透明度抖动】/【控制】:指定画笔描边中油彩不透明度的变化方式,最高值是选项栏中指定的不透明度值。如果要指定如何控制画笔笔迹的不透明度变化,可以从下面的【控制】下拉菜单中选择,效果如图 5-79 所示。

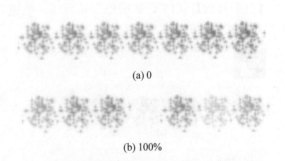

(a) 0

(b) 100%

图 5-78 【传递】页面　　　　　　　图 5-79 【不透明度抖动】效果

【流量抖动】/【控制】:用来设置画笔笔迹中油彩流量的变化程度,如果要指定如何控制画笔笔迹的流量变化,可以从下面的【控制】下拉菜单中选择。

【湿度抖动】/【控制】:用来设置画笔笔迹中油彩湿度的变化程度,如果要指定如何控制画笔笔迹的湿度变化,可以从下面的【控制】下拉菜单中选择。

【混合抖动】/【控制】:用来设置画笔笔迹中油彩混合的变化程度,如果要指定如何控制画笔笔迹的混合变化,可以从下面的【控制】下拉菜单中选择。

7.【画笔笔势】选项

【画笔笔势】页面如图 5-80 所示,用来设置毛刷画笔笔尖、侵蚀画笔笔尖的角度。

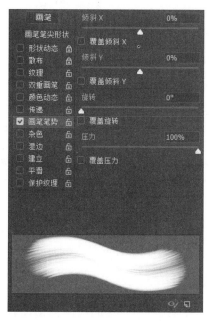

图 5-80　【画笔笔势】页面

选择一个毛刷画笔,在窗口左上角有毛刷的缩览图,在【画笔设置】面板中的【画笔笔势】页面中进行参数设置,然后按住鼠标拖曳进行绘制,如图 5-81 所示。

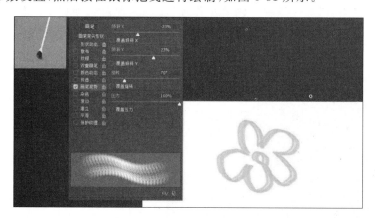

图 5-81　【画笔笔势】设置效果

【倾斜 X】/【倾斜 Y】：使笔尖沿着 X 轴或 Y 轴倾斜。

【旋转】：设置笔尖旋转效果。

【压力】：压力数值越高绘制速度越快,线条效果越粗犷。

8．其他选项

【画笔设置】面板中还有【杂色】、【湿边】、【建立】、【平滑】和【保护纹理】五个选项,这些选项不能调整参数,如果要启用其中某个选项,将其勾选即可,如图 5-82 所示。

【杂色】：为个别画笔笔尖增加额外的随机性。

【湿边】：沿画笔描边的边缘增大油彩量，从而创建出水彩效果，如图 5-83 所示。

图 5-82   其他选项   图 5-83   湿边

【建立】：模拟传统的喷枪技术，根据鼠标单击程度确定画笔线条的填充数量。

【平滑】：在画笔描边中生成更加平滑的曲线。当使用压感笔进行快速绘画时，该选项最有效。

【保护纹理】：将相同图案和缩放比例应用于具有纹理的所有画笔预设。勾选后，在使用多个纹理画笔绘画时，可以模拟一致的画布纹理。

5.2.2　画笔预设选取器

无论在哪个画笔工作模式工具选项栏中都有【画笔预设】选取器，在选取器中有多种可供选择的画笔笔尖类型。可以通过载入，将 Photoshop 中隐藏的画笔显示出来；可以通过网上下载，并通过【预设管理器】载入 Photoshop；还可以将图案【定义】为画笔。

1. 使用内置画笔

①选择【画笔工具】等任意一个画笔工作模式工具，单击选项栏中的下三角按钮 ，打开【画笔预设】选取器。②单击右上角 按钮，显示菜单命令。③在菜单命令的底部选择【旧版笔画】，在弹出的对话框中单击【确定】按钮，随即就可以将画笔库中的画笔添加到【画笔预设】选取器中，如图 5-84 所示。

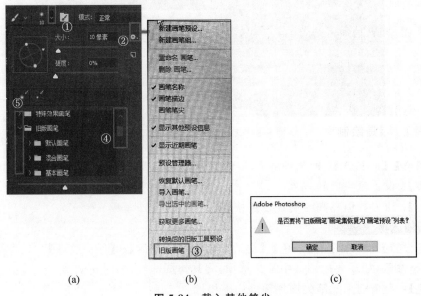

(a)   (b)   (c)

图 5-84   载入其他笔尖

2. 自定义画笔

选择要定义成画笔的图像,执行【编辑】|【定义画笔预设】命令,弹出【画笔名称】对话框,在【名称】中填写画笔名称,单击【确定】按钮。在预览图中能够看到定义的画笔笔尖只保留了图像的明度信息,没有保留色彩信息。定义好后,在【画笔预设】选取器中可以找到新的定义画笔,然后再进行绘制,如图 5-85 所示。

图 5-85　自定义画笔

3. 载入新的画笔

执行【编辑】|【预设】|【预设管理器】命令,打开【预设管理器】窗口,将【预设类型】选为【画笔】,单击【载入】按钮。在弹出的【载入】窗口中找到新的画笔文件,单击所选文件(文件格式为＊.abr),接着单击【载入】按钮,随即在【预设管理器】中可以看到载入的新画笔,单击【完成】按钮即可。

5.2.3　画笔工具组

画笔工具组包括【画笔工具】、【铅笔工具】、【颜色替换工具】和【混合器画笔工具】,如图 5-86 所示。

1. 画笔工具

【画笔工具】是绘制图像时使用最多的工具。利用【画笔工具】可以在图像上绘制丰富多彩的艺术作品。在工具箱中选取【画笔工具】,出现如图 5-87 所示的【画笔工具】选项栏。各选项的具体含义如下。

图 5-86　画笔工具组

图 5-87　【画笔工具】选项栏

画笔设置:在【画笔工具】选项栏中单击画笔大小右边的下三角按钮,可在弹出的列表中选择合适的画笔直径、硬度、笔尖的样式,如图 5-88 所示。

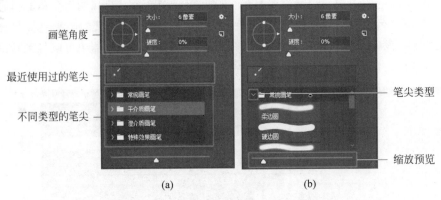

图 5-88　【画笔设置】面板

角度/圆度:画笔的角度用于指定画笔的长轴在水平方向旋转的角度。圆度是指画笔在 Z 轴(垂直于画面,向屏幕内外延伸的轴向)上的旋转效果,如图 5-89 所示。

【大小】:通过设置数值或移动滑块可以调整画笔笔尖的大小,在英文输入法状态下,可以按快捷键[和]来快速减小或增大画笔笔尖的大小,如图 5-90 所示。

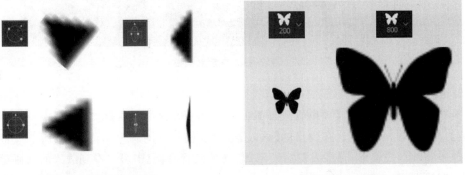

图 5-89　画笔角度/圆度　　　　　　　　图 5-90　画笔大小

【硬度】:当使用圆形的画笔时,硬度数值可以调整。数值越大,画笔的边缘越清晰;数值越小,画笔的边缘越模糊,如图 5-91 所示。

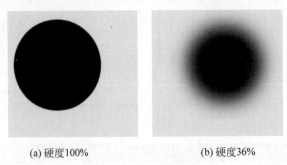

(a) 硬度100%　　　　　　　　(b) 硬度36%

图 5-91　【硬度】效果

切换画笔面板 :单击【切换画笔面板】按钮或按快捷键 F5,可以调出画笔面板。

【模式】：用来设置画笔笔触与背景融合的方式。

【不透明度】：决定笔触不透明度的深浅，不透明度的值越小笔触越透明，也越能够透出背景图像。

【流量】：用来设置笔触的压力程度。数值越小，笔触越淡。

喷枪：单击该按钮后，可以启用喷枪功能，Photoshop 会根据单击方式来确定画笔笔迹的填充数量，如图 5-92 所示。

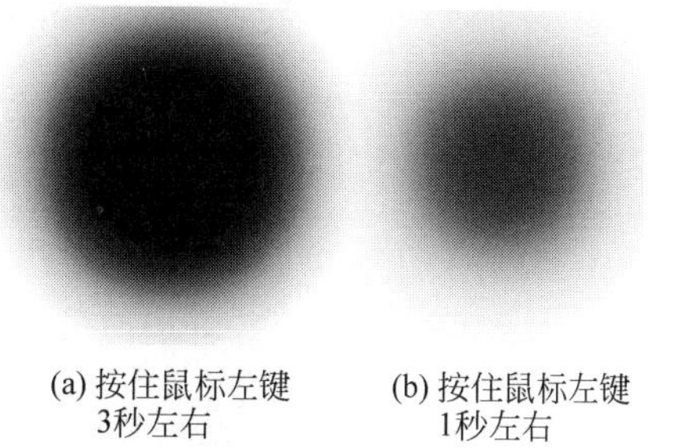

(a) 按住鼠标左键 3秒左右
(b) 按住鼠标左键 1秒左右

图 5-92　喷枪效果

压力：始终对画笔大小使用压力，关闭时，由【画笔预设】控制压力。

设置绘画的对称选项：是新增功能，下拉列表框中有 10 个对称选项，不同的选项有不同的效果，如图 5-93 所示。

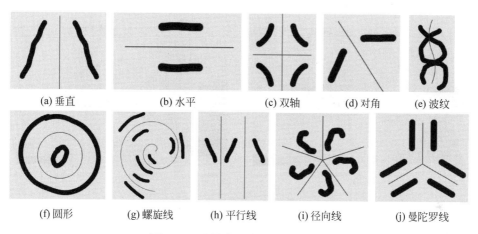

(a) 垂直
(b) 水平
(c) 双轴
(d) 对角
(e) 波纹
(f) 圆形
(g) 螺旋线
(h) 平行线
(i) 径向线
(j) 曼陀罗线

图 5-93　设置绘画的对称选项效果

2. 铅笔工具

【铅笔工具】通常用于绘制棱角分明、无边缘发散效果的线条，通过其绘制的图案类似于生活中用铅笔绘制的图案。【铅笔工具】的使用方法很简单，选取工具箱中的【铅笔工具】，即可以在画布中绘制线条或者图案。【铅笔工具】选项栏如图 5-94 所示。

47
模式：正常
不透明度：100%
平滑：10%
自动抹除

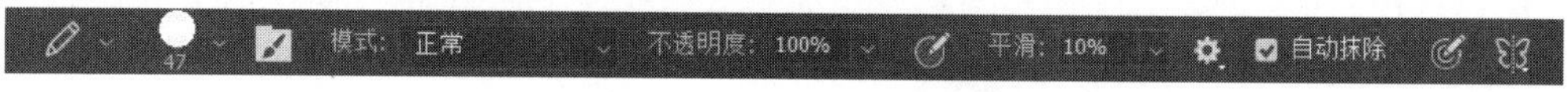

图 5-94　【铅笔工具】选项栏

选中【自动抹除】复选框后，当开始拖动鼠标时，该区域被涂成前景色，第二次单击在该区域涂抹，则变为背景色，第三次单击又变为前景色，以此类推，如图 5-95 所示。其他部分选项的意义与【画笔工具】相同。

3. 颜色替换工具

【颜色替换工具】可以用选取的前景色改变目标颜色，从而快速地完成整幅图像或者图像上的某个选区中的色相、颜色、饱和度和明度的改变。

具体操作方法：在工具箱中设置前景色，选择【颜色替换工具】后，设置工具选项栏，用

图 5-95　勾选【自动涂抹】复选框的效果

鼠标在目标图像上拖曳即可,效果如图 5-96 所示。

(a)　　　　　　　　　　　　　　　　　　(b)

图 5-96　颜色替换效果

4. 混合器画笔工具

使用【混合器画笔工具】 可以让画笔的颜色跟画布的颜色混合在一起,模拟油彩的绘制效果。

具体操作方法:选择【混合器画笔工具】后,出现如图 5-97 所示的选项栏,设置相应的参数进行绘制。各选项的具体含义如下。

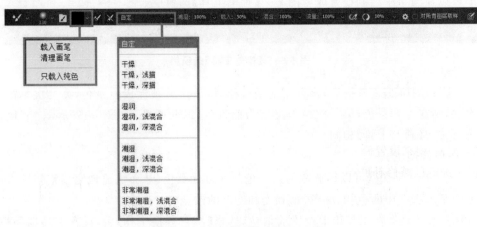

图 5-97　【混合器画笔工具】选项栏

颜色设置 ：可以设置画笔的颜色。单击下三角按钮，在下拉列表中有载入画笔、清理画笔以及只载入纯色。

【载入画笔】：可以自动载入前景色面板中的颜色。通过改变前景色面板的颜色可以改变画笔的颜色。

【清理画笔】：可以清理画笔的颜色，使画笔变成一种无色的状态。

【只载入纯色】：选择此项后，使用【吸管工具】在画布中吸取颜色时，只吸取纯色，而不是图案。

每次描边后载入画笔 ：在绘画之后，自动载入画笔，可以进行新的绘制。

每次描边后清理画笔 ：使用一次画笔之后，自动清理画笔，使画笔变为无色。

【自定】：可以设置一些预设的效果，这些效果分为干燥、湿润、潮湿、非常潮湿四大类。

【潮湿】：指画布中颜色的湿润程度。可以理解为，画布中的色块是没有干的，可以使用画笔进行拖曳，改变颜色的范围。

【载入】：画笔蘸取墨汁的多少。

【混合】：可以设置描边颜色的混合比。如果混合的设置在 0～100，绘制的颜色是前景色与画布中的颜色的一个混合颜色。混合值越小，颜色越偏向于前景色；混合值越大，颜色越偏向于画布中的颜色。

5.2.4　修复工具组

修复工具组中包括【污点修复画笔工具】、【修复画笔工具】、【修补工具】、【内容感知移动工具】、【红眼工具】五种，如图 5-98 所示。这几种工具的用法类似，都是用来修复图像上的瑕疵、褶皱或者破损部位等，不同是前四种修补工具主要是针对区域像素而言的，而【红眼工具】主要针对照片中常见的红眼而设。

图 5-98　修复工具组

1. 污点修复画笔工具

【污点修复画笔工具】适合用来修复图片中小的污点或者杂斑。

具体操作方法：单击【污点修复画笔工具】，出现【污点修复画笔工具】选项栏，如图 5-99 所示，在需要修复的图像区域单击并拖动鼠标涂抹即可进行修复，效果如图 5-100 所示。各选项的具体含义如下。

图 5-99　【污点修复画笔工具】选项栏

画笔选取器 ：可以设置画笔的大小以及软硬程度，单击下三角按钮后弹出如图 5-101 所示的下拉列表。

【模式】：用来设置修复图像时使用的混合模式。

【类型】：用来设置修复的方法。选择【近似匹配】选项，可使用图像边缘周围的像素查找要用作选定区域修补的图像区域，如果此选项的修复效果不能令人满意，可还原修复并尝试【创建纹理】选项；选择【创建纹理】选项，可使用图像中的所有像素创建一个用于修复该区域的纹理。如果纹理不起作用，可尝试再次拖动该区域。

【内容识别】：可以根据修复的内容识别填充图像。

(a)　　　　　　　　　　　　　　(b)

图 5-100　效果对比

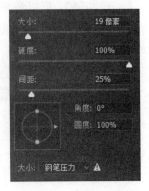

图 5-101　画笔选取器

【对所有图层取样】：勾选该复选框，可从所有可见图层中对数据进行取样。取消勾选，则只从当前图层中取样。

2. 修复画笔工具

【修复画笔工具】可用于校正瑕疵、复制指定图像区域中的纹理、光线等，并将它与目标区域像素的纹理、光线、明暗度融合，使图像中修复过的像素与邻近的像素自然过渡，合为一体。

单击【修复画笔工具】，弹出【修复画笔工具】选项栏，如图 5-102 所示。各选项的具体含义如下。

图 5-102　【修复画笔工具】选项栏

画笔选取器▣：可以设置画笔的大小以及软硬程度，单击下三角按钮，可以弹出其下拉列表。

【模式】：用来设置修复时的混合模式。如果选择【正常】选项，使用样本像素进行绘画的同时可把样本像素的纹理、光线、透明度和阴影与像素相融合；如果选择【替换】选项，则只用样本像素替换目标像素，在目标位置上没有任何融合。

【源】：用来选择修复方式，有取样和图案两种方式。其中，选中【取样】后，按住 Alt 键不放并单击获取修复目标的取样点；选中【图案】后，可以在【图案】列表中选择一种图案修复目标。

【对齐】：勾选【对齐】复选框后，只能用一个固定的位置的同一图像修复。

【样本】：用来选取图像的源目标点，它包括当前图层、当前图层和下面图层、所有图层。【当前图层】是指当前处于工作状态的图层；【当前图层和下面图层】是指当前处于工作状态的图层和其下面的图层；【所有图层】是指可以将全部图层看成单图层。

忽略调整图层：单击该按钮，在修复时可以忽略图层。

具体操作方法：单击【修复画笔工具】，设置工具选项栏中的选项，按住 Alt 键在污点附近单击取样，然后在污点处拖曳鼠标，就可擦除污点，修复后的图像对比如图 5-103 所示。

(a)　　　　　　　　　　　　(b)

图 5-103　效果对比

3. 修补工具

【修复工具】可以利用画面中的部分内容作为样本，修复所选图像区域中不理想的部分。【修补工具】通常用来除去画面中的部分内容。

【修补工具】的操作是在选区的基础上，所以在选项栏中有一些关于选区运算的操作按钮。在选项栏中设置【修补】为【内容识别】，其他参数默认，如图 5-104 所示。

图 5-104　【修补工具】选项栏

具体操作方法：先在需要修复的区域单击并拖动鼠标创建一个选区，然后将鼠标指针放在选区内拖动鼠标至取样的图像区域进行修复图像，如图 5-105 所示。

(a)　　　　　　　　　　(b)　　　　　　　　　　(c)

图 5-105　【修补工具】使用

4. 内容感知移动工具

使用【内容感知移动工具】移动选区中的对象，被移动的对象会自动将影像与四周的景物融合在一起，对原始的区域则会进行智能填充。在需要改变画面中某一对象的位置时，可以尝试使用该工具。

单击【内容感知移动工具】，在选项栏中设置【模式】为【移动】，然后使用该工具在需要移动的对象上方按住鼠标左键拖曳至绘制选区。接着将鼠标指针移动至选区内部，按住鼠标左键向目标位置拖曳,松开鼠标后即可移动该对象,同时会带有一个定界框,最后按 Enter 键确定,按快捷键 Ctrl+D 取消选区,如图 5-106 所示。

　　　(a)　　　　　　　　　　(b)　　　　　　　　　　(c)

图 5-106　【内容感知移动工具】的使用

　　如果在选项栏中将【模式】设置为【扩展】,会将选区中的内容复制一份,并融入画面,如图 5-107 所示。

图 5-107　【扩展】效果

5. 红眼工具

　　【红眼工具】可以将数码相机照相时产生的红眼效果轻松去除,在保留原有的明暗关系和质感的同时,使图像中人或动物的红眼变成正常颜色。此工具也可以改变图像中任意位置的红色像素,使其变为黑色调。【红眼工具】的操作方法非常简单,在工具箱中单击【红眼工具】,设置好选项栏中的选项以后,直接在图像中红眼部位单击即可,效果如图 5-108 所示。

　　　　(a)　　　　　　　　　　　　　(b)

图 5-108　【红眼工具】效果

5.2.5 图章工具组

图章工具组由【仿制图章工具】和【图案图章工具】组成,如图 5-109 所示。

1. 仿制图章工具

【仿制图章工具】用于图像中对象的复制,可以十分轻松地复制整个图像或图像的一部分。单击【仿制图章工具】,此时该工具选项栏如图 5-110 所示。使用【仿制图章工具】的方法与使用【修复画笔工具】的方法相同,使用时需要先按住 Alt 键取样,然后在目标位置按住鼠标绘制即可,效果如图 5-111 所示。

图 5-109　图章工具组

图 5-110　【仿制图章工具】选项栏

(a)　　　　　　　　　　　　　　　(b)

图 5-111　【仿制图章工具】效果

2. 图案图章工具

【图案图章工具】可以将预设的图案或自定义的图案复制到图像或者指定的区域。其选项栏如图 5-112 所示,从图中可以看出它比【仿制图章工具】多一个【印象派效果】的复选框,如果勾选该复选框,仿制后的图案以印象派绘画的效果显示。单击【图案图章工具】后,在选项栏中选择一个图案,然后在画面中拖动鼠标即可绘画,效果如图 5-113 所示(图中将衣服上色的两个图层样式设置为"正片叠底")。

图 5-112　【图案图章工具】选项栏

5.2.6 橡皮擦工具组

橡皮擦工具组中包括【橡皮擦工具】、【背景橡皮擦工具】和【魔术橡皮擦工具】,如图 5-114 所示。它们都可以擦除图像的整体或局部,也可以对图像的某个区域进行擦除。

　　　　　(a)　　　　　　　　　　(b)

图 5-113　【图案图章工具】效果

图 5-114　橡皮擦工具组

1. 橡皮擦工具

　　使用【橡皮擦工具】 擦除像素后,将会自动使用背景色填充,其选项栏如图 5-115 所示。各选项的具体含义如下。

图 5-115　【橡皮擦工具】选项栏

　　画笔 :用来设置橡皮擦的主直径、硬度和画笔样式。

　　【模式】:用来设置橡皮擦的擦除方式,下拉列表中有【画笔】、【铅笔】和【块】三个选项。选择【画笔】选项时,橡皮的边缘柔和并带有羽化效果;选择【铅笔】选项时,没有这种效果;选择【块】选项时,橡皮以一个固定的方块形状擦除图像。图 5-116 为使用不同笔刷模式擦除图像的效果。

图 5-116　不同笔刷模式的效果对比

　　【不透明度】:可以用于设置橡皮擦的透明程度。

　　【流量】:控制橡皮擦在擦除时的流动频率,数值越大,频率越高。不透明度、流量以及喷枪方式都会影响擦除的力度,较小力度(不透明度与流量较低)的擦除会留下半透明的像素。

【抹到历史记录】：勾选【抹到历史记录】复选框后，用橡皮擦除图像的步骤能保存到【历史记录】调板中，要是擦除操作有错误，可以从【历史记录】面板中恢复原来的状态。

2．背景橡皮擦工具

使用【背景橡皮擦工具】同样用来擦除画布中的内容，通过背景橡皮擦可以擦除指定的颜色。

单击【背景橡皮擦工具】，其选项栏如图 5-117 所示。各选项的具体含义如下。

图 5-117　【背景橡皮擦工具】选项栏

画笔预设：通过选项栏可以调整画笔的大小、硬度、间距、形状等。

取样：取样方法分别为连续取样、一次取样、背景色板取样。

【限制】：单击其右侧的下三角按钮，弹出限制下拉列表，包括连续、不连续、查找边缘，在其中可限制【背景橡皮擦工具】擦除的范围。

【容差】：改变容差的大小，可以设置擦除的范围。容差值越大，擦除的颜色范围越宽；容差值越小，擦除的颜色范围越窄。

【保护前景色】：勾选该复选框后，前景色面板中的颜色在擦除时会被保护，无论怎么擦除，都不会擦掉前景色。

使用【背景橡皮擦工具】擦除图像的效果如图 5-118 所示。

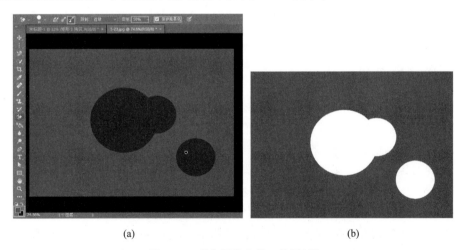

(a)　　　　　　　　　　　　　　　　　(b)

图 5-118　【背景橡皮擦工具】效果

3．魔术橡皮擦工具

【魔术橡皮擦工具】的功能相比其他两个擦除工具更加智能化，一般用来快速去除图像的背景。【魔术橡皮擦工具】使用的方法很简单，只需在画布中选择想要删除的颜色，单击该颜色就会被删除掉，其功能相当于是【魔棒选择工具】与【背景橡皮擦工具】的结合。

使用【魔术橡皮擦工具】可以轻松擦除与取样颜色相近的所有颜色，根据在其选项栏上设置的【容差】值的大小决定擦除颜色的范围，擦除后的区域将变为透明。【魔术橡皮擦工具】选项栏如图 5-119 所示。各选项的具体含义如下。

图 5-119 【魔术橡皮擦工具】选项栏

【容差】:设置擦除的色彩范围。

【消除锯齿】:选中该复选框,【魔术橡皮擦工具】将自动对边缘区域进行消除锯齿处理。

【连续】:选中该复选框,将对连续的区域进行擦除。

【对所有图层取样】:选中该复选框,将使【魔术橡皮擦工具】的效果应用到所有可见图层。

使用【魔术橡皮擦工具】的效果如图 5-120 所示。

(a)   (b)

图 5-120 【魔术橡皮擦工具】效果

5.2.7 模糊工具组

模糊工具组包括【模糊工具】、【锐化工具】以及【涂抹工具】,如图 5-121 所示。这几种工具主要用于对图像局部细节进行修饰,它们的操作方法都是按住鼠标左键在图像上拖动以产生效果。

图 5-121 模糊工具组

1. 模糊工具

使用【模糊工具】 在图像中拖动鼠标,在鼠标经过的区域会产生模糊效果。单击【模糊工具】,其选项栏如图 5-122 所示,其中【强度】选项用于设置【模糊工具】对图像的模糊程度,取值范围为 1%~100%,取值越大,模糊效果越明显。

图 5-122 【模糊工具】选项栏

使用【模糊工具】处理图像的效果如图 5-123 所示。

2. 锐化工具

使用【锐化工具】 在图像中拖动鼠标,鼠标经过的区域中会产生清晰的图像效果。单击【锐化工具】,其选项栏如图 5-124 所示。如果在其选项栏上设置【画笔】的值较大,清晰的

(a)   (b)

图 5-123　【模糊工具】效果

范围就较广；如果【强度】的值较大，清晰的效果较明显。其选项栏与【模糊工具】选项栏基本相似。

图 5-124　【锐化工具】选项栏

使用【锐化工具】处理图像的效果如图 5-125 所示。

(a)   (b)

图 5-125　【锐化工具】效果

3. 涂抹工具

使用【涂抹工具】涂抹图像时，可以模拟在画纸上用手指涂抹的柔和、模糊效果，可将画面上的色彩融合在一起，产生和谐的效果。

单击【涂抹工具】，其选项栏如图 5-126 所示，如果在其选项栏上设置【画笔】的值较大，涂抹的范围就较广；如果设置【强度】的值较大，涂抹的效果就较明显。与之前两个工具不同的是：在【涂抹工具】选项栏上多了一个【手指绘画】复选框，如果勾选了此复选框，当用鼠标涂抹时是用前景色与图像中的颜色相融产生涂抹后的笔触；如果不勾选此复选框，则涂抹过程中使用的颜色来自每次单击的开始之处。

使用【涂抹工具】处理图像的效果如图 5-127 所示。

`🔸 ⌄ ● ⌄ 13 ⌄ 模式: 正常 ⌄ 强度: 50% ⌄ □ 对所有图层取样 □ 手指绘画 ◎`

图 5-126　【涂抹工具】选项栏

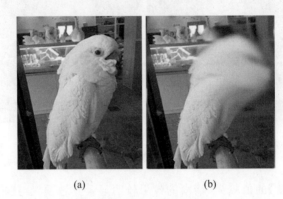

(a)　　　　　　　　(b)

图 5-127　【涂抹工具】效果

5.2.8　减淡工具组

减淡工具组包括【减淡工具】、【加深工具】、【海绵工具】。这三种工具都可以通过按住鼠标在图像上的拖动改变图像的色调。

1. 减淡工具

使用【减淡工具】🔍可以使图像或者图像中某区域内的像素变亮,但是色彩饱和度降低。单击【减淡工具】,其选项栏如图 5-128 所示。各选项的具体含义如下。

`🔍 ⌄ ● ⌄ 65 ⌄ 范围: 中间调 ⌄ 曝光度: 50% ⌄ 🔸 ☑ 保护色调 ◎`

图 5-128　【减淡工具】选项栏

【范围】:在此选项的下拉列表中可以设置要修改的色调范围。选择【阴影】选项,只修改图像暗部区域的像素;选择【中间调】选项,只修改图像中间调区域的像素;选择【高光】选项,只修改图像亮部区域的像素。

【曝光度】:用来为工具指定曝光。此值越高,工具的作用效果越明显。

喷枪🔸:单击此按钮,可以使画笔具有喷枪的功能。

使用【减淡工具】只需用鼠标在需要减淡的区域进行涂抹即可,效果如图 5-129 所示。

2. 加深工具

使用【加深工具】🖐正好与【减淡工具】相反,可以使图像或者图像中某区域内的像素变暗,但是色彩饱和度提高,如图 5-130 所示。

3. 海绵工具

使用【海绵工具】可以精确地提高或者降低图像中某个区域的色彩饱和度,其选项栏如图 5-131 所示。

【模式】:用来对图像加色或去色的选项设置,有去色和加色两种。如图 5-132 所示的分别是图像原图、选择【去色】选项后的效果和选择【加色】选项后的效果。

(a)   (b)

图 5-129　【减淡工具】效果

(a)   (b)

图 5-130　【加深工具】效果

图 5-131　【海绵工具】选项栏

(a) 原图   (b) 去色   (c) 加色

图 5-132　【海绵工具】效果

　　【自然饱和度】：勾选该复选框时，可以对饱和度不够的图像进行处理，可以调出非常优雅的灰色调。

第6章

矢量图形的绘制与编辑

本章主要介绍矢量绘图的绘画方式以及文字工具组的使用。绘图是 Photoshop 软件的一项重要功能,在 Photoshop 中可以使用钢笔工具和形状工具绘制矢量图形。钢笔工具常用于绘制不规则形态的图形,是描绘路径的常用工具;而形状工具绘制较规则的图形,使用方法简单。文字是在设计中常见的元素,Photoshop 有强大的文字创建和编辑功能。通过本章的学习,可以利用文字工具对文字进行输入和编辑,还可以结合路径的使用进行一些有趣的文字排列等。

1. 了解矢量图。
2. 了解路径与锚点。
3. 掌握钢笔工具组、形状工具组、文字工具组。
4. 使用文字元素创造一些有趣的效果。

6.1　矢量图形的绘制

矢量绘图是一种比较特殊的绘图模式,它跟【画笔工具】绘图不同,【画笔工具】绘制的图像是含有"像素点"的位图绘图方式。矢量绘图常常用到的工具是钢笔工具和形状工具,由它们绘制的图像内容是以"路径"和"填色"的方式进行的,图像画面的质量不会因尺寸的变化而受影响。

矢量图的颜色与外形不受图形的缩放所影响,能够保持原有的清晰度和外形,不会发生形变,也与分辨率无关。矢量图常被用于尺寸较大的印刷项目中。

6.1.1 路径与锚点

矢量图的创作过程可以说是创作路径、编辑路径的过程。在矢量绘图中,图形都是由路径和颜色构成。路径由锚点和锚点之间的连接线构成,2个锚点即可构成一条路径,3个锚点可以构成一个面。

锚点包含"平滑点"和"尖角点"两种类型。每个锚点都有控制棒,它能调整锚点的弧度以及锚点两边线段的弯曲程度,被选中的锚点以实心方形点显示,没有被选中的锚点以空心方形点显示,如图6-1所示。

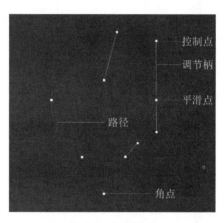

图 6-1　路径示意

路径有的是断开的,有的是闭合的,还有的由多个部分构成。这些路径被概括为三种类型:开放路径、闭合路径、复合路径,如图6-2所示。

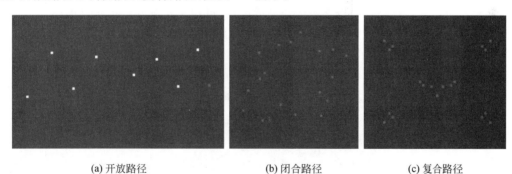

(a) 开放路径　　　　　　　(b) 闭合路径　　　　　　　(c) 复合路径

图 6-2　路径的三种类型

6.1.2 钢笔工具组和形状工具组

钢笔工具和形状工具在单击选择使用时,选项栏中都会出现选择绘图模式:【形状】、【路径】和【像素】,如图6-3所示。如图6-4所示为三种绘图模式效果。

注意:【钢笔工具】状态下无法选择【像素】绘图模式。

三种绘图模式的特点如下。

钢笔工具

形状工具

（默认状态下显示矩形工具）

图 6-3　三种绘图模式

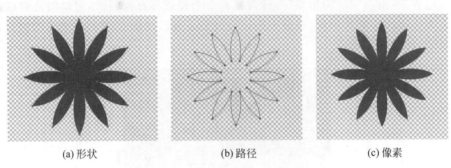

(a) 形状　　　　　　　(b) 路径　　　　　　　(c) 像素

图 6-4　三种绘图模式效果示意

【形状】：既有路径，又可以设置填充与描边，绘制的是矢量对象。钢笔工具和形状工具都可以使用该模式。

【路径】：只能绘制路径，不具有颜色填充属性，绘制的是矢量路径，无实体，打印输出不可见，想要可见可以转换为选区后填充。钢笔工具和形状工具都可以使用该模式。

【像素】：没有路径，直接是以前景色填充绘图区域的一种位图对象，放大后会有像素点。形状工具组可使用该模式，而钢笔工具不可使用该模式。

1. 钢笔工具组

钢笔工具组是描绘路径时经常用到的灵活工具，可用于绘制一些不规则的图形。使用钢笔工具可以直接产生线段路径和曲线路径，钢笔工具组包含六种工具，如图 6-5 所示。

（1）【钢笔工具】：可以直接绘制线段路径或者曲线路径，只需在画面中单击确定路径起点，再单击下一个位置，就可绘制直线路径；绘制曲线路径需在画面中单击确定路径起点，再单击下一个位置时按住鼠标左键并拖动，就可以画出曲线路径，如图 6-6 所示。

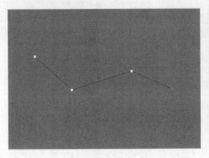

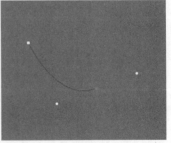

(a) 直线路径　　　　　　　　　　(b) 曲线路径

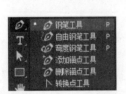

图 6-5　钢笔工具组

图 6-6　【钢笔工具】描绘的直线路径和曲线路径

注意：在快要完成闭合路径的绘制时，路径起点与终点将要闭合时会出现一个小圆点标志，如图 6-7 所示。

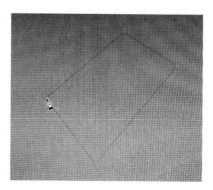

图 6-7　闭合路径时状态

（2）【自由钢笔工具】：可以随意在画面中绘制，就像用铅笔在纸上画图一样，锚点会在绘制时自由添加，用于绘制不规则路径；它与【磁性套索工具】原理相同，不同的是【磁性套索工具】是建立选区，而【自由钢笔工具】是建立路径。

（3）【弯度钢笔工具】：在画面中绘制的路径都呈弯曲状态，如图 6-8 所示。

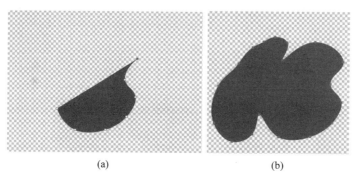

(a)　　　　　　　　　　　　　　(b)

图 6-8　【弯度钢笔工具】效果

（4）【添加锚点工具】和【删除锚点工具】：制作路径时往往需要更精确地调整，可以使用【添加锚点工具】和【删除锚点工具】。当鼠标放置在路径上时出现添加锚点工具；当鼠标放置在锚点位置上时则出现删除锚点工具，单击即可添加或删除，如图 6-9 所示。

 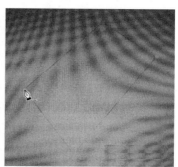

(a) 添加锚点　　　　　　　　　(b) 删除锚点

图 6-9　添加锚点和删除锚点

（5）【转换点工具】：平滑曲线与折线之间的转换，可以使用【转换点工具】。

2. 路径选择工具组

在路径编辑时，需要选择路径上的某一个锚点，可以使用【路径选择工具】或者【直接选择工具】单独对某一个锚点进行修改，如图 6-10 所示。

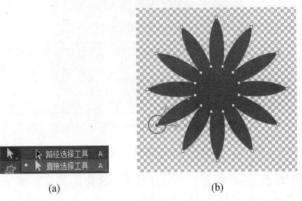

　　　　　（a）　　　　　　　　　　　　　　　　　（b）

图 6-10　具体选择某一个锚点

3. 形状工具组

形状工具组下有一些已经内置好的图形样式，可以用于直接绘制一些规则的图形。找到工具栏下的形状工具按钮，可以看到有六种形状工具，如图 6-11 所示。由这些工具所绘制的形状如图 6-12 所示。

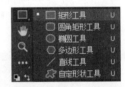

图 6-11　形状工具组

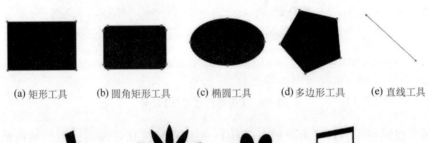

　（a）矩形工具　　（b）圆角矩形工具　　（c）椭圆工具　　（d）多边形工具　　（e）直线工具

（f）自定形状工具

图 6-12　六种形状工具绘图效果

这些形状工具的使用方法比较接近。以【矩形工具】为例，在工具栏上找到形状工具按钮后，单击【矩形工具】，然后在上方选项栏中可以更改并设置一些属性，设置完成后在画面中按住鼠标左键并拖动，可以看到出现一个矩形。

　　注意：选择形状工具组后，在绘图模式为形状时，在画面中绘制形状时【图层】面板中会自动生成形状图层。

6.2 文 字 编 辑

使用文字工具可以在 Photoshop 软件中输入文字或者编辑文字。输入文字包括文本和段落两种。可以利用【路径工具】、【艺术字体】等方式制作文字,然后运用到杂志、海报的设计。另外,选择文字工具后,在输入文字内容前,可以在选项栏中提前设置好字体、字号及颜色等文字属性,也可以先输入文字后再调整文字属性,如图 6-13 所示。

图 6-13 调整文字工具选项栏

6.2.1 文字工具组

在工具箱中,找到【横排文字工具】按钮 **T**,即文字工具。文字工具组包含了【横排文字工具】、【直排文字工具】、【直排文字蒙版工具】、【横排文字蒙版工具】四种,如图 6-14 所示。

1. 输入点文本

单击【横排文字工具】后,在画面中单击,即可创建点文本输入想要的文字内容。

注意:选择文字工具组后,在画面中单击时【图层】面板中会自动生成文字图层。

2. 输入段落文字

单击【横排文字工具】后,在画面中长按鼠标左键并拖动鼠标,可以创建一个矩形的段落文本框,在里面输入文字或者将复制好的文字粘贴进来,如图 6-15 所示。

段落文本框具有自动换行的功能,当觉得一行的字数过少的时候,可以将文本框往外拉伸,文字会自动换行与调整,还可以将文本框进行旋转等操作,如图 6-16 所示。

图 6-15 创建段落文本框

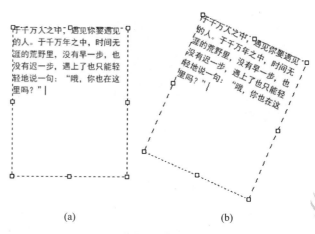

(a)　　　　　　　(b)

图 6-16 调整文本框及旋转文本框

在【属性】面板中可以对段落进行调整,如图 6-17 所示。

6.2.2　编辑文字

1. 栅格化文字

文字工具组产生的文字是一种矢量图,优点是不会因为放大而出现马赛克,缺点是不能使用软件中的滤镜功能。栅格化文字需要选中文字图层,然后右击选择【栅格化文字】选项,栅格化后的文字图层可以使用滤镜及其他变换效果。

2. 载入文字选区

选中文字图层后,按住 Ctrl 键的同时单击该图层的缩略图,即可将文字载入选区,如图 6-18 所示。取消选区可按快捷键 Ctrl+D。

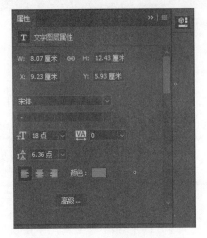

图 6-17　段落文本【属性】面板

图 6-18　载入文字选区

3. 变形文字

输入文字后在工具选项栏中单击创建文字变形按钮 ,会弹出【变形文字】面板,在【样式】下有很多不同的文字变形效果,如图 6-19 所示。图 6-20 所示为【鱼形】文字变形效果。

图 6-19　【变形文字】面板下样式列表

图 6-20　【鱼形】文字变形效果

4. 路径文字

步骤一：选择形状工具的【自定形状工具】，设置自己需要的形状，绘图【类型】为"路径"，在画面中画出该形状，如图 6-21 所示。

步骤二：选择【横排文字工具】，将鼠标放置在路径上想要的位置，碰到路径后单击一下，然后输入文字，文字会跟随该形状进行围绕，如图 6-22 所示。双击选中文字内容后，执行【窗口】|【字符】命令，弹出【字符设置】面板，可以调整字距数值等，使文字排列得更均匀一些，然后回到移动工具上。得到的文字效果如图 6-23 所示。

图 6-21 使用【自定形状工具】绘制路径图形

图 6-22 文字随着路径排列

(a)   (b)

图 6-23 路径文字效果

【应用案例】 制作简约标志

制作一个简约标志，完成的效果如图 6-24 所示。

图 6-24 简约标志效果

技术点睛：

- 使用【椭圆工具】绘制图形。
- 使用【横排文字工具】创建文字。
- 使用【创建文字变形】命令，选择【样式】为"旗帜"。
- 给文字图层添加【图层样式】。

（1）新建一个 A4 大小文档，然后使用【椭圆工具】绘制一个圆形，无填充，执行【编辑】|【描边】命令，设置【颜色】为"橘色"，【粗细】为 30 像素，效果如图 6-25 所示。

（2）使用【吸管工具】吸取橘色，然后选择【横排文字工具】创建 LOGODESIGN 文字，在

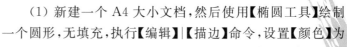

选项栏中选择字体,调整其【字距】、【字体大小】等文字属性,得到效果如图 6-26 所示。

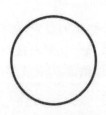

图 6-25　使用【椭圆工具】绘制正圆　　　　　　图 6-26　输入主题文字

(3) 双击鼠标选中要变形的文字,然后使用【创建文字变形】命令,选择【样式】为"旗帜",【弯曲】为+40%,单击【确定】按钮,如图 6-27 所示。

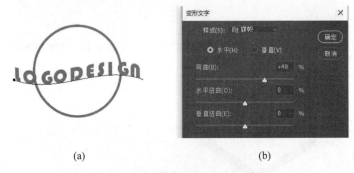

(a)　　　　　　　　　　　　　　(b)

图 6-27　使用【旗帜】文字变形效果

(4) 选中文字图层,然后双击该图层添加【图层样式】。在【图层样式】面板中设置描边【大小】为 30 像素,【位置】为"外部",【颜色】为"粉紫色",如图 6-28 所示。

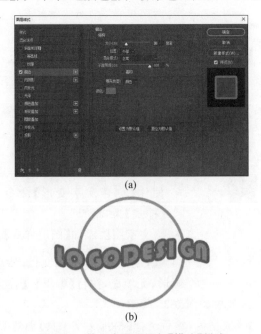

(a)

(b)

图 6-28　给文字图层添加【描边】样式

（5）选择【投影】样式，设置【阴影颜色】为"黑色"，【不透明度】为30％，【角度】为90度，【距离】为90像素，【扩展】为100％，【大小】为8像素，单击【确定】按钮，如图6-29所示。最终效果如图6-24所示。

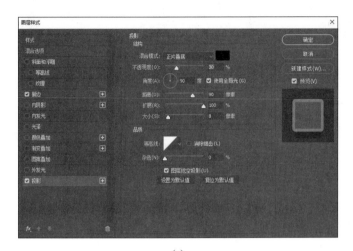

(a)

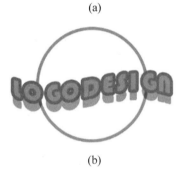

(b)

图6-29　给文字图层添加【投影】样式

【实训任务】　设计 Logo

根据所学知识，为自己的班级或宿舍设计一个Logo。

第7章

颜色调整

本章主要介绍Photoshop软件中颜色调整的工具,其中包括色调调整、色彩调整以及其他调整,总计 18 项调整。通过本章的学习,可以使用 Photoshop 软件对图像进行颜色处理,以达到预期的效果。

1. 熟悉 Photoshop 软件的色调调整、色彩调整的操作。

2. 掌握其他调整的基本操作。

3. 会进行简单的图片颜色更改及设计。

7.1 色调调整

色调调整是整个图像修饰和设计的一项十分重要的内容。Photoshop CC 中提供了强大的图像色彩调整功能。执行【图像】|【调整】命令,在弹出的子菜单中可以看到许多色彩调整的命令,如图 7-1 所示。

7.1.1 亮度/对比度

【亮度/对比度】命令操作比较直观,可以对图像的亮度和对比度进行直接的调整。

步骤一:按住快捷键 Ctrl+O,打开素材 7-1。

步骤二:执行【图像】|【调整】|【亮度/对比度】命令,打开如图 7-2 所示的【亮度/对比度】对话框。

【亮度/对比度】对话框中各选项的具体含义如下。

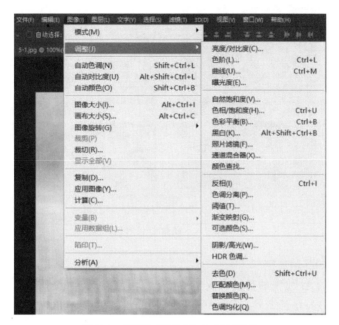

图 7-1 【图像/调整】命令下拉菜单

【亮度】：拖动亮度下的滑块（或直接在后面的框中输入数值）调整图像的亮度。

【对比度】：向右拖动对比度下面的滑块，可以增加图像的对比度；反之则会降低图像的对比度。

【使用旧版】：勾选该复选框，使亮度和对比度在调整图片亮度时只是简单地增大或减小所有像素的值。

步骤三：调整图像的【亮度】为 50，【对比度】为 100，如图 7-3 所示，单击【确定】按钮，调整前后的图像对比如图 7-4 所示。

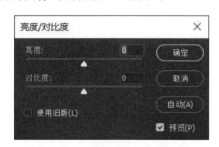

图 7-2 【亮度/对比度】对话框

图 7-3 设置选项

7.1.2 色阶

使用【色阶】命令可以通过调整图像的暗调、中间调和高光的亮度级别校正图像的影调，包括反差、明暗和图像层次，以及平衡图像的色彩。

使用【色阶】命令调整图像的具体操作步骤如下。

步骤一：按快捷键 Ctrl＋O，打开素材 7-2。

步骤二：执行【图像】|【调整】|【色阶】命令或按快捷键 Ctrl＋L，打开如图 7-5 所示的

(a)　　　　　　　　　　　　(b)

图 7-4　调整前后对比

【色阶】对话框。

　　【色阶】对话框中各选项的具体含义如下。

　　【预设】：用来选择已经调整完毕的色阶效果，单击右侧的下三角按钮可以打开下拉列表框。

　　【通道】：在其下拉列表框中可以选择要查看或调整的颜色通道，一般选择 RGB 选项，表示对整幅图像进行调整。

　　【输入色阶】：在输入色阶对应的文本框中输入数值或拖曳滑块调整图像的色调范围，可以提高或降低图像的对比度。第一个文本框用于设置图像的暗部色调，低于该值的像素将变为黑色，取值范围为 0～253；第二个文本框用于设置图像的中间色调，取值范围为 0.01～9.99；第三个文本框用于设置图像的亮部色调，取值范围为 2～255。

　　【输出色阶】：第一个文本框用于提高图像的暗部色调，取值范围为 0～255；第二个文本框用于降低图像的亮度，取值范围为 0～255。

　　【自动】按钮：单击该按钮，应用自动颜色校正调整图像。

　　【选项】按钮：单击该按钮可以打开【自动颜色校正选项】对话框（图 7-6），在该对话框中可以设置【阴影】和【高光】所占的比例，如图 7-6 所示。

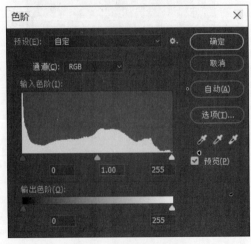

图 7-5　【色阶】对话框

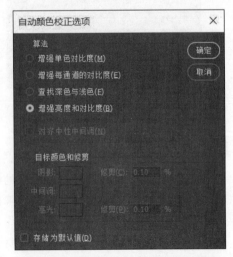

图 7-6　【自动颜色校正选项】对话框

吸管工具 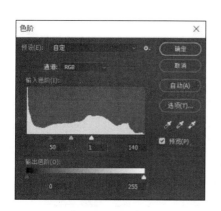：用于在原图窗口中单击选择颜色，各工具的作用如下。

- 设置黑场：用来设置图像中阴影的范围。用该吸管单击图像，图像上所有像素的亮度值都会减去该选取色的亮度值，使图像变暗。
- 设置灰场：用来设置图像中中间调的范围。用该吸管单击图像，将用吸管单击处的像素亮度调整图像所有像素的亮度。
- 设置白场：与【设置黑场】的方法相反，用来设置图像中高光的范围。用该吸管单击图像，图像上所有像素的亮度值都会加上该选取色的亮度值，使图像变亮。

步骤三：在【色阶】对话框中设置各选项，如图 7-7 所示。

步骤四：单击【确定】按钮，调整前后的图像效果如图 7-8 所示。

图 7-7　设置选项

(a)　　　　　　　　　(b)

图 7-8　调整前后对比效果

7.1.3　曲线

【曲线】命令与【色阶】命令类似，可以调节图像的整个色调的范围，应用比较广泛。它可以通过调节曲线精确地调节 0～255 色阶范围内的任意色调，因此，使用此命令调节图像更加细致精确。

执行【图像】|【调整】|【曲线】命令或按下快捷键 Ctrl＋M，可打开【曲线】对话框，如图 7-9 所示。

【曲线】对话框中各选项的具体含义如下。

编辑点以修改曲线：单击此按钮，可以在曲线上添加控制点调整曲线。单击在曲线上产生的点为节点，其数值可以显示在输入和输出文本框中。单击多次可出现多个节点，按 Shift 键可选择多个节点，按 Ctrl 键可删除多余节点。

通过绘制来修改曲线：用铅笔绘制曲线的形状，曲线的变化更为多种多样。首先，单击【曲线】对话框中的按钮，用鼠标在直方图中绘制所需形状的曲线，如图 7-10(a)所示；其次，单击 平滑(M) 按钮，让曲线变得更加平滑流畅；最后，进行细节调整使其更加满意，如图 7-10(b)所示。

高光：拖曳高光控制点可以改变高光。

中间调：拖曳中间调控制点可以改变图像中间调，当曲线向左上角弯曲，图像变亮；当

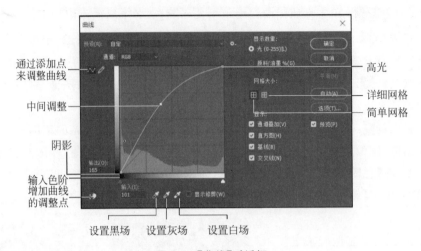

图 7-9　【曲线】对话框

- 通过添加点来调整曲线
- 中间调整
- 阴影
- 输入色阶
- 增加曲线的调整点
- 设置黑场
- 设置灰场
- 设置白场
- 高光
- 详细网格
- 简单网格

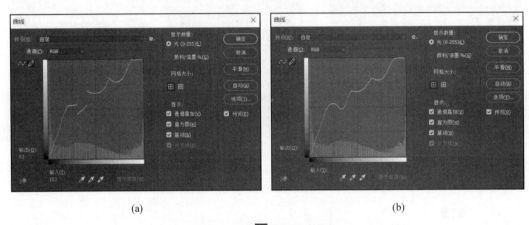

(a)　　　　　　　　　(b)

图 7-10　用 ✐ 绘制曲线形状

曲线向右下角弯曲,图像变暗。

阴影:拖曳阴影控制点可以改变阴影效果。

【显示修剪】:勾选后,可以在预览图像中显示修剪的位置。

【显示数量】:有【光】、【颜料/油墨】两个单选项,分别表示加色与减色颜色模式状态。

【显示】:包括显示不同通道的曲线、显示对角线的基准线、显示色阶直方图和拖动曲线时水平和垂直方向的参考线。

【网格大小】:单击可以将直方图中显示为不同大小的网格。【简单网格】指以 25％的增量显示网格线;【详细网格】指以 10％的增量显示网格线。

增加曲线调整点:单击此按钮后,用鼠标在图像上单击,会自动按照图像单击像素的明暗,在曲线上创建调整控制点,按下鼠标在图像上拖曳即可调整曲线。

【曲线】对话框中,X 轴方向代表图像的输入色阶,从左到右分别为图像的最暗区和最亮区。Y 轴方向代表图像的输出色阶,从上到下分别为图像的最亮区和最暗区。设置曲线形状时,将曲线向上或向下移动可以使图像变亮或变暗。当曲线形状向左上角弯曲,图像变亮;当曲线形状向右下角弯曲,图像变暗,如图 7-11 所示,通过调节曲线和控制点调整图像效果。

(a)   (b)

图 7-11　调整前后对比效果

7.1.4　曝光度

用相机拍照时,会经常提到曝光度。曝光度越大,照片就显得越明亮;曝光度越小,照片就显得越暗淡。可以用 Photoshop 软件的【曝光度】功能对图片进行后期调整。

步骤一:按快捷键 Ctrl+O,打开一幅曝光度不足的素材 7-4。

步骤二:执行【图像】|【调整】|【曝光度】命令,打开如图 7-12 所示的【曝光度】对话框。

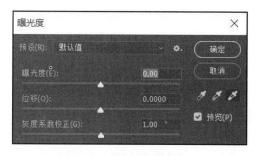

图 7-12　【曝光度】对话框

【曝光度】对话框中各选项的具体含义如下。

【曝光度】:向右拖动滑块,可以增加曝光度;向左拖动滑块,可以降低曝光度。

【位移】:用来调节图像中间调的明暗。

【灰度系数校正】:表示图像灰度的一个参数。灰度系数越大,黑色和白色的差别越小,对比度越小,照片呈现一片灰色。灰度系数越小,黑色和白色的差别越大,对比度越大,照片亮部和暗部呈现强烈对比。

滴管 :分别代表了暗调、中间调、高光。

步骤三:在【曝光度】对话框中设置各选项,如图 7-13 所示。

步骤四:单击【确定】按钮,调整前后的图像对比效果如图 7-14 所示。

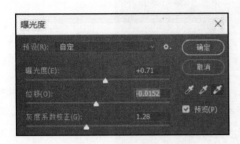

图 7-13　设置选项

图 7-14　调整前后对比效果

7.2　色彩调整

7.2.1　色相/饱和度

【色相/饱和度】命令以色相、饱和度和明度为基础,对图像进行颜色校正。它既可以作用于整个图像,也可以作用于图像中的单一颜色通道,并且可以定义图像全新的色相、饱和度,实现灰度图像的着色功能和创作单色调图像效果。

执行【图像】|【调整】|【色相/饱和度】命令或按快捷键 Ctrl+U,可打开【色相/饱和度】对话框,如图 7-15 所示,其对话框中各选项的具体含义如下。

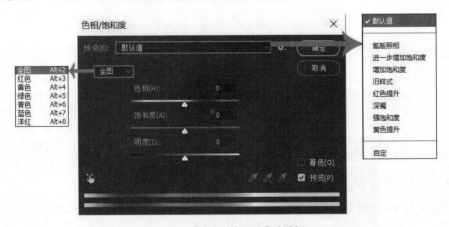

图 7-15　【色相/饱和度】对话框

【预设】:在【预设】下拉列表中提供八种色相/饱和度预设,如图 7-16 所示。

颜色通道:在通道的下拉列表中可以选择全图、红色、黄色、绿色、青色、蓝色和洋红通道进行调整。其中,【全图】表示对图像中的所有像素都起作用。选择其他颜色,则只对所选颜色的【色相】、【饱和度】和【明度】进行调节。

【色相】:拖动滑块或在文本框中输入数值调节图像的色相。调节范围是−180～180。

【饱和度】:拖动滑块或在文本框中输入数值可以增强或减弱画面整体或某种颜色的鲜

| (a) 氰版旧照 | (b) 进一步增加饱和度 | (c) 增加饱和度 | (d) 旧样式 |

| (e) 红色提升 | (f) 深褐 | (g) 强饱和度 | (h) 黄色提升 |

图 7-16 【色相/饱和度】预设效果

艳程度。调节范围是－100～100。

【明度】：拖动滑块或在文本框中输入数值调节图像的明度。调节范围是－100～100，向左移动滑块减少图像的明度,向右移动滑块增加图像的明度。

吸管：在图像编辑中选择具体的颜色时,吸管处于可选状态。选择对话框中的吸管工具,可以配合下面的颜色条选取颜色增加和减少所编辑的颜色范围。

添加到取样中：带"＋"号的吸管工具或用吸管工具按 Shift 键可以在图像中为已选取的色调再增加范围。

从取样中减去：带"－"号的吸管工具或用吸管工具按 Alt 键可以在图像中为已选取的色调减少调整的范围。

【着色】：勾选该复选框,可以为灰度图像或是单色图像重新上色,从而使图像产生单色调的效果。也可以为彩色的图像进行处理,所有的颜色会变成单一彩色调,如图 7-17 所示。

| (a) | (b) |

图 7-17 【色相/饱和度】着色前后对比

按图像的选取点调整图像饱和度：单击此按钮,使用鼠标在图像上拖曳,会自动调节被选取区域颜色的饱和度。

7.2.2　色彩平衡

【色彩平衡】命令根据颜色的补色原理,控制图像颜色的分布。根据颜色之间的互补关系,要减少某种颜色就增加这种颜色的补色。使用【色彩平衡】命令可以简单、快捷地调节图像的各种混合颜色之间的平衡。执行【图像】|【调整】|【色彩平衡】命令或按下快捷键 Ctrl＋B,可打开【色彩平衡】对话框,如图 7-18 所示。其工作原理是首先确定图像中的中性灰色图像区域;其次选择一种平衡色填充,从而起到平衡色彩的作用。【色彩平衡】对话框中各选项的具体含义如下。

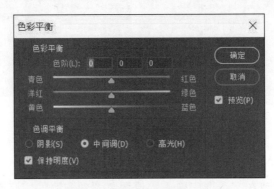

图 7-18　【色彩平衡】对话框

【色彩平衡】：用于调整【青色—红色】、【洋红—绿色】、【黄色—蓝色】在图像中所占的比例,可以手动输入,也可以拖曳滑块进行调节。输入数值范围是－100～100。如图 7-19 所示为对红色、洋红、黄色进行补充的效果对比。

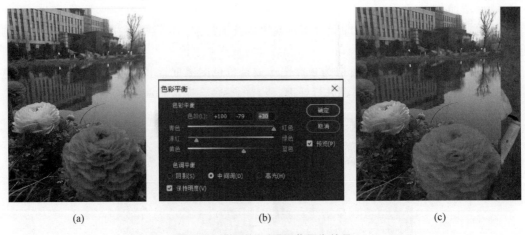

(a)　　　　　　　　　　　(b)　　　　　　　　　　　(c)

图 7-19　【色彩平衡】调节图像效果

【色调平衡】：选择调整色彩平衡的方式,包括【阴影】、【中间调】和【高光】三个选项。选择选项可以选择重点更改的色调范围。如图 7-20 所示为分别选择【阴影】、【中间调】和【高光】并添加蓝色＋100 后的效果。

【保持明度】：勾选该复选框,可以保持图像的色调不变,防止亮度值随着颜色的改变而

(a) 阴影　　　　　　　　(b) 中间调　　　　　　　　(c) 高光

图 7-20 　【色调平衡】调节效果

改变,如图 7-21 所示为对比效果。

(a) 勾选 "保持明度"　　　　　　(b) 不勾选 "保持明度"

图 7-21 　【保持明度】对比效果

7.2.3 黑白

使用【黑白】命令可以除去画面中的色彩,将图像变为黑白效果,同时保持对各颜色的控制。

单击【图像】|【调整】|【黑白】命令或按快捷键 Alt＋Shift＋Ctrl＋B,打开【黑白】对话框,应用【黑白】命令达到黑白图像效果,如图 7-22 所示。

(a)　　　　　　　　　　　(b)　　　　　　　　　　　(c)

图 7-22 　【黑白】对话框和效果图

【黑白】对话框中各选项的具体含义如下。

【预设】：在【预设】下拉列表中提供多种预设的黑白效果，可以直接选择相应的预设创建黑白图像。

【颜色】：六个选项用来调整图像中特定颜色的灰色调。减少红色数值，会使包含红色的区域变深；增加红色数值，会使包含红色的区域变浅，如图 7-23 所示。

　　(a) 原图　　　　　　　　　(b) 红色−60　　　　　　　　(c) 红色+140

图 7-23　【黑白】调整红色数值对比

【色调】：若要创建单色图像，可以勾选该复选框，单击右侧色块设置颜色，或者调节【色相】和【饱和度】数值设置着色后的图像颜色，如图 7-24 所示。

　　　　　　　(a)　　　　　　　　　　　　　　　　　(b)

图 7-24　【黑白】对话框色调

7.2.4　照片滤镜

使用【照片滤镜】命令可以模仿在相机镜头加彩色滤镜，通过调整镜头色彩平衡和色温将图片调整为冷暖色调。

执行【图像】|【调整】|【照片滤镜】命令，打开【照片滤镜】对话框，如图 7-25 所示。【照片滤镜】对话框中各选项的具体含义如下。

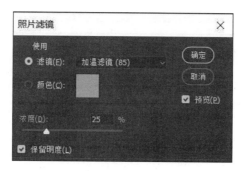

图 7-25　【照片滤镜】对话框

【滤镜】：在下拉列表中可以选择一种预设的效果并应用到图片，选【冷却滤镜(80)】，图像变为冷色调，如图 7-26 所示。

(a) 原图　　　　　　　　(b)　　　　　　(c) 冷却滤镜（80）

图 7-26　【照片滤镜】对话框及【滤镜】使用效果

【颜色】：选择该选项按钮后，可在【选择路径颜色】拾取器中选择指定滤色片的颜色，如图 7-27 所示。

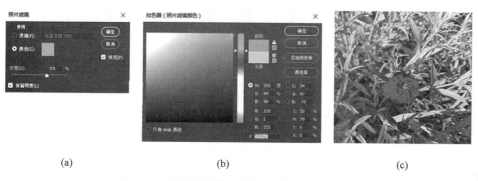

(a)　　　　　　　(b)　　　　　　(c)

图 7-27　【照片滤镜】对话框及【颜色】使用效果

【浓度】：用滑块或数值调节应用到图像上的色彩浓度数量，数值越大色彩越接近饱和，如图 7-28 所示。

【保留明度】：调节图像颜色的同时保持图像的明度不变。

(a) 浓度1%   (b) 浓度70%   (c) 浓度100%

图 7-28 【浓度】使用效果

7.2.5 通道混和器

使用【通道混和器】命令可以将图片中的颜色通道互相混合,能够对目标颜色通道进行调整和修复。此命令常用于偏色图片的校正。

执行【图像】|【调整】|【通道混和器】命令,打开【通道混和器】对话框,如图 7-29 所示。【通道混和器】对话框中各选项的具体含义如下。

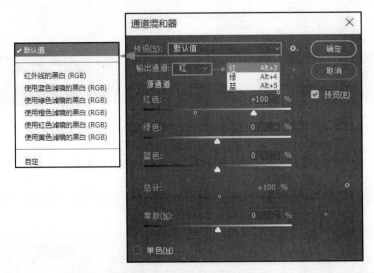

图 7-29 【通道混和器】对话框

【预设】:系统有六组设定好的预设效果。

【输出通道】:在其下拉列表框中可以选择要调整的通道颜色,不同颜色模式的图像的颜色通道选项也不相同。在 RGB 模式下,列表中是红、绿和蓝的通道,每个通道的调节区域为−200～200。

【源通道】:用于调整源通道在输出通道中所占的颜色百分比,如图 7-30 所示,设置输出通道为【绿】,增大绿色数值,画中绿色的成分增加。

【总计】:显示源通道的计数值。如果计数值大于 100%,会丢失一些阴影和高光细节。

【常数】:用来设置输出通道的灰度值。负值可以在通道中增加黑色,正值可以在通道中增加白色,如图 7-31 所示。

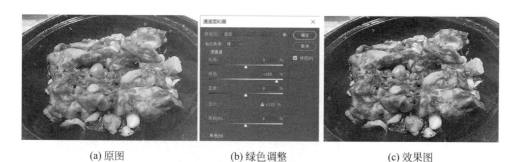

(a) 原图　　　　　　　　　(b) 绿色调整　　　　　　　　(c) 效果图

图 7-30　【通道混和器】对话框及【源通道】使用效果

(a) 红色通道常数-150　　　　(b) 红色通道常数0　　　　(c) 红色通道常数+150

图 7-31　【常数】使用效果

　　【单色】：勾选该复选框以后，图像变成黑白效果。可以通过调整各个通道的数值，调整画面的黑白关系，如图 7-32 所示。

(a)　　　　　　　　　　　(b)

图 7-32　【通道混和器】勾选【单色】复选框使用效果

7.2.6　颜色查找

　　【颜色查找】命令可以使画面颜色在不同的设备之间精确传递和再现。

　　执行【图像】|【调整】|【颜色查找】命令，打开【颜色查找】对话框，如图 7-33 所示。在弹出的对话框中可以选择用于颜色查找的方式：3DLUT 文件、摘要、设备链接。在每种方式的下拉菜单中选择合适的类型。

　　选择完成后，可以看到图像整体颜色出现风格化变化，画面效果如图 7-34 所示。执行【图层】|【新建调整图层】|【颜色查找】命令，可以创建【颜色查找】调整图层。

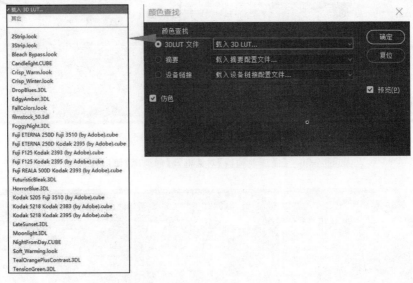

图 7-33　【颜色查找】对话框

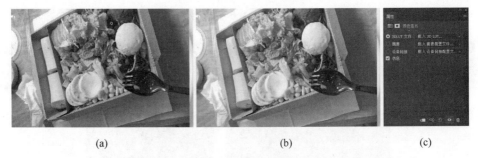

(a)　　　　　　　　　　　　(b)　　　　　　　　　　　　(c)

图 7-34　【颜色查找】风格变化效果图及创建【颜色查找】图层属性对话框

7.3　其他调整

7.3.1　反相

【反相】命令可以将图片中的颜色翻转,即红变绿,黄变蓝,黑变白。

执行【图像】|【调整】|【反相】命令或按下快捷键 Ctrl＋I。执行【反相】效果,如图 7-35 所示。

7.3.2　色调分离

【色调分离】命令可以通过对图片设定色调数目减少图片的色彩数量。图片中多余的颜色会变成最接近的匹配级别。

执行【图像】|【调整】|【色调分离】命令,打开【色调分离】对话框。将【色阶】数值变为 4,得到效果如图 7-36 所示。

(a) 原图　　　　　　　　　　　(b) 效果图

图 7-35　【反相】前后效果对比

(a) 原图　　　　　　(b)【色调分离】对话框　　　　　(c) 效果图

图 7-36　【色调分离】调整前后效果对比

7.3.3　阈值

阈值又叫临界值。【阈值】命令可以将图片转换为只有黑白两色的效果,可以指定范围为 1～255。

执行【图像】|【调整】|【阈值】命令,打开【阈值】对话框,如图 7-37 所示。

【阈值色阶】:用来设置黑色和白色分界数值,数值越大,黑色越多;数值越小,白色越多。如图 7-38 所示为不同阈值的效果。

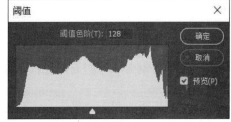

图 7-37　【阈值】对话框

7.3.4　渐变映射

【渐变映射】命令是先将图像转化为灰度图像,然后设置一个渐变,将渐变中的颜色按照图像的灰度范围一一映射到图像中,使图像中只保留渐变中存在的颜色。

执行【图像】|【调整】|【渐变映射】命令,打开【渐变映射】对话框,如图 7-39 所示。【渐变映射】对话框中各选项的具体含义如下。

【灰度映射所用的渐变】:在其下拉列表框中选择要使用的渐变色,并通过单击中间的颜色框编辑所需的渐变颜色。调整前后图像效果如图 7-40 所示。

【仿色】:可使渐变映射后的图像色彩更细腻。

(a) 原图　　　　　　　　　(b) 阈值色阶100　　　　　　　(c) 阈值色阶200

图 7-38　【阈值色阶】调整效果

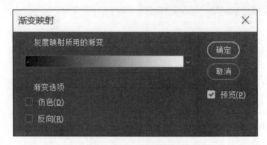

图 7-39　【渐变映射】对话框

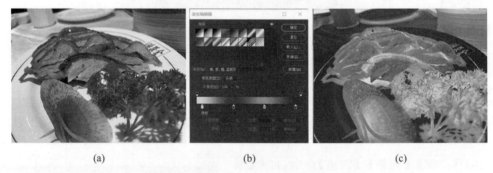

(a)　　　　　　　　　　(b)　　　　　　　　　　(c)

图 7-40　【灰度映射所用的渐变】图像效果

【反向】：将渐变填充的方向进行切换为反向渐变，呈现负片的效果，如图 7-41 所示。

(a) 反向前　　　　　　　　　　　　(b) 反向后

图 7-41　【反向】图像前后效果

7.3.5 可选颜色

【可选颜色】命令可以将图像的全部或所选部分的颜色用指定颜色代替。可以选择性地在图像某一主色调成分中增加或减少印刷颜色的含量，而不影响该印刷色在其他主色调中的表现，最终达到对图像的颜色进行校正的目的。如可以通过可选颜色中减少图像青色中的洋红部分，同时保留其他颜色中的洋红部分不变。

执行【图像】|【调整】|【可选颜色】命令，打开【可选颜色】对话框，如图 7-42 所示。【可选颜色】对话框中各选项的具体含义如下。

【颜色】：从下拉列表中选择所要调节的主色，然后分别拖动对话框中的四个滑块进行调节，滑块的变化范围是－100%～100%。

【方法】：用来决定色彩值的调节方式。勾选【相对】复选框，可按颜色总量的百分比调整当前的青色、洋红、黄色和黑色的量。图像处理的效果如图 7-43 所示。勾选【绝对】复选框，将当前色青色、洋红、黄色和黑色的量采用绝对调整。

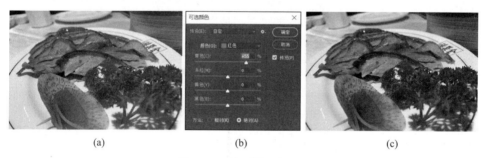

(a)　　　　　　　　(b)　　　　　　　　(c)

图 7-42　【相对】图像处理

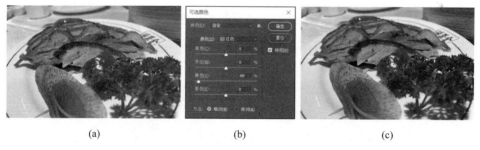

(a)　　　　　　　　(b)　　　　　　　　(c)

图 7-43　【绝对】图像处理

7.3.6　阴影/高光

【阴影/高光】命令用于校正由于光线不足或强逆光而形成的阴暗照片效果的调整，或校正由于曝光过度而形成的发白照片。

执行【图像】|【调整】|【阴影/高光】命令，打开【阴影/高光】对话框。通过对阴影和高光的数量调节，可使图像变亮或变暗，如图 7-44 所示。

7.3.7　HDR 色调

【HDR 色调】命令常用于处理风景照片，可以使画面增强亮部和暗部的细节与颜色感。

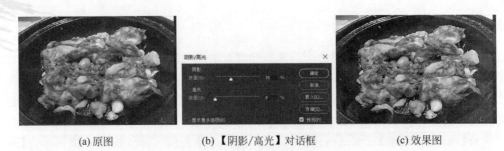

(a) 原图　　　　　(b) 【阴影/高光】对话框　　　　　(c) 效果图

图 7-44　【阴影/高光】图像处理

执行【图像】|【调整】|【HDR 色调】命令,打开【HDR 色调】对话框,自动效果如图 7-45 所示。

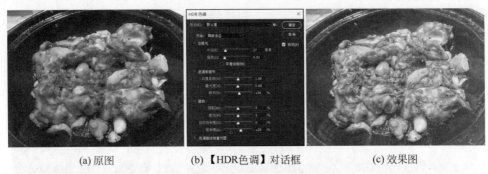

(a) 原图　　　　　(b) 【HDR色调】对话框　　　　　(c) 效果图

图 7-45　【HDR 色调】图像处理

【HDR 色调】对话框中各选项的具体含义如下。

【预设】:下拉列表框中包含多种效果。可以选择想要的效果,如图 7-46 所示。

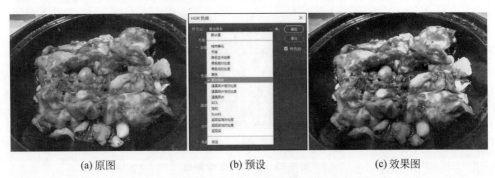

(a) 原图　　　　　(b) 预设　　　　　(c) 效果图

图 7-46　【HDR 色调】预设效果

　　【半径】:边缘光指图像中颜色交界处产生的发光效果。半径数值用于控制发光区域的宽度。

　　【强度】:用于控制发光区域的明亮程度。

　　【灰度系数】:用于控制图像的明暗对比。数值变大,对比度增强;数值变小,对比度减弱,如图 7-47 所示。

　　【曝光度】:用于控制图像明暗。数值越小,图像越暗;数值越大,图像越亮,如图 7-48 所示。

　　【细节】:增加或减弱像素对比度以实现柔化图像或锐化图像。数值越小,图像越柔和;数值越大,图像越锐利。

(a) 灰度系数0.2　　　　　　　　　　　(b) 灰度系数2

图 7-47　【HDR 色调】灰度系数

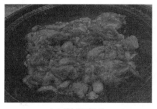

(a) 曝光度-3　　　　　　　(b) 曝光度0　　　　　　　(c) 曝光度3

图 7-48　【HDR 色调】曝光度

【阴影】：用于设置阴影区域的明暗。数值越小,阴影区域越暗;数值越大,阴影区域越亮。

【高光】：用于设置高光区域的明暗。数值越小,高光区域越暗;数值越大,高光区域越亮。

【自然饱和度】：控制图像中色彩的饱和程度,增大数值可使画面颜色感增强,但不会产生灰度图像和溢色。

【饱和度】：用于增强或减弱图像颜色的饱和程度,数值越大颜色纯度越高。

【色调曲线和直方图】：展开该选项组,可以进行【色调曲线】形态调整,该选项与【曲线】命令的使用方法基本一致。

7.3.8　去色

执行【去色】命令可以将图像中所有的色彩去除,使其成为灰度图像。【去色】命令最大的优点为作用的调节对象可以是选取范围或图层,如果是多个图层,可以只选择所需要作用的图层进行调节,并且不改变图像的颜色模式。

执行【图像】|【调整】|【去色】命令,或按快捷键 Shift+Ctrl+U,可以将其调整为灰度效果,如图 7-49 所示。

7.3.9　匹配颜色

【匹配颜色】命令是一个比较智能的颜色调节功能。可以将图像 1 中的色彩关系映射到图像 2 中,使图像 2 产生与图像 1 相同的色彩。具体操作步骤如下。

步骤一：打开素材 7-23 和素材 7-24,将素材 7-24 图层隐藏,执行【图像】|【调整】|【匹配颜色】命令,可打开【匹配颜色】对话框,如图 7-50 所示,该对话框中各选项的含义如下。

【目标图像】：为当前打开的图像,其中【应用调整时忽略选区】复选框需在目标图像中

(a)　　　　　　　　　(b)

图 7-49　【去色】效果对比

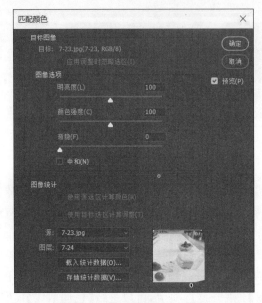

图 7-50　【匹配颜色】对话框

创建选区才可以勾选。勾选后,图像中所创建的选区将被忽略,即整个图像将被调整,而不是调整选区的图像部分。

【图像选项】:调整匹配图像的选项。

【明亮度】:移动滑块可以调整当前图像的亮度。当数值为 100 时,目标图像与源图像有一样的亮度。当数值变小时,图像变暗;反之,图像变亮。

【颜色强度】:移动滑块可以调整图像的色彩饱和度。

【渐隐】:移动滑块可以控制应用图像的调整强度。

【中和】:勾选该复选框,可以自动消除目标图像中的色彩偏差,使匹配图像更加柔和。

【图像统计】:设置匹配与被匹配的选项设置。

【使用源选区计算颜色】:需在目标图像中创建选区才可以勾选。勾选后,使用该选区中的颜色计算调整度,否则将用整个源图像来进行匹配。

【使用目标选区计算调整】:需在目标图像中创建选区才可以勾选。勾选后,只有选区内的目标图像参与计算颜色匹配。

【源】:可以在下拉列表框中选择用来与目标图像颜色匹配的源图像。

【图层】：可以在下拉列表框中选择源图像中匹配颜色的图层。

【载入统计数据】/【存储统计数据】：用来载入和保存已设置的文件。

步骤二：设置【源】为当前文档，【图层】为 7-23，此时图像变为亮色调，效果如图 7-51 所示。

(a)   (b)

图 7-51   【匹配颜色】效果对比

7.3.10   替换颜色

【替换颜色】命令可以在图像中选择要替换颜色的图像范围，可以修改图像中选定颜色的色相、饱和度和明度。如果要更改图像中某个区域的颜色，使用【替换颜色】命令可以省去很多麻烦。

执行【图像】|【调整】|【替换颜色】命令，可打开【替换颜色】对话框，如图 7-52 所示，其对话框中各选项的具体含义如下。

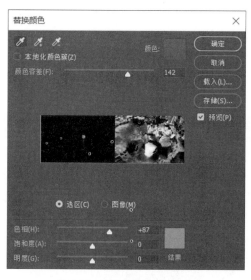

图 7-52   【替换颜色】对话框

【本地化颜色簇】：勾选该复选框时，设置替换范围会被集中在选区点的周围。

【颜色容差】：用来设置被替换的颜色的选取范围。数值越大，颜色选取的范围就越宽；

反之,颜色选取的范围就越窄。

选取吸管:用吸管工具可以单击图像中要选择的颜色区域,并且可以通过对话框中的预览图像点选相关的像素,带"＋"号的吸管为增加选区,带"－"号的吸管为减少选区。

【选区】/【图像】:可以切换图像的预览方式。勾选【选区】单选按钮时,图像为黑白效果,表示选取的区域;勾选【图像】单选按钮时,图像为彩色效果,可以用来调整颜色与原图像做比较。

替换:用来对选取的区域进行颜色调整,通过调整【色相】、【饱和度】和【明度】更改所选的颜色,也可以单击【结果】按钮,在选择目标颜色的拾色器中选择替换的颜色。

单击【确定】按钮后,【替换颜色】的效果如图 7-53 所示。

(a)   (b)

图 7-53   【替换颜色】效果对比

7.3.11   色调均化

【色调均化】命令可以将图像中全部像素的亮度值重新分布,使它们更加平均地呈现所有范围的亮度级别,其中最低层次设置为 0,最高层次设置为 255。执行此命令后,会将复合图像中最亮的部分表示为白色,最暗的部分表示为黑色,将亮度值进行均化,让其他颜色平均分布到所有色阶上。

1. 有选区

如果在图像上存在选区的前提下,执行【图像】|【调整】|【色调均化】命令,可以打开【色调均化】对话框,如图 7-54 所示,其对话框中各选项的具体含义如下。

图 7-54   【色调均化】有选区对话框

【仅色调均化所选区域】：选中该单选按钮，只对选区内的图像进行色调均化调整。

【基于所选区域色调均化整个图像】：选中该单选按钮，可以根据选区内像素的明暗调整整个图像。

2. 没有选区

如果图像上没有选区，执行【图像】|【调整】|【色调均化】命令，直接执行【色调均化】命令后的效果如图 7-55 所示。

(a)   (b)

图 7-55　【色调均化】没有选区效果对比

【应用案例】　制作水墨画效果

制作图 7-56(a)所示荷花的水墨画效果，完成的效果如图 7-56(b)所示。

(a)   (b)

图 7-56　效果对比

技术点睛：

- 使用【去色】、【色阶】对图像进行调整。
- 使用【高斯模糊】、【喷溅】对图像进行特殊效果调整。

（1）使用快捷键 Ctrl＋O 打开素材文件夹中的 sc3 图像文件。

（2）将"背景"图层复制，得到"背景 拷贝"图层。

（3）选中"背景 拷贝"图层，执行【图像】|【调整】|【去色】命令，或按快捷键 Shift＋Ctrl＋U，将图层去色，效果如图 7-57 所示。

（4）执行【图像】|【调整】|【色阶】命令，调整色阶滑块，使图像中的黑白对比更为明显，

图 7-57 【去色】调整

如图 7-58 所示。

图 7-58 【色阶】调整

（5）执行【滤镜】|【模糊】|【高斯模糊】命令，在弹出的对话框中设置【半径】为 2，效果如图 7-59 所示，单击【确定】按钮。

图 7-59 【高斯模糊】调整

（6）执行【滤镜】|【滤镜库】|【画笔描边】|【喷溅】命令，设置【喷射半径】和【平滑度】，如

图 7-60 所示,最终得到如图 7-56(b)所示效果。

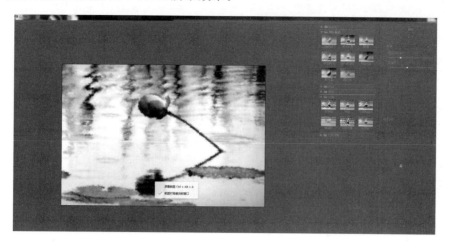

图 7-60 【喷溅】调整

【实训任务】 设计中国特色贺卡

根据所学知识,设计中国特色贺卡,如新春贺卡、元旦贺卡等。

第8章

图层的应用

内容简介

图层的基本操作在 Photoshop 中是很重要的一部分，可以说是 Photoshop 进行一切操作的载体。从字面上看，"图"是指图像，"层"是指分层。因而图层的意思也就是用分层的形式显示图像。通过本章的学习，可以了解关于图层种类、【图层】控制面板等知识，以及在图层】控制面板中操作图层混合模式、图层样式的一些方法。

学习目标

1. 了解图层种类、认识【图层】控制面板。
2. 掌握图层的基本操作方法。
3. 掌握图层混合模式的基本操作方法。
4. 掌握图层样式的基本操作方法。

8.1 图层介绍

在 Photoshop CC 软件中包含了很多图层类型，每个图层都可以有自己的内容，都可以单独进行选择和编辑，而不会影响其他内容。用户可以自由地叠加这些图层，从而达到自己想要的画面效果，如图 8-1 所示。

8.1.1 图层的种类

1. 普通图层

用户在图像处理中，最常用的就是普通图层。这个图层是在【图层】控制面板上用一般

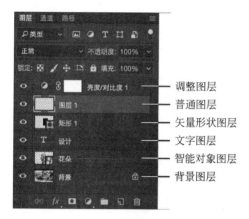

图 8-1 【图层】控制面板上的各种图层

（图中标注）调整图层、普通图层、矢量形状图层、文字图层、智能对象图层、背景图层

方法建立的。它是透明无色的,用户可以在上面直接编辑和添加图像,然后使用【图层】控制面板或图层菜单对其进行操作。

2. 调整图层

调整图层不是一个有图像的图层,它显示的是对图像色彩、色调以及亮度、对比度等的调节。它可以对图像进行调整而不会永久地改变原始图像。单击想要调整的原始图像图层,再在【图层】控制面板的下方找到 ⬤ 按钮就可以建立调整图层。

3. 智能对象图层

智能对象图层是一种特殊的图层,是在Photoshop 文档中嵌入另一个文档。双击这个智能对象图层即可打开此文档。对这个图层可以进行移动、旋转、缩放等操作,它的变换不会影响原始数据。但想要编辑它的色彩或是调整明暗时,需将智能对象图层转换成普通图层。

4. 背景图层

无论什么时候新建一个文档或是打开一个图像,Photoshop 中都会自动创建一个名为"背景"的图层。该图层位于底层。这个背景图层是一个不透明的图层,它的底色是以背景的颜色显示的。

注意：背景图层一开始是锁定的,一些图层调整功能无法在上面进行操作,因此,想要对它进行一些操作需双击背景图层,在弹出的对话框中单击【确定】按钮,把背景图层转换为普通图层,也可以专门复制一个背景图层,这样就可以应用效果功能。

5. 矢量形状图层

当用户在工具栏中选择【形状工具】,在文档窗口中新建图形时,【图层】控制面板中会新建矢量形状图层,此时新建立的图形可以任意放大或缩小而不影响其清晰程度。当在矢量形状图层上右击选择栅格化图层后,会转换成普通图层。另外,用【钢笔工具】也可以绘制图形,【钢笔工具】所绘制的图形也可以任意放大或缩小而不影响清晰度。

6. 文字图层

当用户在工具栏中选择【文字工具】后,单击文档窗口时,系统会自动新建一个图层,这个图层就是文字图层。文字图层比较特殊,它不需要转换成普通图层就可以使用普通图层的所有功能。

8.1.2 【图层】控制面板

在【图层】控制面板中可以实现很多功能,如对图层的基本控制、图层的可视性操作、添加图层组、新建图层、添加图层样式、添加图层蒙版以及对应用模式和不透明度的控制等,如图 8-2 所示。

图 8-2 【图层】控制面板

1. 新建图层

在 Photoshop 中有很多方法新建图层,除了直接创建图层之外,在进行一些其他操作时也会自动生成图层。例如,在文档窗口使用【文字工具】时,Photoshop 会自动创建文字图层。新建的图层是没有内容的,背景是透明的。下面列举一些新建图层的方法。

方法一:在菜单栏中找到【图层】,执行【图层】|【新建】命令,如图 8-3 所示。

图 8-3　【新建图层】对话框

方法二:在【图层】控制面板右上方找到菜单按钮 ,再单击【新建图层】。

方法三:在【图层】控制面板最下方直接单击创建新图层图标 ,也可以新建图层。

2. 复制图层

在使用图层时,常常需要将一个图层完整地复制出来,这时就需要用到复制图层。下面列举一些复制图层的方法。

方法一:首先选中要进行复制的图层,然后在菜单栏中找到【图层】,执行【图层】|【复制图层】命令,如图 8-4 所示。

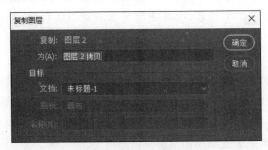

图 8-4　【复制图层】对话框

方法二:首先选中要进行复制的图层,然后找到【图层】控制面板中菜单按钮 ,单击【复制图层】,此时也会出现图 8-4 所示的对话框,设置后再单击【确定】按钮。

方法三:用鼠标左键长按需要复制的图层,拖曳至创建新图层图标 处,松开后得到新复制图层,如图 8-5 所示。

3. 合并图层

合并图层中有两种命令可以执行,这两种命令既可以在菜单栏【图层】中找到,也可以在【图层】控制面板的菜单按钮 中找到。

【向下合并】:把当前图层与下一个图层合并成一个图层时,可以执行【图层】|【向下合并】命令。

【合并可见图层】:每个图层左侧都有一个可视性图标 ,当这个图标是开启状态时,所

(a)   (b)

图 8-5   复制图层

有图层为可见图层,这时执行【图层】|【合并可见图层】命令,所有可见图层会被合并为一个图层。如果不想合并所有图层,只需关闭不想参与合并的图层的可视性图标,再执行【图层】|【合并可见图层】命令,就可以合并其余可见图层。

4. 调整图层的叠放次序

对于图像画面来说,要形成一个好看的图像效果,图层的叠放次序是很重要的。一个图像可能是由很多元素叠加而成的,是具有上下级关系的,所以这个时候每一个图层都分别代表其中一个元素,然后由这些图层叠加而成。图层的叠放次序不同决定了哪些内容会被遮住,哪些内容是可见的。要调整图层的叠放次序,只需在【图层】控制面板中将需要调整次序的图层用鼠标拖曳至想要的位置即可,如图 8-6 所示。

(a)   (b)

图 8-6   调整图层的叠放次序

另外,也可以直接执行【图层】|【排列】子菜单下的命令调整图层次序。

5. 调整图层的不透明度

若是想要形成在画面中透过一个图像看到另一个图像的效果,可以通过调整位于上一层图层的不透明度使下一层图层的对象能被看到。在【图层】控制面板中,可以选择想要改变不透明度的图层,然后单击【不透明度】右侧的下三角按钮,按住弹出的滑块进行前后移动,移动到自己所需的百分比,如图 8-7 所示。另外,也可以直接输入不透明度的百分比数值进行调整。

6. 图层组

图层组的特点:①当几个图层在一个图层组中,可以通过图层组同时控制这几个图层的可视性,或者删除图层组从而一次性删除位于组中的所有图层;②对图层组的操作与对图层的操作差不多,可以使用相同的方法对图层组进行复制、移动、查看等操作。

1)新建图层组

方法一:执行【图层】|【新建】|【组】命令,如图 8-8 所示。

  (a)   (b)

  (c)   (d)

图 8-7　调整图层的不透明度

图 8-8　新建图层组

方法二:单击【图层】控制面板中创建新组按钮■。

方法三:单击【图层】控制面板中菜单按钮■执行【新建组】命令。

2)为图层组添加图层

方法一:建立图层组后,选择所需图层,按住鼠标将图层拖曳至文件夹式按钮■上松开即可。

方法二:建立图层组后,选择所需图层,按住鼠标将图层拖曳至"组 1"即可。

方法三:选择想要建组的图层,然后单击【图层】控制面板中菜单按钮执行【从图层新建组】命令,此时,新建的图层组里包含了所选图层。

另外,单击图层组栏左侧下三角按钮即可显示或隐藏图层组中所有图层,如图 8-9所示。

3)控制图层组

图层组左侧可视性按钮◉可以控制整个图层组的可见性,关闭图层组的◉按钮后整个图层组的所有图层都不可见,也可以进到组中选择关闭其中一个图层的可见性,这个时候不会影响其他图层。若是调整图层组的叠放次序,则组中所有图层都会随着组的位置变化而变化,但是组中的图层次序不会变,这样画面效果会发生变化。

7. 删除图层

方法一:选中想要删除的图层,右击,再单击删除图层。

方法二:选中想要删除的图层,按 Delete 键,这是最快速的方法。

方法三：选中想要删除的图层，找到【图层】控制面板下方图标 ，单击后在弹出的删除对话框中单击【是】按钮进行删除，如图 8-10 所示。

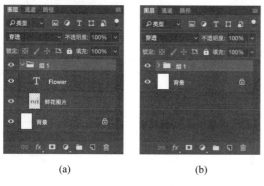

(a)   (b)

图 8-9 图层组内图层

图 8-10 删除图层对话框

8.2 图层混合模式

图层混合模式是指选中的当前图层的像素和下方图像像素之间的颜色混合方式。它可以使多张图像进行融合、使画面同时产生不同的图像效果，还可以改变画面的色调以及制作特效等。不同的混合模式作用于不同的图层中，能使画面产生千变万化的效果，这往往需要进行多次的尝试以达到期望的效果。调整图层的混合模式需要在【图层】控制面板中进行，可以先选中图层，然后单击混合模式的下三角按钮，在列表中选择需要的模式，效果如图 8-11 所示。

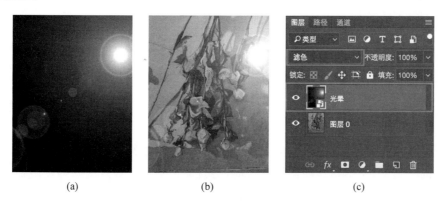

(a)   (b)   (c)

图 8-11 使用【滤色】混合模式后的效果

从下拉列表框中可以看到混合模式被分为六组：组合模式、加深混合模式、减淡混合模式、对比混合模式、比较混合模式和色彩混合模式，如图 8-12 所示。

注意：要使用混合模式并使其产生效果，文档中必须存在两个或两个以上的图层。锁定的背景图层及其他锁定的图层都无法使用混合模式。

8.2.1　组合模式

　　组合模式包含两种混合模式：正常和溶解。默认情况下，新建或置入图层的混合模式均为正常。它们通常都需要配合使用不透明度和填充才能产生一定的混合效果，当【不透明度】为100%时则完全遮挡下方图层。

8.2.2　加深混合模式

　　加深混合模式包含五种混合模式：变暗、正片叠底、颜色加深、线性加深和深色。这些混合模式都可以将当前图层的白色像素被下层较暗的像素代替，使图像产生变暗效果。

8.2.3　减淡混合模式

　　减淡混合模式包含五种混合模式：变亮、滤色、颜色减淡、线性减淡（添加）和浅色。这些混合模式可以使图像变亮，图像中黑色的像素会消失，任何比黑色亮的像素都可能提亮下方图层图像。

图 8-12　六组混合模式

8.2.4　对比混合模式

　　对比混合模式包含七种混合模式：叠加、柔光、强光、亮光、线性光、点光和实色混合。这些混合模式可以让图像中50%的灰色像素完全消失，亮于50%的灰色像素可以使下层图像更亮，而亮度值低于50%的灰色像素会使下层图像变暗，以此增加图像的明暗对比差异。

8.2.5　比较混合模式

　　比较混合模式包含四种混合模式：差值、排除、减去和划分。这些混合模式可以将当前图像与下层图像进行比较，相同的颜色区域显示为黑色，不同的颜色区域显示为灰色或彩色。

8.2.6　色彩混合模式

　　色彩混合模式包含四种混合模式：色相、饱和度、颜色和明度。其中，色相、饱和度和明度是色彩的三要素，当使用这些混合模式时，会自动识别这三要素的一种或两种应用在图像中。

8.3　图层样式

　　图层样式是一种快速应用在图层上的图层效果，比如，发光、投影、描边、浮雕等。这些样式的使用可以用来表现一些有纹理、有质感的东西，如有水晶质感的按钮、有凸起感的艺术字、金属闪闪发光的效果等。图层样式的灵活性很强也都具有可视性图标，可以随时修改、隐藏或删除。

8.3.1 载入图层样式

给图层添加图层样式的几种方法如下。

方法一：选中需要的图层，双击该图层，自动弹出【图层样式】窗口，选择左侧的其中一种样式，进入相应的效果设置面板，完成设置后单击【确定】按钮可以运用效果，如图 8-13 所示。

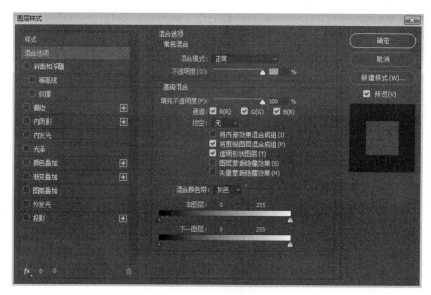

图 8-13 【图层样式】窗口

方法二：选中需要的图层，单击【图层】控制面板中添加图层样式按钮 *fx*，选择一种样式进入【图层样式】窗口，或者单击【混合样式】进入【图层样式】窗口选择样式，如图 8-14 所示。

图 8-14 添加图层样式下拉菜单

方法三：选中需要添加样式的图层；然后右击，找到【混合选项】进入【图层样式】窗口。

8.3.2 【图层样式】窗口

在【图层样式】窗口可以看到 Photoshop 共有 10 种效果，如图 8-15 所示。通过样式名称就可以看到这些样式的效果。每个样式效果前都有一个复选框可以勾选或取消勾选，想要哪种样式就勾选样式前的复选框，然后会出现☑样式，再单击这个标记还可以停用该样式效果。每种样式效果设置过后会保留已调整过的效果参数。

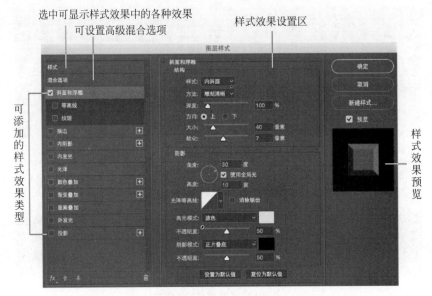

图 8-15　【图层样式】窗口

【应用案例】　设计万圣节卡通海报

使用图层样式设计制作万圣节卡通海报，效果如图 8-16 所示。

图 8-16　万圣节卡通文字效果

技术点睛：

- 使用【横排文字工具】输入和编辑文字。
- 对文字图层进行添加图层样式。
- 使用【斜面和浮雕】和【描边】产生样式效果。
- 图层混合模式的使用。

（1）执行【文件】|【打开】命令或使用快捷键 Ctrl＋O，打开素材文件夹中名为"万圣节背景"的图片素材。

（2）在工具栏中选择【横排文字工具】，在选项栏中先设置合适的【字体】、【字号】，设置【颜色】为"橘色"；然后在画面中单击，输入文字 H，如图 8-17 所示。也可选择【横排文字工具】后先在文档窗口中单击建立文字，再调整【字体】、【颜色】。

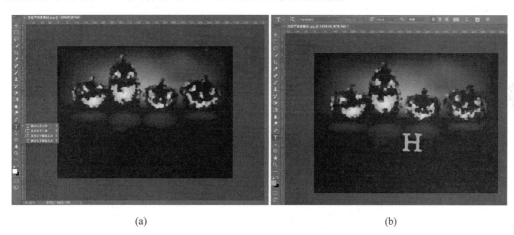

(a)   (b)

图 8-17　使用【横排文字工具】输入字体

（3）选中 H 文字图层，单击添加图层样式按钮，选择【斜面和浮雕】命令，在弹出的窗口中设置【样式】为"内斜面"，【方法】为"雕刻清晰"，【深度】为 100％，【方向】为"上"，【大小】为 40 像素，【软化】为 7 像素，阴影【角度】为 30 度，【高度】为 10 像素；设置【高光颜色】为"浅黄色"，【阴影颜色】为"红棕色"。接着在样式列表下勾选【描边】复选框，然后选中描边效果，进入描边的效果设置，设置【大小】为 2 像素，【位置】为"外部"，【不透明度】为 100％；设置【颜色】为"黄色"，单击【确定】按钮完成设置。过程如图 8-18 所示，文字效果如图 8-19 所示。

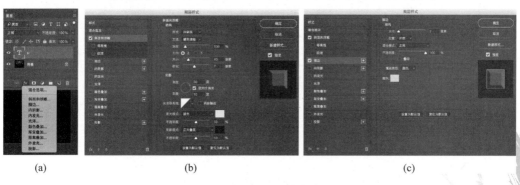

(a)   (b)   (c)

图 8-18　添加图层样式效果

（4）选中 H 文字图层，执行【编辑】|【自由变换】命令或按快捷键 Ctrl＋T 选择图层，然后拉动对角点等比放大，找到合适位置后双击【确定】按钮，如图 8-20 所示。

图 8-19　【斜面和浮雕】和【描边】效果　　　　图 8-20　调整文字大小

（5）选中 H 文字图层，执行复制图层操作或用快捷键 Ctrl＋J 完全复制，然后将复制的图层移到合适位置，双击该图层缩略图部分，将字母改为 A，如图 8-21 所示。再次执行【自由变换】命令调整其角度和位置。以此类推，完成第一组 HAPPY 文字，效果如图 8-22 所示。

图 8-21　更改文字内容

(a)　　　　　　　　　　　　　　　　(b)

图 8-22　第一组文字效果

（6）继续执行复制图层操作，直到下排 Halloween 字样全部完成，也可以重复步骤(2)～步骤(5)直到下排 Halloween 全部完成。注意下排字体【颜色】为"紫色"，然后根据需求修改【斜面和浮雕】效果下的【高光颜色】和【阴影颜色】，以及【描边】效果下的颜色，效果如图 8-23 所示。

（7）将橘色字体全部选中建组，命名为"组 1 橘色"。将紫色字体全部选中建组，命名为"组 2 紫色"，如图 8-24 所示。

（8）执行【文件】|【置入嵌入的智能对象】命令，分别置入素材文件"万圣节鬼屋"和"蜘

蛛网",然后调整其大小和位置后双击【确定】按钮,调整"蜘蛛网"图层顺序至"组 2 紫色"下方,给"万圣节鬼屋"素材添加一个【柔光】的混合模式,最后效果如图 8-25 所示。

图 8-23　两排文字效果完成

图 8-24　建组

图 8-25　加入素材后效果

【实训任务】　设计 UI 用户界面

根据所学知识,设计一个 UI 用户界面,如手机 UI 用户界面、平板电脑 UI 用户界面等。

第9章

蒙版与通道

本章主要介绍Photoshop软件的蒙版与通道的基本操作。蒙版部分主要学习快速蒙版、图层蒙版、剪贴蒙版和矢量蒙版。了解通道的类型及操作。通过本章的学习,可以快速熟悉 Photoshop 软件的蒙版与通道的操作,有助于对图像进行抠图及组合。

1. 熟悉 Photoshop 软件的蒙版操作。
2. 了解 Photoshop 软件的通道种类及通道的控制面板。
3. 会利用蒙版及通道进行抠图或组合图片。

9.1 蒙　　版

蒙版原是摄影术语,是指用于控制照片不同区域曝光的传统暗房技术。在 Photoshop 中,蒙版主要用于画面的修饰与合成。在 Photoshop CC 中共有四种蒙版:快速蒙版、图层蒙版、剪贴蒙版和矢量蒙版。

9.1.1　快速蒙版

快速蒙版帮助快速形成选区,并可以将任何选区作为蒙版进行编辑,而无须使用【通道】。

步骤一:按住快捷键 Ctrl+O,打开任意素材。

步骤二:单击工具箱最下方的【以快速蒙版模式编辑】按钮,或按快捷键 Q 进入快速蒙版模式;使用【画笔工具】将需要选取的内容用画笔涂出,将画笔的【不透明度】调整为

70％,此时画笔涂抹过的区域呈现红色,如图9-1所示。

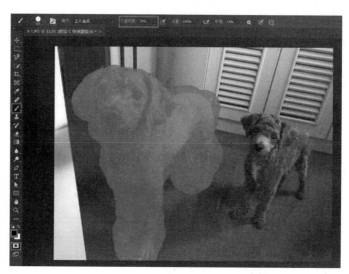

图9-1　快速蒙版中画笔涂抹效果

注意：在这种快速蒙版模式下,不仅可以使用【画笔工具】,还可以使用【橡皮工具】、【渐变工具】、【油漆桶工具】等在图像中进行绘制。但是,在快速蒙版中只能使用黑、灰、白进行绘制,使用黑色绘制的部分在图画中呈现被半透明的红色覆盖的效果,使用白色画笔则可以擦去红色部分。

步骤三：绘制完成后,单击【以标准模式编辑】按钮或按快捷键Q,退出快速蒙版编辑模式。得到红色以外部分的选区,如图9-2所示。

图9-2　快速蒙版选区

9.1.2　图层蒙版

图层蒙版是常用的一个工具。经常用来隐藏图层中的局部内容,对画面局部进行修饰或制作合成。图层蒙版只应用于一个图层上,为某个图层添加图层蒙版后,可以通过图层蒙版绘制黑色或白色控制图层的显示与隐藏。图层蒙版是一种非破坏性的抠图方式,在图层蒙版中显示黑色部分,其图层中的内容变为透明,灰色部分是半透明,白色部分是不透明。

1. 创建图层蒙版

创建图层蒙版有两种方式,在没有任何选区的情况下可以创建空的蒙版,画面中的内容不会被隐藏。而在有选区的情况下创建图层蒙版,选区内容为显示,选区以外的部分会被隐藏。

1)直接创建图层蒙版

选择一个图层,单击【图层】控制面板的添加蒙版按钮■,为图层添加蒙版,如图 9-3 所示,这时可以看到当前图层上出现蒙版。每个图层只能有一个图层蒙版,如果已有图层蒙版,再次单击该按钮创建的是矢量蒙版。图层组、文字图层、3D 图层等特殊图层都可以创建图层蒙版。

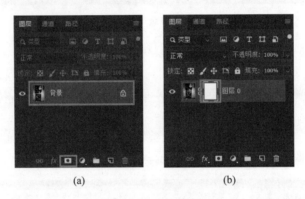

(a)　　　　　　　　　　(b)

图 9-3　创建图层蒙版

单击图层蒙版缩略图,使用【画笔工具】在蒙版中进行涂抹。在蒙版中只能使用灰度颜色进行绘制。蒙版中黑色部分图像会隐藏;白色部分,图像会显示;灰色部分会以半透明形式显示,如图 9-4 所示。

同样地,可以使用【渐变工具】或【油漆桶工具】对图层蒙版进行填充。单击图层蒙版缩略图,使用【渐变工具】在蒙版中填充从黑到白的渐变,如图 9-5 所示。使用【油漆桶工具】,在选项栏中设置【填充类型】为"图案",然后选中某个图案,在图层蒙版中进行绘制,如图 9-6 所示。

2)基于选区添加图层蒙版

如果当前图像中包含选区,选中需要添加图层蒙版的图层,单击添加图层蒙版按钮,选区内的部分为显示,选区外的部分将被隐藏,如图 9-7 所示。

2. 编辑图层蒙版

对于已有的图层蒙版,可以进行暂时停用图层蒙版、删除图层蒙版、取消图层蒙版与图层之间的链接、复制或转移图层蒙版等操作。

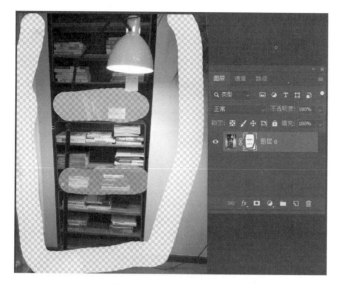

图 9-4　图层蒙版的绘制

图 9-5　使用【渐变工具】填充图层蒙版

图 9-6　使用【油漆桶工具】填充图层蒙版

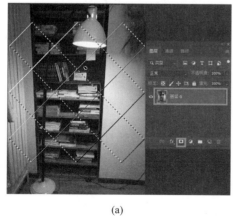

(a)

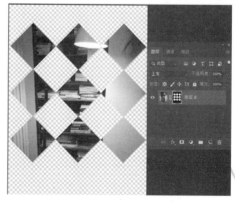

(b)

图 9-7　基于选区的图层蒙版

1）停用/启用图层蒙版

在图层蒙版缩略图上右击，选择【停用图层蒙版】命令，使蒙版效果隐藏，原图内容将全部显示，如图 9-8 所示。

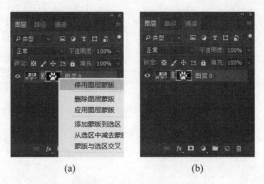

图 9-8　停用图层蒙版

停用图层蒙版后，若要重新开启，可以在图层蒙版缩略图上右击，然后选择【启用图层蒙版】命令，如图 9-9 所示。

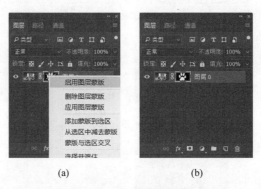

图 9-9　启用图层蒙版

注意：如果想要停用图层蒙版，可以按住快捷键 Shift 并单击该蒙版，即可快速停用；如果想要启用图层蒙版，可以按住快捷键 Shift 并单击该蒙版，即可快速启用。

2）删除图层蒙版

若要删除图层蒙版，在图层蒙版缩略图上右击，然后在弹出的快捷菜单中选择【删除图层蒙版】命令。

3）链接图层蒙版

默认情况下，图层与蒙版之间有一个链接图标，此时移动或变换图层时，蒙版也会发生变化。如果想在变换图层或蒙版时互相不影响，可单击链接图标，即取消链接。若要恢复链接，可以在取消的地方单击，如图 9-10 所示。

4）应用图层蒙版

应用图层蒙版可以将蒙版效果应用于原图层，并且删除图层蒙版。在图层蒙版缩略图上右击，选择【应用图层蒙版】命令即可完成操作，如图 9-11 所示。

5）转移图层蒙版

图层蒙版是可以在图层之间转移的。在要转移的图层蒙版缩略图上按住鼠标左键，并

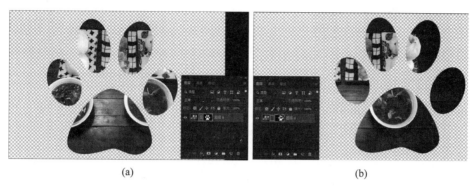

(a)   (b)

图 9-10　链接图层蒙版

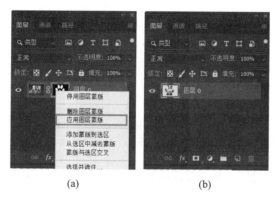

(a)   (b)

图 9-11　选择【应用图层蒙版】命令

拖曳到其他图层上,松开鼠标后即完成图层蒙版的转移,如图 9-12 所示。

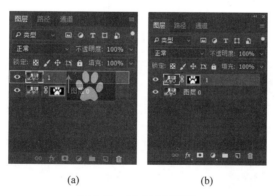

(a)   (b)

图 9-12　转移图层蒙版

6）替换图层蒙版

将一个图层的图层蒙版拖曳到另一个带有图层蒙版的图层上,则原来图层的蒙版消失,另一个图层的蒙版将被替换,如图 9-13 所示。

7）复制图层蒙版

若要将一个图层的蒙版复制到另一个图层上,可以在按住 Alt 键的同时,将图层蒙版拖曳到目标图层上,如图 9-14 所示。

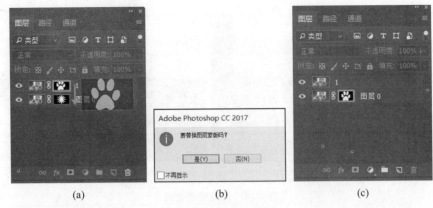

图 9-13　替换图层蒙版

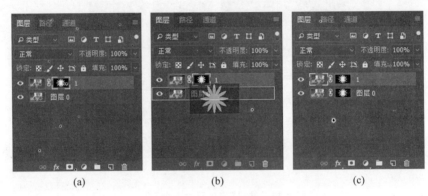

图 9-14　复制图层蒙版

8）载入图层蒙版选区

　　将蒙版转换为选区,按住 Ctrl 键的同时单击图层蒙版缩略图,蒙版中的白色部分会变成选区,灰色部分为羽化选区,黑色部分为选区以外,如图 9-15 所示。

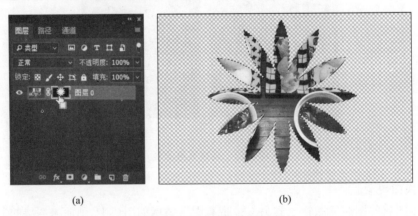

图 9-15　载入图层蒙版选区

9）图层蒙版与选区相加减

　　图层蒙版和选区之间可以相互转换,已有的图层蒙版可以被当作选区。若当前图像中存在选区,在图层蒙版缩略图上右击,可以看到三个关于图层蒙版与选区的命令。执行其中一项命令，即可添加图层蒙版到选区，与现有选区进行加减，如图 9-16 所示。

(a)

(b)

(c)

(d)

图 9-16　图层蒙版与选区相加减

9.1.3　剪贴蒙版

剪贴蒙版需要至少两个图层才能使用。其原理是通过使用处于下方图层的形状，限制上方图层的内容显示。

1. 创建剪贴蒙版

在一个有两个图层及以上的文件中，将一个作为基底图层，其他的图层可作为内容图层，在内容图层上右击，执行【创建剪贴蒙版】命令。也可使用快捷键 Ctrl＋Alt＋G，如图 9-17 所示，内容图层前方会出现一个箭头符号，表明此时已经成为下方图层的剪贴蒙版。

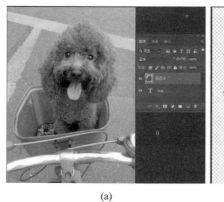

(a)

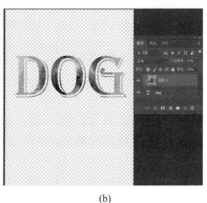

(b)

图 9-17　创建剪贴蒙版

2. 释放剪贴蒙版

若要释放剪贴蒙版组,可以在剪贴蒙版组中底部的内容图层上右击,然后选择【释放剪贴蒙版】命令,即可释放整个剪贴蒙版组,如图 9-18 所示。

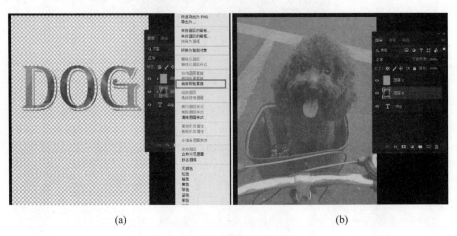

(a)　　　　　　　　　　　　　　(b)

图 9-18　释放剪贴蒙版组命令

若是只释放某一个剪贴蒙版,将所要释放的剪贴蒙版拖曳到基底图层下方即可,如图 9-19 所示,也可使用快捷键 Ctrl+Alt+G。

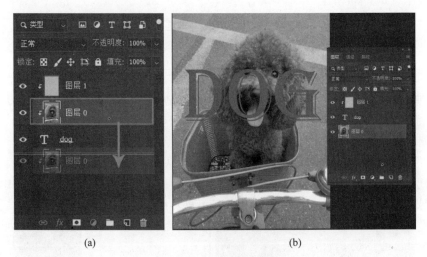

(a)　　　　　　　　　　　　　　(b)

图 9-19　释放剪贴蒙版

9.1.4　矢量蒙版

矢量蒙版与图层蒙版较为相似,都是依附于某一个图层/图层组,都可以进行停用启用、转移复制、断开链接、删除等操作。差别在于矢量蒙版是通过路径形状控制图像的显示区域。路径范围以内的区域为显示,路径范围以外的区域为隐藏。矢量蒙版是一款矢量工具,可以使用【钢笔工具】或形状工具组在蒙版上绘制路径,控制图像的显示和隐藏,可以调整形态,制作精确的蒙版区域。

1. 创建矢量蒙版

1）以当前路径创建矢量蒙版

创建矢量蒙版，先在图中绘制一条路径，然后执行【图层】|【矢量蒙版】|【当前路径】命令，即可基于当前路径为图层创建一个矢量蒙版。路径范围内的部分显示，路径范围外的部分隐藏，如图 9-20 所示。

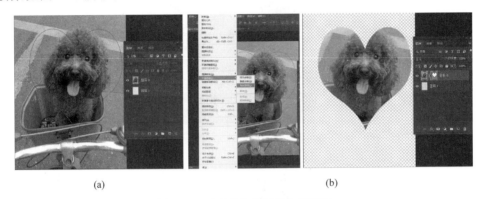

(a)   (b)

图 9-20 以当前路径创建矢量蒙版

2）创建新的矢量蒙版

按住 Ctrl 键，单击添加图层蒙版按钮 ◙，可以为图层添加一个新的矢量蒙版，如图 9-21 所示。

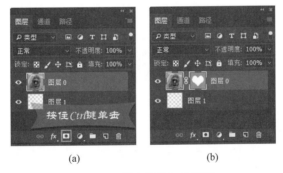

(a)   (b)

图 9-21 创建新的矢量蒙版

当图层已有图层蒙版时，再次单击添加图层蒙版按钮 ◙，可以为该图层创建一个矢量蒙版，如图 9-22 所示。

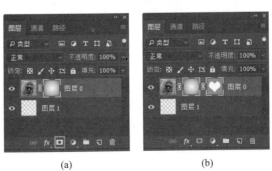

(a)   (b)

图 9-22 有图层蒙版时再创建矢量蒙版

2. 栅格化矢量蒙版

栅格化矢量蒙版就是将矢量蒙版转换为图层蒙版。在矢量蒙版缩略图上右击,选择【栅格化矢量蒙版】命令即可,如图 9-23 所示。

图 9-23　选择【栅格化矢量蒙版】命令

【应用案例】　制作水彩人物特效

制作一个水彩人物特效,完成的效果如图 9-24 所示。

图 9-24　水彩人物特效效果图

技术点睛:

- 使用图层蒙版对图像进行设计。
- 使用颜色调整对图像进行调整。

(1) 使用快捷键 Ctrl+O 打开素材文件中的 sc1 图像文件。

(2) 将"背景"图层复制,得到"背景 拷贝"图层。执行【选择】|【主体】命令选取人物,并添加图层蒙版,如图 9-25 所示。

（3）将原"背景"图层删去。新建一个图层，命名为"背景"，选择"背景"图层填充颜色为♯f8fffb，如图 9-26 所示。

(a)

(b)

图 9-25　添加蒙版（1）

图 9-26　新建"背景"图层

（4）选中"背景 拷贝"图层，使用快捷键 Ctrl＋J 复制图层，得到"背景 拷贝 2"图层，把"背景 拷贝"图层关闭（单击图层前的眼睛），如图 9-27 所示。

（5）新建一个图层，按快捷键 Ctrl＋E 合并图层，并给图层添加图层蒙版，选择【渐变工具】中的【前景色到透明渐变】，将【前景色】设为"黑色"，从下往上拉渐变，再用画笔进行修整，如图 9-28 所示。

图 9-27　复制"背景 拷贝"图层

图 9-28　添加蒙版（2）

（6）使用快捷键 Ctrl＋T 对人物进行缩小处理，使人物在画布中间。将"图层 1 拷贝"图层重命名为"人"，如图 9-29 所示。

（7）打开素材文件夹中的 sc2 文件，置入当前文档，并把图像调整到合适大小，放在人物头上。将"sc2"图层的【混合模式】改成"正片叠底"，并添加图层蒙版，用【画笔工具】分别把"人"和 sc2 图层不需要的部分涂抹掉，如图 9-30 所示。

（8）选中"人"图层，单击【图层】控制面板下方的创建新的填充或调整图层按钮，选择列表中的【色彩平衡】命令，在弹出的对话框中调整参数，如图 9-31 所示。

图 9-29　调整人物

图 9-30　载入素材（1）

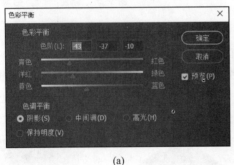

(a)

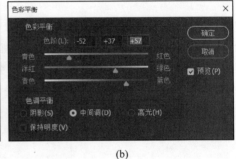

(b)

图 9-31　设置【色彩平衡】

（9）打开素材文件夹中的 sc3 图像，置入当前文档，将其放在人物头像左侧；将【混合模式】改成"正片叠底"，添加图层蒙版，用【画笔工具】把不需要的部分涂抹掉。打开素材文件夹中的 sc4 图像，置入当前文档，将其放在人物头像右侧，将【混合模式】改成"正片叠底"，添加图层蒙版，用【画笔工具】把不需要的部分涂抹掉，如图 9-32 所示。

（10）打开素材文件夹中的 sc5 文件，置入当前文档，将其放在人物头像右侧上方，调整图像的大小和位置，将【混合模式】改成"正片叠底"，如图 9-33 所示。

图 9-32　载入素材（2）

图 9-33　载入素材调整

（11）分别打开素材文件夹中的 sc6、sc7、sc8、sc9 文件，分别置入当前文档，使用快捷键 Ctrl＋T 调整图像的大小和位置，将【混合模式】改成"正片叠底"。使用图层蒙版去掉多余部分，如图 9-34 所示。

（12）在"背景"图层上新建"图层 1"，用【椭圆选框工具】在画布中画一个正圆，填充颜色为♯dddbd0，如图 9-35 所示。

图 9-34　载入素材（3）

图 9-35　椭圆选框工具

（13）新建"图层 2"，填充颜色为♯d1d7cb，执行【滤镜】|【杂色】|【添加杂色】命令，设置【数量】为 9，选中【平均分布】单选按钮。将【图层模式】改成"正片叠底"，并添加图层蒙版，用【画笔工具】选中【柔边圆】，用黑色把不需要的部分涂抹，如图 9-36 所示。

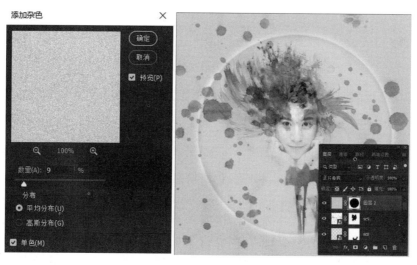

图 9-36　添加滤镜

（14）使用快捷键 Ctrl＋Shift＋Alt＋E 得到盖印图层"图层 4"。执行【图像】|【调整】|【去色】或使用快捷键 Ctrl＋Shift＋U，把图像转为黑白色，然后把【混合模式】改为"柔光"。

（15）执行【图像】|【调整】|【阴影/高光】命令，设置的参数如图 9-37 所示。最终得到如图 9-24 所示的效果图。

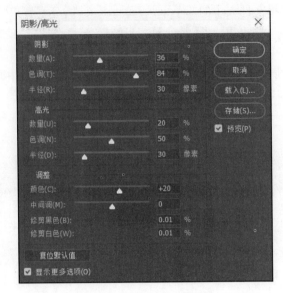

图 9-37　【阴影/高光】设置

【实训任务】　制作魔法书特效

根据所学知识,制作一个魔法书效果图。

9.2　通　　道

通道是由遮板演变而来的,也可以说通道就是选区。在通道中,以白色代替透明表示要处理的部分(选择区域);以黑色表示不需要处理的部分(非选择区域)。因此,通道也与遮罩一样,没有独立的意义,只有在其他图像(或模型)存在时,才能体现其功用。

在 Photoshop 中,每一幅图像由多个颜色通道(如红、绿、蓝通道,或青、品红、黄、黑通道)构成,每一个颜色通道分别保存相应颜色的信息。比如,所看到的五颜六色的彩色印制品,其实在其印刷的过程中只用了青、品红、黄、黑四种颜色,在印刷前先通过计算机或电子分色机将图像分解成四色,打印出分色胶片(四张透明的灰度图),再将这几份分色胶片分别着 C(青)、M(品红)、Y(黄)、K(黑)四种颜色油墨并按一定的网屏角度印到一起时,就会还原出彩色图像。除此之外,还可以使用 Alpha 通道存储图像的透明区域,主要为 3D、多媒体、视频制作透明背景素材;还可以使用专色通道,为图像添加专色,主要用于在印刷时添加专色版。

9.2.1　通道的种类

1. 颜色通道

图像的颜色模式决定了颜色通道的数目。例如,RGB 模式的图像包含红、绿、蓝三个颜色通道及用于查看和编辑三个颜色通道叠加效果的复合通道；CMYK 模式的图像包含青、品红、黄、黑和一个复合通道；Lab 模式的图像包含明度、a、b 和一个复合通道；位图、灰度图、双色调和索引颜色的图像只有一个颜色通道，如图 9-38 所示。由此可以看出，每一个通道其实就是一幅图像中的某一种基本颜色的单独通道。也就是说，通道是利用图像的色彩值进行图像修改的，可以把通道看作摄影机中的滤光镜。调整通道，可以对图像的颜色进行修改，用于矫正偏色图像。

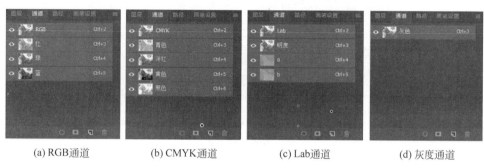

(a) RGB通道 (b) CMYK通道 (c) Lab通道 (d) 灰度通道

图 9-38　颜色通道

2. Alpha 通道

可以添加 Alpha 通道用于保存、修改和载入选区。在 Alpha 通道中，白色代表可以被选择的区域，黑色代表非选择区域，灰色代表部分被选择（即羽化）区域，当 Alpha 通道以不同深度的灰阶作为选区载入时，在图像中会呈现类似于蒙版遮罩的不同程度的效果。

单击创建新通道按钮 ，可以新建一个 Alpha 通道，此时通道为纯黑色，如图 9-39 所示。可以在 Alpha 通道中填充渐变、绘画等操作，如图 9-40 所示。

图 9-39　新建 Alpha 通道

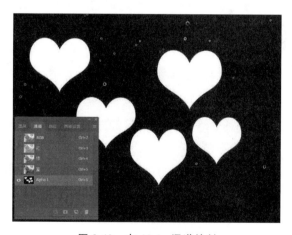

图 9-40　在 Alpha 通道绘制

单击该 Alpha 通道，单击【图层】控制面板底部将通道作为选区载入按钮 ，得到选区，如图 9-41 所示。

3. 专色通道

专色通道是用来在 CMYK 模式下，存储印刷用特殊油墨颜色信息的，如图 9-42 所示。例如，金属金银油墨、荧光油墨、防伪专色墨等，用于替代或补充普通的 CMYK 油墨，可以

图 9-41　将通道作为选区载入

用专色的名称命名该专色通道。一个图像最多可有 56 个通道。

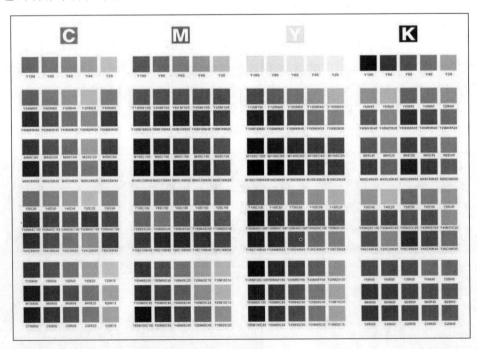

图 9-42　色卡

9.2.2　【通道】控制面板

【通道】控制面板列出了图像中所有的通道,通过该面板可以对通道进行选择、修改、载入等操作,如图 9-43 所示。

复合通道:预览所有通道叠加在一起的颜色。

颜色通道:单色通道,记录图像的颜色信息。

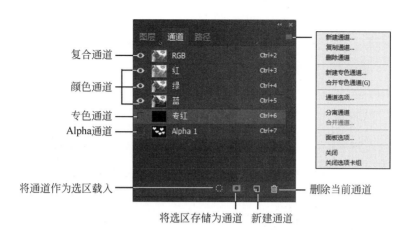

复合通道 —— RGB Ctrl+2
颜色通道 —— 红 Ctrl+3
    绿 Ctrl+4
    蓝 Ctrl+5
专色通道 —— 专红 Ctrl+6
Alpha通道 —— Alpha 1 Ctrl+7

新建通道...
复制通道...
删除通道

新建专色通道...
合并专色通道(G)

通道选项...

分离通道
合并通道...

面板选项...

关闭
关闭选项卡组

将通道作为选区载入 ———
将选区存储为通道   新建通道 ——— 删除当前通道

图 9-43　【通道】控制面板

专色通道：用于保存专色油墨印刷的通道，如专金、专银等。

Alpha 通道：用于保存选区的通道。

将通道作为选区载入：载入所选通道内的颜色信息作为选区。

将选区存储为通道：将图像中的选区保存在通道内。

新建通道：创建新的 Alpha 通道，其功能与新建图层相似。

删除当前通道：删除当前所选的通道，除复合通道外。

1. 创建新通道

选择【通道】控制面板，单击新建通道按钮 ，可以新建 Alpha 1 通道。

单击【通道】控制面板右上方 ，在弹出的快捷菜单中选择【新建通道】命令，可以新建一个 Alpha 通道。

双击【通道】控制面板中要重命名的通道名称，在显示的文本框中输入新的名称，但复合通道和颜色通道不能重命名，如图 9-44 所示。

2. 复制和删除通道

在【通道】控制面板中选择要复制的通道，将其拖曳到面板中的新建通道按钮 上，可以复制该通道。

在【通道】控制面板中选择要删除的通道，将其拖曳到面板中的删除当前通道按钮 上，可以删除该通道。也可以在【通道】控制面板中选择一个或多个通道，在面板中右击，在弹出的快捷菜单中选择【删除通道】命令。

图 9-44　重命名通道

3. 专色通道

专色是特殊的预混油墨，如金银色油墨、荧光油墨等，用于替代或补充普通的印刷色（CMYK）油墨。专色通道用于存储印刷用的专色版，也就是说，专色通道需要在 CMYK 模式下才有一定的意义。通常情况下，专色通道都是以专色的名称命名。

单击新建通道按钮，在新建的通道上双击鼠标，会出现如图 9-45 所示的对话框，【色彩指示】选择"专色"。

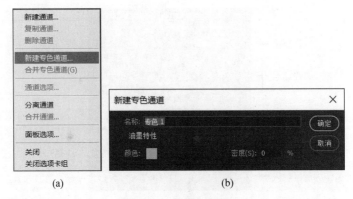

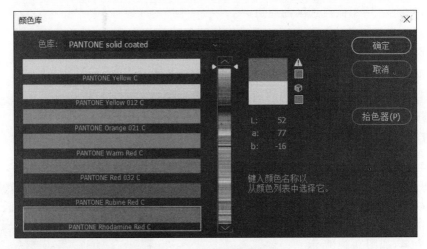

图 9-45　【通道】选项

单击【颜色】下方的色块,选择专色,这个时候可以在颜色库选择相应的颜色,如图 9-46 所示,设置专色通道的颜色,这个颜色应与印刷时的专色油墨色相同。

图 9-46　专色通道颜色库

设置专色通道后,可以在专色通道上输入颜色信息,这个颜色信息在导出后会变成用于印刷的专色版。如图 9-47 所示,在专色通道上写上"好想放假"四个字,当设置【专色版】为"专粉(PANTONE Rhodamine C)"后,这个通道的颜色在复合通道显示时将显示为 PANTONE Rhodamine Red C。

4. 分离与合并通道

1)分离通道

在 Photoshop 中可以将图像以通道中的灰度图像为内容,拆分为多个独立的灰度图像。在【通道】控制面板的菜单中执行【分离通道】命令,可以把一幅图像的每个通道拆分成一个独立的灰度图像,灰度图像数量的多少与原图像的色彩模式有直接关系。如 RGB 模式图像可以分离出三幅灰度图像,而 CMYK 模式图像则可以分离出四幅灰度图像。另外,还可以对分离后的灰度图像进行单独调整,如图 9-48 所示。

2)合并通道

【合并通道】是【分离通道】的逆向操作,执行该命令可将分离后的单独图像合并成一个

图 9-47　专色通道效果

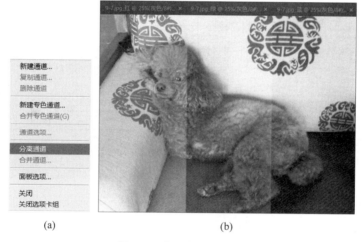

(a)　　　　　　　　　　　　　　(b)

图 9-48　【分离通道】效果

图像。将需要合并的灰度图像文件打开，单击【通道】控制面板中【合并通道】命令，选择合并的【颜色模式】，如图 9-49 所示。如果在【合并 RGB 通道】对话框中改变通道所对应的图像则合并成图像的颜色也将有所不同。

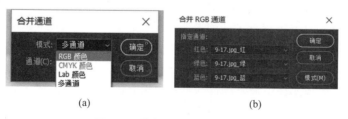

(a)　　　　　　　　　　　　　　(b)

图 9-49　【合并通道】控制面板

5. 通道运算

通道运算是一种图形混合运算，可以将图像中的两个通道进行合并，并将合成后的结果保存到一个新图像或新通道中,或者直接将合成后的结果转换成选区。它与【应用图像】命令相似,不同的是通道运算可以选择合成结果的方式,结果可以变成选区或通道,而【应用图像】不能。

通道的计算就像图层的混合一样,也有正片叠底、变暗等模式,所不同的是图层的混合不会产生新的图层,而通道的混合会产生新的通道,是两种通道按一种混合模式产生的。

注意:计算通道时必须保证被混合的两个图像文件的规则相通。例如,图像文件的格式、分辨率、色彩模式、尺寸等,否则该命令只针对某一个单一的图像文件进行混合。

1)应用图像

【应用图像】对话框如图 9-50 所示,它是某一图层内通道与通道间(包括 RGB 通道或 Alpha 通道)采用图层【混合】的混合模式直接作用产生的效果。类似于图层与图层间的混合效果,只是这种混合是针对图层内的单一通道或者 RGB 通道,是通道与通道发生作用,其结果是单一图层发生改变。要执行【应用图像】操作,需要执行【图像】|【应用图像】命令。

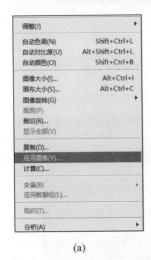
(a)

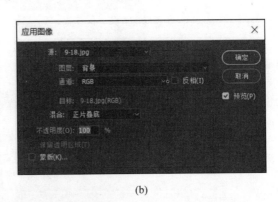
(b)

图 9-50　【应用图像】对话框

2)通道计算

使用通道【计算】命令,可以用不同的混合方式计算一个或者多个源图像的通道,并根据参数设置得到新的通道。要执行通道计算操作,需要执行【图像】|【计算】命令,弹出【计算】对话框,如图 9-51 所示。【计算】对话框中各选项的含义如下。

【源 1】:下拉窗口显示了与当前图像文件尺寸相同的已打开的文件名称。可以在下拉菜单中选择参与通道计算的第一个源图像文件。

【图层】:下拉窗口显示了所选择图像文件中所有图层的名称。如果要使用源图像文件中的所有图层,在图层下拉菜单中选择【合并图层】选项。

【通道】:选择图像文件中需要进行计算的通道名称。

【源 2】:选择参与计算的第二个源图像文件,此处可以选择与源 1 相同的文件。

【反相】:源 1 图像文件中参与通道计算的通道以反相状态进行计算。

【混合】:源 1 与源 2 的混合方式。

【不透明度】:混合效果的强度。

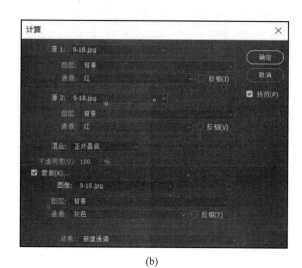

(a)   (b)

图 9-51 【计算】对话框

【蒙版】：选择后，通过蒙版应用混合模式。

【结果】：选择计算结果的生成方式。选择【新建文档】选项，生成仅有一个通道的多通道模式图像文件；选择【新建通道】选项，在当前图像文件中生成一个新通道；选择【选取】选项，生成一个选区。

第10章

滤　镜

内容简介

通过对本章的学习，可以了解 Photoshop 软件中滤镜的强大效果。使用滤镜可以使图像千变万化，可以为图像添加一些特殊效果，例如，照片呈现木刻、素描的效果等。通常，通过命令的名称就能知道是什么滤镜效果。

学习目标

1. 掌握菜单栏中【滤镜】|【滤镜库】命令。
2. 熟悉菜单栏中【滤镜】命令下的其他一些滤镜效果。

10.1　滤　镜　库

　　【滤镜库】位于菜单栏的【滤镜】下拉列表中，如图 10-1 所示。选择【滤镜库】选项可以预览一些滤镜的效果，这是滤镜的一小部分集合，并非全部滤镜效果。

　　【滤镜库】下包含【风格化】、【画笔描边】、【扭曲】、【素描】、【纹理】、【艺术效果】等，这里的滤镜效果相对少些。在【滤镜库】中单击【滤镜组种类】名称，可以显示该滤镜效果缩略图，具体单击某一个滤镜其右侧会显示应用效果，单击【确定】按钮可使用该效果，如图 10-2 所示。可以同时使用多种滤镜效果，虽然滤镜效果迥异，但是用法大致相同。

10.1.1　风格化

　　【滤镜库】|【风格化】命令中的滤镜只有一种【照亮边缘】效果，具体效果如图 10-3 所示。

图 10-1 【滤镜库】下拉列表

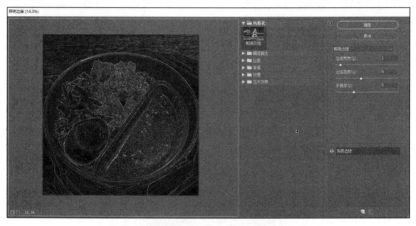

图 10-2 【滤镜库】的一些滤镜及预览效果

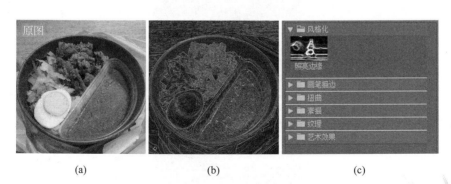

(a)   (b)   (c)

图 10-3 【照亮边缘】效果使用对比

10.1.2　画笔描边

【画笔描边】下包含了八种滤镜效果,分别是【成角的线条】、【墨水轮廓】、【喷溅】、【喷色描边】、【强化的边缘】、【深色线条】、【烟灰墨】和【阴影线】,如图 10-4 所示。

10.1.3　扭曲

【扭曲】下包含了三种滤镜效果,分别是【玻璃】、【海洋波纹】和【扩散亮光】,如图 10-5 所示。

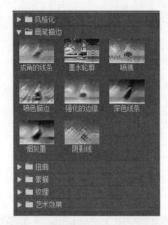

图 10-4　【画笔描边】下的滤镜种类　　　　图 10-5　【扭曲】下的滤镜种类

10.1.4　素描

【素描】下包含了 14 种滤镜效果,分别是【半调图案】、【便条纸】、【粉笔和炭笔】、【铬黄渐变】、【绘图笔】、【基底凸现】、【石膏效果】、【水彩画纸】、【撕边】、【炭笔】、【炭精笔】、【图章】、【网状】和【影印】,如图 10-6 所示。

图 10-6　【素描】下的滤镜种类

10.1.5　纹理

【纹理】下包含了六种滤镜效果,分别是【龟裂缝】、【颗粒】、【马赛克拼贴】、【拼缀图】、【染色玻璃】和【纹理化】,如图 10-7 所示。

10.1.6　艺术效果

【艺术效果】下包含了 15 种滤镜效果,分别是【壁画】、【彩色铅笔】、【粗糙蜡笔】、【底纹效果】、【干画笔】、【海报边缘】、【海绵】、【绘画涂抹】、【胶片颗粒】、【木刻】、【霓虹灯光】、【水彩】、【塑料包装】、【调色刀】和【涂抹棒】,如图 10-8 所示。

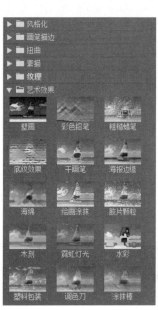

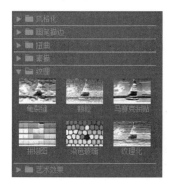

图 10-7　【纹理】下的滤镜种类　　　　　图 10-8　【艺术效果】下的滤镜种类

【应用案例】　制作光盘封面

图 10-9　光盘封面制作效果图

制作一张光盘封面,完成的效果如图 10-9 所示。

技术点睛:

- 使用【滤镜库】下【素描】中的【铬黄渐变】效果。
- 使用创建剪贴蒙版功能。
- 给图层添加【描边】图层样式。
- 使用【椭圆选框工具】建立选区。

(1) 启动 Photoshop 软件,新建一个文档。在【预设详

细信息】中输入名称为"光盘封面设计",【宽度】和【高度】分别设置为 500 像素,【背景色】设置为"黑色",然后单击【创建】按钮,如图 10-10 所示。

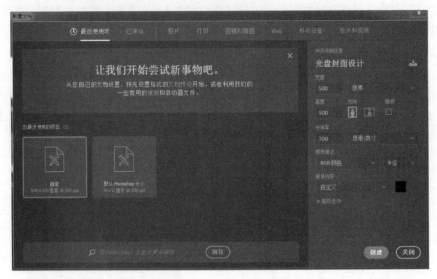

图 10-10　创建文档

　　(2) 新建一个图层名为"图层 1",然后在右侧工具栏中选择【椭圆选框工具】,将上侧选项栏中【样式】选择为"固定大小",设置【宽度】/【高度】为 400 像素(此处设置的是标准参数,光盘的标准大小),如图 10-11 所示。

图 10-11　设置【椭圆选框工具】属性

　　(3) 在工作区单击鼠标,出现刚刚设置过大小的圆形选框。将圆形选框调整至工作区中央,按快捷键 Alt＋Delete 填充白色前景色,按快捷键 Ctrl＋D 取消选区,如图 10-12 所示。

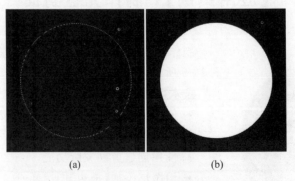

(a)　　　　　　　　　　(b)

图 10-12　在图层 1 上使用【椭圆选框工具】

　　(4) 新建"图层 2",再次选择【椭圆选框工具】,将上侧选项栏中【样式】选择为"固定大小",设置【宽度】/【高度】为 80 像素。在工作区单击鼠标,出现一个小的圆形选框,按快捷键

Ctrl+Delete 将其填充黑色背景色,按快捷键 Ctrl+D 取消选区,如图 10-13 所示。

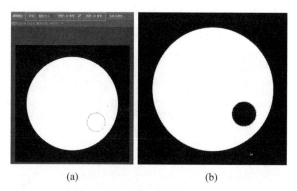

(a)　　　　　　　　　(b)

图 10-13　新建一个同心小圆

（5）同时选中"图层 1""图层 2"(按住 Ctrl 键单击另一个)，然后选择【移动工具】,在选项栏中选择垂直居中对齐和水平居中对齐,这时两个圆成为同心圆,如图 10-14 所示。

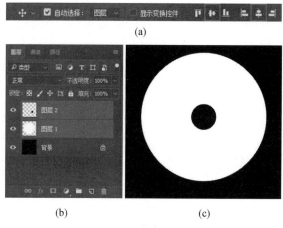

(a)

(b)　　　　　　　　(c)

图 10-14　对齐成为同心圆

（6）选择"图层 1",按住 Ctrl 键,单击"图层 2"的缩略图,将"图层 2"的选区载入"图层 1",按 Delete 键,即在"图层 1"删去一个同心圆(光盘中小圆)。 这时可以将"图层 2"删除,按快捷键 Ctrl+D 取消选区,得到如图 10-15 所示的效果。

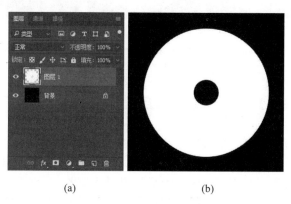

(a)　　　　　　　　(b)

图 10-15　图层 1 与当前图像效果

（7）此时【图层】面板中只有"图层 1"和"背景"图层。再次新建一个图层又会出现"图层2"（与前面图层 2 不是同一个），选择"图层 2"，按住 Ctrl 键，用鼠标左键单击"图层 1"的缩略图，将"图层 1"的范围载入"图层 2"，把"图层 1"的可视性图标关掉，效果如图 10-16 所示。

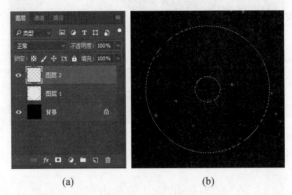

　　　　　（a）　　　　　　　　　　　（b）

图 10-16　将图层 1 的范围载入图层 2 中

　　（8）打开"图层 1"的可视性图标，选中"图层 2"，接着执行【选择】|【修改】|【收缩】|【2 像素】命令，然后按快捷键 Ctrl＋Delete 填充黑色背景色，按快捷键 Ctrl＋D 取消选区，如图 10-17 所示。

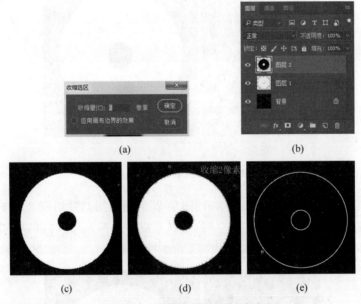

图 10-17　将图层 2【收缩】2 像素

　　（9）选择"图层 1"，按住 Ctrl 键单击"图层 1"的缩略图，将"图层 1"载入选区，双击"图层 1"添加【图层样式效果】为"描边"，【大小】为 1 像素，【颜色】为"黑色"。按快捷键 Ctrl＋D 取消选区。【描边】效果见后面的图 10-20 所示。

　　（10）执行【文件】|【置入嵌入的智能对象】命令，找到素材文件夹中的"风景"图像文件，调整好大小后单击【确定】按钮。给"风景"图层添加滤镜，执行【滤镜】|【滤镜库】|【素描】|【图章】命令，使图像看起来更有设计感。前后效果对比如图 10-18 所示。

　　（11）选择"风景"图层，右击选择【创建剪贴蒙版】命令，按快捷键 Ctrl＋T 将图像等比

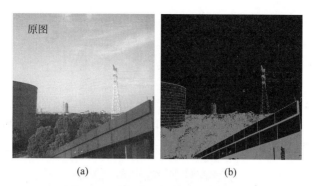

原图

(a)   (b)

图 10-18 【图章】滤镜效果应用对比

放大,调整到适合大小及位置,双击【确定】按钮,效果如图 10-19 所示。

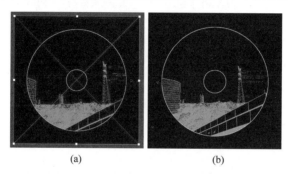

(a)   (b)

图 10-19 使用【创建剪贴蒙版】后效果

(12) 回到【图层】控制面板,选择"背景"图层,按快捷键 Alt＋Delete 将其填充为白色,效果如图 10-20 所示。

图 10-20 背景色填充为白色后效果

(13) 最后,使用【横排文字工具】输入所需文字内容,设置好文字属性,最终效果如图 10-9 所示。

【实训任务】 设计活动海报

根据所学知识,设计一幅活动海报,如音乐会、毕业晚会等。

10.2　其　他　滤　镜

【滤镜】菜单栏中的一些滤镜效果命令的名称和【滤镜库】中的一些效果名称相同,不同的是这里的滤镜效果分类更加细致、具体,效果也更多。每种滤镜都可以通过设置具体参数达到自己想要的效果,滤镜种类如图10-21所示。

图10-21　【滤镜】菜单下的滤镜种类

10.2.1　3D

3D滤镜组中包含了两种滤镜效果,分别是【生成凹凸图】和【生成法线图】,具体效果如图10-22所示。

(a)　　　　　　　　(b)　　　　　　　　(c)

图10-22　3D滤镜中效果对比

10.2.2　风格化

【风格化】滤镜组主要作用于图像的像素,其包含【查找边缘】、【等高线】、【风】、【浮雕效果】、【扩散】、【拼贴】、【曝光过度】、【凸出】和【油画】九种滤镜效果,如图10-23所示。

图 10-23 【风格化】滤镜下的一些滤镜

部分选项的具体含义如下。

1. 查找边缘

执行【滤镜】|【风格化】|【查找边缘】命令,不需要设置任何参数即可直接应用效果。使用【查找边缘】滤镜后可以让图像画面产生线条感,前后效果对比如图 10-24 所示。

原图

(a)   (b)

图 10-24 【查找边缘】滤镜效果对比

2. 等高线

【等高线】的效果和【查找边缘】效果类似,但它需要设置图像的【色阶】数值和【边缘】类型,设置完成后单击【确定】按钮应用效果。具体操作为执行【滤镜】|【风格化】|【等高线】命令。默认的【色阶】数值为 128,【边缘】为"较高",效果如图 10-25 所示。

【色阶】:色阶的数值范围为 0~255。当【色阶】数值为 255 时,图像画面为白色;当数值为 0 时,能隐约显示图像的部分轮廓。如图 10-26 所示,当【边缘】选项为"较高"时,【色阶】数值设置分别为 50、120、200。

(a)　　　　　　　　　　　　　　　　(b)

图 10-25　【等高线】滤镜效果对比

(a) 50　　　　　　　　(b) 120　　　　　　　　(c) 200

图 10-26　不同色阶数值下的不同滤镜效果

【边缘】：当色阶数值为 0 时，选择"较低"选项时，图像画面为白色，选择"较高"选项时，图像会显示一些画面；当色阶数值为 255 时，选择"较低"选项时，图像会出现部分画面，选择"较高"选项时，图像画面为白色。

3. 风

在图像中模拟风的效果，可以在控制面板中调整。控制面板中有关于风的【方法】有"风、大风、飓风"，风的【方向】有"从右、从左"。【风】滤镜前后效果对比如图 10-27 所示。

(a)　　　　　　　　　　　　　　　　(b)

图 10-27　【风】滤镜效果对比

4. 浮雕效果

使图像具有的浮雕效果，对比度越大的图像浮雕效果越明显。控制面板中【数量】值越大,浮雕效果越明显,效果如图10-28所示。

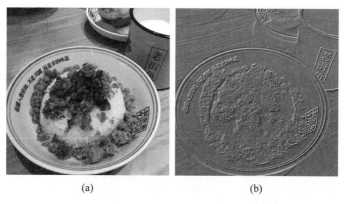

(a)　　　　　　　　　　(b)

图10-28　【浮雕效果】滤镜效果对比

5. 扩散

【扩散】滤镜给人的感觉像是在图像上覆着一层磨砂玻璃,在颜色比较丰富的图像上效果比较明显,如图10-29所示。

(a)　　　　　　　　　　(b)

图10-29　【扩散】滤镜效果对比

6. 拼贴

【拼贴】滤镜可以使图像呈现由若干方块拼凑的效果。控制面板中【拼贴数】和【最大位移】的调整会产生不同的拼贴效果,【拼贴数】越大,方块越多;【最大位移】数值越大,偏移越明显。【拼贴】效果如图10-30所示。

(a)原图　　　　(b)拼贴数:10,最大位移:40　　　　(c)拼贴数:30,最大位移:80

图10-30　【拼贴】滤镜效果对比

7. 曝光过度

【曝光过度】滤镜效果没有控制面板,不需要调整参数即可直接应用。【曝光过度】滤镜效果如图 10-31 所示。

(a)　　　　　　　　　　　　(b)

图 10-31　【曝光过度】滤镜效果对比

8. 凸出

【凸出】滤镜可以让图像产生以正方体块或金字塔(棱锥体)向外凸出的效果,具体设置可在该滤镜的控制面板中选择,还能调整其【大小】、【深度】。【凸出】滤镜效果如图 10-32 所示。

(a) 原图　　　　　　(b) 块　　　　　　(c) 金字塔

图 10-32　【凸出】滤镜效果对比

10.2.3　模糊与模糊画廊

【模糊】与【模糊画廊】都可以使图像产生模糊的效果,比如【方框模糊】是以方形产生模糊形状效果;【光圈模糊】使一个圈以外的图像产生模糊;【旋转模糊】使图像产生旋转扭曲模糊效果等。具体效果按顺序如图 10-33 所示。

(a) 原图　　　　(b) 方框模糊　　　　(c) 光圈模糊　　　　(d) 旋转模糊

图 10-33　【模糊】与【模糊画廊】滤镜效果

10.2.4 扭曲

【扭曲】滤镜组中包含了九种滤镜效果,分别是【波浪】、【波纹】、【极坐标】、【挤压】、【切变】、【球面化】、【水波】、【旋转扭曲】和【置换】,其中【置换】效果需要将另一个PSD文件导入当前图像中并进行结合。部分滤镜效果如图10-34所示。

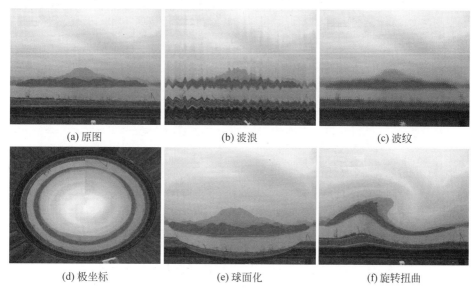

(a) 原图　　　　　　(b) 波浪　　　　　　(c) 波纹

(d) 极坐标　　　　　(e) 球面化　　　　　(f) 旋转扭曲

图10-34 【扭曲】下不同滤镜效果

10.2.5 锐化

该滤镜可以使一张有点模糊的图像变得更加细致、精确,对比效果如图10-35所示。

(a)　　　　　　　　　(b)

图10-35 【锐化】滤镜效果对比

10.2.6 像素化

【像素化】滤镜组中包含了七种滤镜效果,分别是【彩块化】、【彩色半调】、【点状化】、【晶格化】、【马赛克】、【碎片】和【铜版雕刻】,对比效果如图10-36所示。

(a) 原图　　　　(b) 彩色半调　　　　(c) 点状化

(d) 晶格化　　　　(e) 马赛克　　　　(f) 铜板雕刻

图 10-36　【像素化】下不同滤镜效果

模块 3

CorelDRAW X8 软件应用

第11章

CorelDRAW X8概述

内容简介

　　CorelDRAW Graphics Suite是一款用于设计图形和版面、编辑照片及创建网站等方面的专业图形设计软件组。CorelDRAW用于矢量插图和页面布局，它广泛应用于标识设计、图形创作、排版设计等平面设计领域，是目前功能最多、色彩表现最好、最智能化的软件，其中的很多交互式工具可以准确地输入数值，也可以对参数进行实时调节，使操作化繁为简。在开展设计工作前，首先要了解软件的工作界面、基本操作和版面布局。通过本章的学习，可以全面掌握软件的基本操作和技巧，有效并准确地使用CorelDRAW软件进行设计和创作。

学习目标

　　1. 掌握CorelDRAW X8软件的工作界面，熟悉在常用操作界面中可以实现的各类功能。

　　2. 掌握CorelDRAW X8软件的基本操作，包括新建、打开、保存、关闭、导入、导出等。

　　3. 掌握CorelDRAW X8软件的页面操作，包括设置页面大小、标签、背景、插入、删除、重命名页面等。

　　4. 能够运用本章所介绍内容，完成简单的名片制作。

11.1　工作界面介绍

　　安装并启动CorelDRAW X8软件，进入CorelDRAW X8软件工作界面。工作界面包括标题栏、菜单栏、标准栏、属性栏、绘图窗口、绘图界面、工具箱和状态栏等。打开

CorelDRAW X8 软件,新建一个空白文档,进入 CorelDRAW 工作界面,如图 11-1 所示。下面对其进行详细介绍。

图 11-1　CorelDRAW X8 工作界面

11.1.1　标题栏

打开一个文件,CorelDRAW X8 会自动创建一个标题栏。在标题栏中会显示这个文件的名称。在标题栏最右方可选择窗口最小化、最大化以及关闭该窗口。

11.1.2　菜单栏

CorelDRAW X8 软件将所有的功能命令分类,分别放在 12 个菜单栏中。菜单栏提供文件、编辑、查看、布局、对象、效果、位图、文本、表格、工具、窗口、帮助菜单命令,这些菜单命令是按主题进行组织的。

使用菜单栏应注意以下几点。

(1)当菜单命令为灰色时,表示该命令在当前状态下不可执行。

(2)菜单后面标有黑色三角形图标,表示该命令还有下一级子菜单。

(3)部分菜单命令有快捷键,使用快捷键可快速执行菜单命令。例如,按下快捷键 Ctrl+S 保存。

11.1.3　标准栏

标准栏显示所有绘制图形的信息,并提供一系列可对图形进行修改的操作工具,可进行新建、打开、保存、打印、剪切、复制、粘贴、撤销、重做、搜索、导入、导出、转化为 PDF、缩放比例、全屏预览、显示标尺、显示网格、显示辅助线、贴齐、选项和应用程序启动器等操作,如图 11-2 所示。

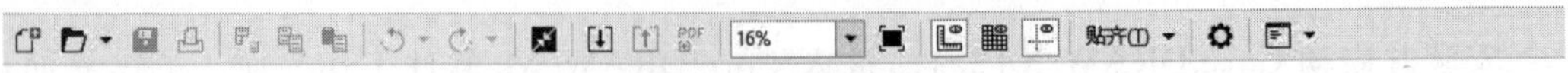

图 11-2　标准栏

11.1.4　属性栏

属性栏显示的是当前对象在当前命令状态下可以实现的调整工作。任意对象在特定命令下对应特定的属性栏。对于设计制图而言,属性栏的操作非常重要。图 11-3 为矩形对象在【选择工具】状态下的属性栏状态,从中可以看到,通过属性栏可以对目标对象的位置、大小、方向等进行调整。

图 11-3　属性栏

11.1.5　选项卡式文档界面

选项卡式文档界面(见图 11-4)显示当前打开的 CorelDRAW 文件,如果只有一个文件被打开则只有一个选项卡,以此类推。修改选项卡最后的"＋"号可以实现与【新建文档】同样的功能。

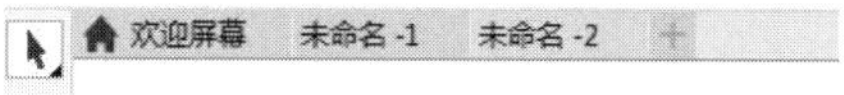

图 11-4　选项卡式文档界面

11.1.6　工具箱

第一次打开 CorelDRAW X8 时,工具箱列位于界面左侧,包含 17 组常用命令,如图 11-5 所示。从工具的形态和名称基本可以了解该工具的功能,当鼠标指针移动到命令按钮上时,会出现对于该命令的功能介绍,例如,当鼠标指针移动到矩形工具附近时,会出现  矩形工具(F6) 在绘图窗口拖动工具绘制正方形和矩形。信息,这一功能帮助用户快速了解各种工具。执行【窗口】|【工具栏】|【工具箱】命令可以打开和关闭工具箱。其中,大多数工具都可以通过快捷键完成,这样可以极大地提高操作效率。

注意:工具箱中有些工具按钮右下角带有一个黑色的三角形图标,表示该工具组含有隐藏工具,单击三角形即可展开工具。

11.1.7　泊坞窗

泊坞窗是 CorelDRAW 中最具特色的窗口,因为它可以随意停放在工作区域的边缘,提供多种常规操作,如图 11-6 所示。执行【窗口】|【泊坞窗】|【对象属性】命令,打开【对象属性】泊坞窗。

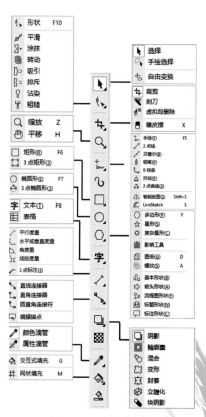

图 11-5　工具箱工具

11.1.8　调色板

在 CorelDRAW 软件最右侧有一列颜色面板。选择对象后,左击色块可实现对象颜色填充,右击色块可实现对象轮廓填充。左击⊠可删除对象颜色填充,右击⊠可删除对象轮廓填充。左键按颜色列上方或下方的∧、∨按钮,可以看到隐藏的颜色。长按某一种颜色可以出现与之相似的颜色群,如图 11-7 所示。在【文档调色板】中会出现该文档在操作过程中用过的颜色,可以帮助用户快速寻找之前的颜色,如图 11-8 所示。

图 11-6　泊坞窗

图 11-7　调色板

11.1.9　导航器

导航器可以显示文件包含的页数,并可以通过 ⊞ 增加页数,可以右击执行【重命名页面】、【在后面插入页面】、【在前面插入页面】、【再制页面】、【删除页面】、【切换页面方向】等命令,如图 11-9 所示。注意,当页面只有一页时,无法执行【删除页面】。此外,可以在 ◀◀ 1 的 6 ▶ ▶| 上直接单击选择要前往的页面。可以长按 🔍 实现位置的快速切换。

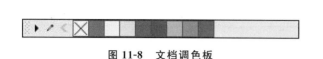

图 11-8　文档调色板 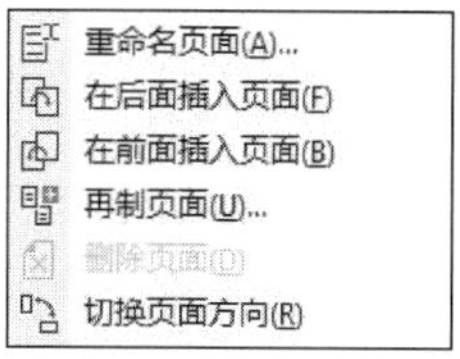　　　　　　　　　　　图 11-9　右键菜单

11.1.10　状态栏

状态栏位于界面的最底部,由三部分组成,可以直接显示鼠标指针位置的坐标,编辑颜色填充和编辑轮廓填充,如图 11-10 所示。

图 11-10　状态栏

11.2　文件的基本操作

11.2.1　新建和打开文件

进行图形设计前,一般要新建一个文件。新建的方法有:①创建空白文件;②基于模板创建新的文件。具体介绍如下。

方法一:单击标准栏上的【新建文件】按钮 (或者执行【文件】|【新建】命令),弹出【创建新文档】对话框,根据需要建设新的空白文件。

方法二:在选项卡式文档界面后面单击"＋"按钮,同样可以完成文件新建。

打开文件只需执行【文件】|【打开】命令,如图 11-11 所示。选择所需文件进行打开,可以按快捷键 Ctrl＋O 完成。也可以直接将文件拖入打开的软件或者拖到软件图标上完成。

11.2.2　保存和关闭文件

单击标准栏上的【保存文件】按钮 (或执行【文件】|【保存】命令,如图 11-12 所示),选择目标路径完成保存操作。每个软件都有自己的文件格式,并通过扩展名加以区分。在默认状态下,CorelDRAW 软件以 CDR 格式保存文件,也可以通过【保存类型】或执行【文件】|【另存为】命令选择其他保存文件的格式。

关闭文件可以通过执行【文件】|【关闭】/【全部关闭】命令完成,也可以通过单击标题栏上的关闭按钮完成。

11.2.3　导入和导出

执行【文件】|【导入/导出/导出为】命令,如图 11-13 所示,或单击标准栏中的导入 /导出 按钮完成操作。打开【导入】/【导出】对话框,选择要导入/导出的文件与格式,单击【导入/导出】按钮即可,如图 11-14 所示。

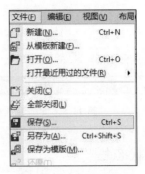

图 11-11　打开文件

图 11-12　保存文件

(a)

图 11-13　导入文件

(b)

图 11-14　【导入】/【导出】对话框

注意：CorelDRAW 软件通过【保存】、【另存为】、【导出】等操作过程中的【保存类型】的调整，可以将文件保存为 PDF、JPG、PSD 等常见格式的图片文件。

11.2.4 其他基本操作

放大/缩小：在任何操作状态下，通过鼠标滚轮前后滚动完成，前推是放大，后推是缩小。

移动：在任何操作状态下，按住鼠标滚轮，当鼠标指针变为一个手形时，可以直接进行左、右、上、下的移动。

11.3 版 面 布 局

11.3.1 设置页面大小

CorelDRAW 的页面调整可以通过多种方法完成。

方法一：通过属性栏中的数值切换直接设置页面大小，如图 11-15 所示。

图 11-15 属性栏中页面大小设置按钮

方法二：执行【布局】|【页面设置】命令，弹出【选项】对话框，可以设置页面大小，如图 11-16 所示。

图 11-16 设置页面大小

方法三：在新建的过程中直接设置，如图 11-17 所示。

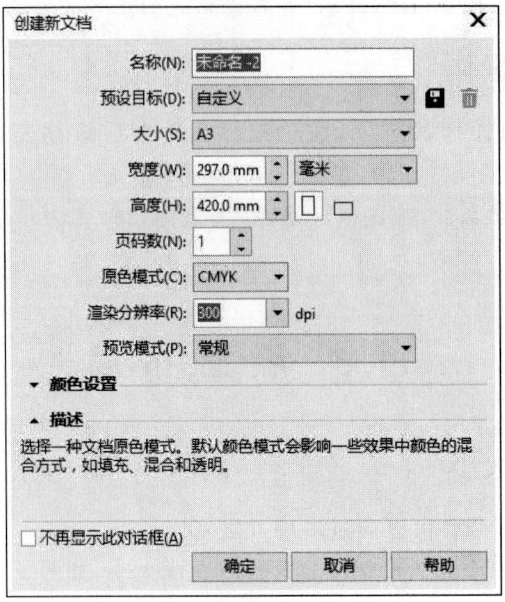

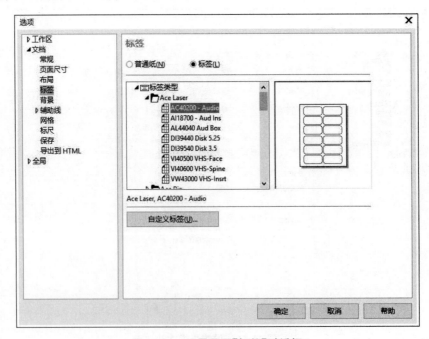

图 11-17　【创建新文档】对话框

11.3.2　设置页面标签

执行【布局】|【页面设置】命令，在弹出的【选项】对话框中单击【标签】选项，在【标签】中选择标签类型，同时可以自定义标签，如图 11-18 所示。

图 11-18　设置页面【标签】对话框

11.3.3 设置页面背景

执行【布局】|【页面背景】命令,在弹出的【选项】对话框中单击【背景】选项,进行背景设置,如图11-19所示。

图 11-19　设置页面【背景】对话框

11.3.4 插入页面

插入页面有以下四种方法。

方法一:单击页面导航器前面/后面的添加页按钮，可以在当前页面的前面/后面添加一个或多个页面。

方法二:在页面导航器的当前页面上右击,在弹出的快捷菜单中选择【在后面插入页面】或【在前面插入页面】命令,如图11-20所示。

方法三:在页面导航器的当前页面上右击,在弹出的快捷菜单中选择【再制页面】命令,可以选择插入页面的顺序,同时如果选择复制图层及其内容按钮,插入的页面将保持与当前页面相同的设置,还会将当前页面上的所有内容复制到新建页面上,如图11-21所示。

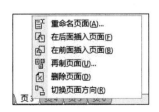

图 11-20　【插入页面】标签

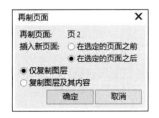

图 11-21　【再制页面】标签

方法四:在【布局】菜单下可以进行上述所有操作。

11.3.5 删除页面

删除页面有以下两种方法。

方法一：在页面导航器上选择要删除的页面标签，然后右击，在弹出的快捷菜单中选择【删除页面】命令。

方法二：在【布局】菜单下可以进行上述操作，并且可以选择所要删除的页码，如图 11-22 所示。

11.3.6 重命名页面

重命名页面有以下两种方法。

方法一：在页面导航器中选择要重命名的页面，右击并选择【重命名页面】命令，在弹出的【重命名页面】对话框中对页面进行重命名，如图 11-23 所示。

图 11-22 通过布局进行页面删除

图 11-23 【重命名页面】对话框

方法二：在【布局】菜单下可以完成相同的操作。

【应用案例】 制作公司名片

为自己公司制作一张名片，完成的最终效果如图 11-24 所示。

(a)   (b)

图 11-24 名片最终效果

技术点睛：

• 新建图纸、保存图纸、打开文件、置入文件、页面设置。

• 使用标尺和参考线辅助功能定位。

- 使用【交互式填充】进行图案填充。
- 使用【平移】移动图形。
- 使用【文本】工具编辑字体。

任务一：制作名片正面

（1）启动 CorelDRAW 软件。

（2）单击【新建文件】按钮，弹出【创建新文档】对话框，如图 11-25 所示。在【名称】中输入文件名为"名片正面"，【宽度】输入 0.85cm，【高度】输入 0.55cm，【单位】选择"厘米"，【渲染分辨率】为 300dpi，【原色模式】为 RGB，【预览模式】为"常规"，单击【确定】按钮。

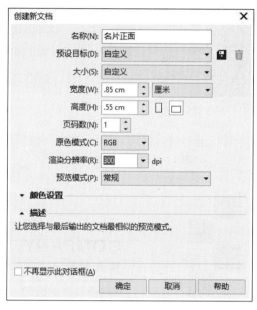

图 11-25　新建名片正面

（3）执行【查看】|【标尺】命令，利用【标尺】拉出参考线，如图 11-26 所示。如果【辅助线】无法显示，选择【参看】命令，勾选【辅助线】复选框。

（4）选择【矩形】命令，在目标位置绘制矩形块，属性栏中将【轮廓宽度】设定为"无"，重复绘制完成后，选择矩形对象，将鼠标指针移动到右边的调色板，使用鼠标左键颜色对色块进行上色，效果如图 11-27 所示。

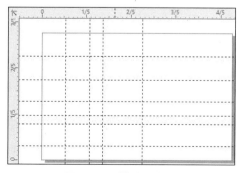

图 11-26　辅助线定位

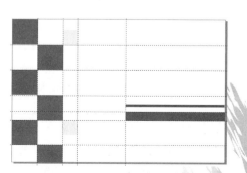

图 11-27　【矩形】绘制及填色

（5）选择【文本】工具，在属性栏上的【文字列表】中选择 Arial Rounded MT Bold 选项，字体大小为 2pt，双击状态栏中的颜色填充按钮 ◇█ R: 0 G: 51 B: 153 (#003399)，出现【编辑填充】对话框，将【颜色】设置为 R：0，G：51，B：153，如图 11-28 所示。字体、大小、颜色也可以在后面修改。选择【选择】工具，单击字体，将字体移动到目标位置，效果如图 11-29 所示。

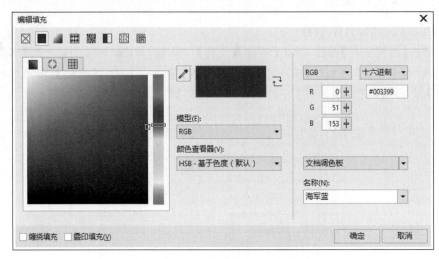

图 11-28　编辑填充颜色

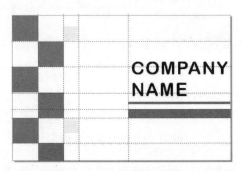

图 11-29　字体位置调整

（6）按快捷键 Ctrl+S，将文件保存为 CDR 格式。另外，再执行【文件】|【导出】命令，将文件导出为 JPG 格式，如图 11-30 所示，便于后面对制作的名片展示效果图，如图 11-31 所示。

任务二：制作名片反面

（1）单击【文档导航器】后面的按钮 ⊡，在该文件中新建一个样式相同的页面。执行【查看】|【标尺】命令，利用【标尺】拉出参考线，如图 11-32 所示。

（2）选择【矩形】命令，在目标位置绘制矩形块，属性栏中将【轮廓宽度】设定为"无"。重复绘制完成后，选择矩形对象，将鼠标指针移动到右边的调色板，使用鼠标左键颜色对色块进行上色，效果如图 11-33 所示。

（3）选择【文本】工具，在属性栏上的【文字列表】中选择 Arial Rounded MT Bold 选项，字体大小为 2pt，双击状态栏中的颜色填充按钮 ◇█ R: 0 G: 51 B: 153 (#003399)，出现【编辑填充】对话框，将【颜色】设置为 R：0，G：51，B：153。新建字体，选择【文本】工具，在属性栏上选择【文字】

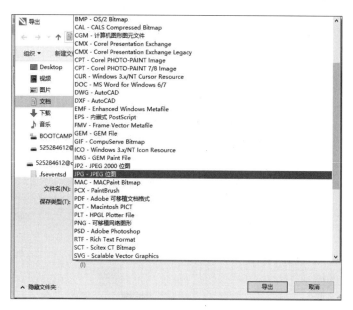

图 11-30　导出文件

图 11-31　名片正面效果

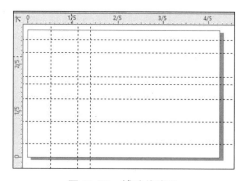

图 11-32　辅助线定位

为"幼圆",【字体大小】为 1pt。选择【选择】工具,单击字体,将字体移动到目标位置,效果如图 11-34 所示。

（4）按快捷键 Ctrl＋S,将文件保存为 CDR 格式。另外,再执行【文件】|【导出】命令,将文件导出为 JPG 格式,便于后面对制作的名片展示效果图,如图 11-35 所示。

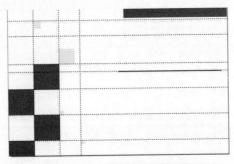

图 11-33　矩形绘制与上色

图 11-34　字体移动

图 11-35　名片背反效果

【实训任务】　制作个人名片

完成个人名片的制作。

第12章

图形的绘制与编辑

内容简介

　　本章主要讲解CorelDRAW软件的绘图与编辑。CorelDRAW工具箱的设置非常人性化，具有很多预设的线条和图形工具可以直接使用，并且可以在已经绘制的图形上直接修改创作，使得操作更加方便、快捷。

学习目标

　　1. 掌握直线、曲线绘制方式。
　　2. 掌握线条的修改与编辑命令。
　　3. 掌握几何图形的绘制与编辑。
　　4. 能够运用线条和几何图形命令完成简单的图形绘制工作。

12.1　线的绘制与编辑

12.1.1　直线

　　绘制直线的方法有多种，使用【手绘】、【2点线】、【贝塞尔】、【钢笔】、【折线】五个工具都可以绘制直线，如图 12-1 所示，只是操作方法略有不同。

1. 2点线

　　绘制 2 点线的常用方法有以下四种。

　　方法一：单击【手绘】选项，将鼠标指针移到空白处，单击确定

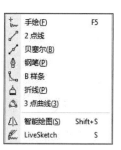

图 12-1　线的绘制工具

起点,移动鼠标指针,再次单击确定终点。

方法二:单击【手绘】图标的下三角形,选择✎【2 点线】,将鼠标指针移到空白处,按下鼠标左键确定起点;按住鼠标左键移动鼠标指针,松开鼠标确定终点。

方法三:单击【手绘】图标的下三角形,选择✎【贝塞尔】,将鼠标指针移到空白处,单击确定起点;移动鼠标指针,再次单击确定终点;按 Space 键确定命令,如果不确定会继续绘制直线。

方法四:单击【手绘】图标的下三角形,选择✎【钢笔】,将鼠标指针移到空白处,单击确定起点;移动鼠标指针,再次单击确定终点;按 Space 键确定命令,如果不确定会继续绘制直线。

2. 折线

【折线】是 2 点线绘制的延伸,只需在运用【贝塞尔】或者【钢笔】绘制过程中不断重复节点,在结束绘制的时候按 Space 键即可。而【折线】在绘制折线过程中的操作与【钢笔】相同,不一样的是【钢笔】可以完成曲线和折线操作的无缝对接。

注意:如果需要创建水平或垂直的线条,在绘制过程中按住 Shift 键或 Ctrl 键即可。

12.1.2　曲线

使用【手绘】、【贝塞尔】、【钢笔】、【B 样条】、【折线】、【3 点曲线】都可以绘制曲线。

【手绘】和【折线】是手动绘制完成,弧度不够精确,只能调节曲线的弯曲角度。【贝塞尔】和【钢笔】都是由编辑节点连接成为曲线的,每个节点都由两个控制点组成,根据需要完成线条的形状调节,其方法如下。

方法一:选择【手绘】✎/【折线】△,按住鼠标左键,在空白页面处完成曲线绘制,如图 12-2 所示。

方法二:选择【贝塞尔】✎,单击设置起点,移动鼠标指针并单击空白处确定第二个点,并按住鼠标进行拖曳,会出现方向相反的蓝色控制线,如图 12-3 所示。调节蓝色控制线可以控制曲线的弧度和大小。

方法三:选择【B 样条】✎,在空白处单击确定第一个点,移动鼠标指针可以出现一黑一蓝两条线,如图 12-4 所示。其中蓝色的为辅助线,双击可结束命令。

图 12-2　【手绘】绘制曲线　　　图 12-3　【贝塞尔】绘制曲线　　　图 12-4　【B 样条】绘制曲线

12.1.3　线的编辑

1. 线的属性栏

在进行线条绘制时,会出现线的属性栏,如图 12-5 所示。属性栏可以调节线条的大小、样式、方向、起点、终点等属性,如图 12-6 和图 12-7 所示。

图 12-5　线的属性栏

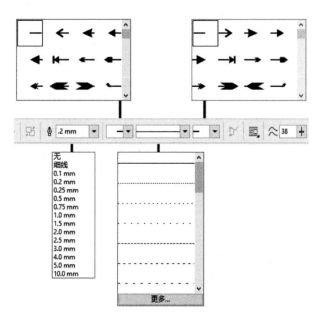

图 12-6　线宽、线形、线起止样式

图 12-7　添加起止样式的线条

2. 轮廓笔

如果要改变对象线条的颜色,双击界面右下角,如图 12-8 所示的轮廓笔提示栏 ，出现【轮廓笔】面板,如图 12-9 所示,选中颜色可以进行色彩调节。同时该界面也可以进行线宽、线形、线起止样式等线条属性的调节。

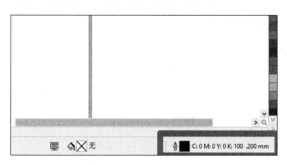

图 12-8　轮廓笔位置

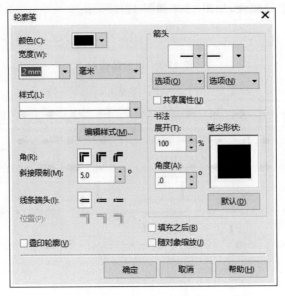

图 12-9　【轮廓笔】面板

12.2　几何图形的绘制与编辑

12.2.1　矩形

1. 绘制矩形

矩形可以通过【矩形】□和【三点矩形】□两种绘制工具直接绘制完成。

方法一：使用工具箱中的【矩形】□，在页面空白处单击，以对角线拖曳的方式拉伸，确定对角点，即可完成创建，如图 12-10 所示。如果需要绘制正方形，可以在拖曳的过程中按住 Ctrl 键。如果按住 Shift 键则可以完成一个以起点为中心的正方形。如果需要绘制固定数值的矩形，可以在绘制完成后，在属性栏中调整长和宽的数值，如图 12-11 所示。

方法二：使用工具箱中的【三点矩形】□，在页面空白处单击，长按鼠标左键拖曳会出现一条线，这是矩形的一边(如果需要绘制垂直方向或水平方向，可以在操作过程中按住 Shift 键或 Ctrl 键)，确定其中一条边后松开鼠标定下第二个点，之后移动鼠标指针确定第三个点，确定后单击结束绘制，如图 12-12 所示。

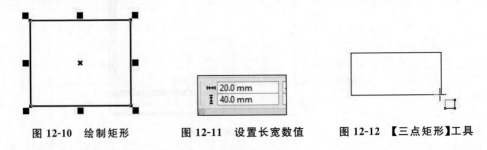

图 12-10　绘制矩形　　　　图 12-11　设置长宽数值　　　　图 12-12　【三点矩形】工具

2. 编辑矩形

绘制完成的矩形可以通过属性栏对矩形的属性进行调节,如图 12-13 所示。各选项的含义如下。

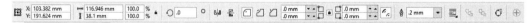

图 12-13　【矩形】属性栏

对象位置 ![icon](X: 58.403 mm Y: 123.097 mm):数值表示的是对象中心点的坐标,如果前面示意图中位置有调整,则数值表示的是对象所示意的节点处的坐标。

对象大小 ![icon](35.983 mm 100.0 % / 35.983 mm 100.0 %):前面数值表示的是对象大小,后面百分比可以对对象直接进行比例变换,后面的锁可以锁定对象的长宽比。

旋转角度 ![icon](.0°):可以直接输入数值完成对象的角度变换。

镜像 ![icon]:可以实现对象的水平镜像和垂直镜像。

类型 ![icon](2.896 mm 2.896 mm 2.896 mm 2.896 mm):可以直接对对象的角进行样式调整,如图 12-14 所示。当中间的锁被按下时,四个角度同时变化。

(a) 圆角　　　　　　　(b) 扇形角　　　　　　　(c) 倒棱角

图 12-14　类型变化

轮廓宽度 ![icon](.2 mm):可以直接输入数值,改变对象轮廓宽度。

文本换行 ![icon]:选择段落文本环绕对象的样式,并设置偏移距离。

图层顺序 ![icon]:当对象不止一个时,可单击该按钮,切换对象的图层前后顺序。

转化为曲线 ![icon]:如果要改变矩形形状,可以单击【形状】按钮完成形状变换,此时形状的变化受类型设置的影响,如图 12-15 所示。如果形状变化不足以满足变化要求,可以单击属性栏上的 ![icon] 按钮,将对象转化为曲线之后,单击【形状】按钮,完成对象的变换,如图 12-16 所示。

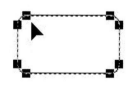　　　　　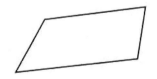

图 12-15　形状变换　　　　图 12-16　转化为曲线后的形状变换

12.2.2　椭圆形

1. 绘制椭圆形

方法一:选择【椭圆形】![icon]○,在页面空白处单击,然后按住左键拖曳,可以出现一个椭圆形的预览。第二个点距离第一个点的远近决定椭圆的长轴和短轴,松开鼠标即可创建一个椭圆形,如图 12-17 所示。如果要绘制长短轴值固定的椭圆,对属性栏中的数值进行调整即可,如图 12-18 所示。

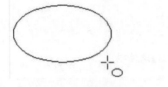

图 12-17　绘制椭圆形

图 12-18　调整椭圆长短轴

方法二:选择【三点椭圆形】，在空白处确定第一个点,长按鼠标拖曳,确定长轴端点与位置,确定后松开鼠标,此时出现椭圆预览。之后移动鼠标指针确定第三个点,确定后单击左键结束编辑,如图 12-19 所示。

注意:如果要绘制正圆,只需在使用【椭圆形】或【三点椭圆形】时,按住 Ctrl 键。如果要绘制以起点为圆心的正圆,只需在绘制的过程中按住快捷键 Shift+Ctrl 即可,如图 12-20 所示。

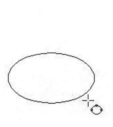

图 12-19　绘制三点椭圆

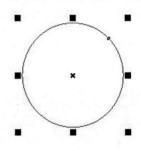

图 12-20　绘制正圆

2. 编辑椭圆形

绘制完椭圆形后,可以通过属性栏对【椭圆形】属性进行调节,如图 12-21 所示。各选项的含义如下。

图 12-21　【椭圆形】属性栏

对象位置：数值表示的是椭圆形中心点的坐标,如果前面示意图中位置有调整,则数值表示的是椭圆形所示意的节点处的坐标。

对象大小：前面数值表示的是椭圆形大小,后面百分比可以对椭圆形直接进行比例变换,最后的锁可以锁定椭圆形的长宽比。

旋转角度：可以直接输入数值完成椭圆形的角度变换。

镜像：可以实现椭圆形的水平镜像和垂直镜像。

类型：椭圆形是默认的绘制目标,绘制的是完整的闭合椭圆形。当选择按钮时,已经绘制好的椭圆形将变成饼状,如图 12-22 所示。当选择按钮时,椭圆形将变成弧形,如图 12-23 所示。属性栏可以设置需要的数值以及方向,最大可达 360°,最小可达 0°,方向可以顺时针和逆时针切换,如图 12-24 和图 12-25 所示。

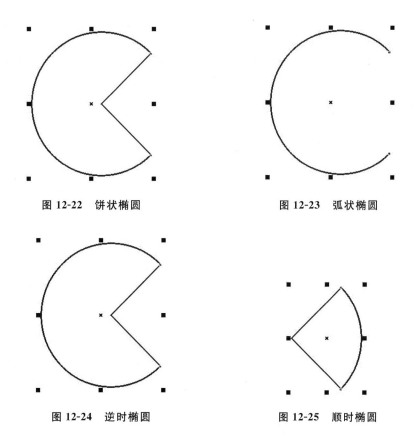

图 12-22　饼状椭圆

图 12-23　弧状椭圆

图 12-24　逆时椭圆

图 12-25　顺时椭圆

轮廓宽度 2.0 mm：可以直接输入数值,改变椭圆形轮廓宽度。

文本换行：选择段落文本环绕椭圆形的样式,并设置偏移距离。

图层顺序：当对象不止一个时,可以单击该按钮,切换对象的顺序位置。

转化为曲线：如果要改变椭圆形状,可以单击【形状】按钮完成形状变化,如图 12-26
所示。如果形状变化不足以满足变化要求,可以单击属性栏上的按钮,将对象转化为曲
线之后,单击【形状】按钮,即可随意地对椭圆进行变换,如图 12-27 所示。

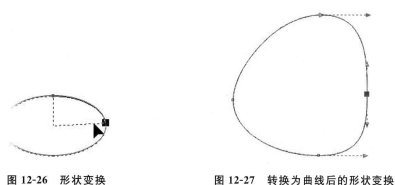

图 12-26　形状变换

图 12-27　转换为曲线后的形状变换

注意:【形状】可以调整对象的形状,当直接的变化不足以满足个性化需求时,可以右击
选择【转化为曲线】命令,之后再运用【形状】,可以使变化更加自由和多样。

12.2.3　多边形

在工具箱中,【多边形】⬡、【星形】☆、【复杂星形】✿被归类到工具箱的不规则对称图形中,如图12-28所示。

方法一:选择【多边形】⬡,在页面空白处单击确定第一个点,以对角线方式进行拖曳,会出现一个实线图形的预览,如图12-29所示。确定大小后松开鼠标,图形绘制完成。在默认状态下,多边形的边数为5边,通过属性栏的数值调节可以改变已经绘制完成的多边形边数,如图12-30所示。属性栏中调节边数最大值是500,最小值是3。

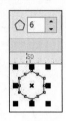

图12-28　【多边形】工具　　　图12-29　多边形预览　　　图12-30　改变多边形边数

方法二:选择【星形】☆,在页面空白处单击确定第一个点,以对角线方式进行拖曳,会出现一个实线图形的预览,如图12-31所示。确定大小后松开鼠标,图形绘制完成。在默认状态下,星形的边数为5边,通过属性栏的数值调节可以改变已经绘制完成的星形边数,如图12-32所示。属性栏中调节边数最大值是500,最小值是3。在属性栏中锐度▲50的改变会使图形越来越圆润,锐度最小是1,如图12-33所示。

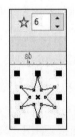

(a) 锐度1　　(b) 锐度50　　(c) 锐度100

图12-31　星形预览　　图12-32　改变星形边数　　图12-33　改变锐度(1)

方法三:选择【复杂星形】✿,在页面空白处单击确定第一个点,以对角线方式进行拖曳,会出现一个实线图形的预览,如图12-34所示。在属性栏中改变锐度也可以改变图形状态,如图12-35所示。

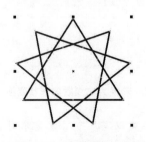

(a) 锐度为2　　　(b) 锐度为5

图12-34　复杂星形预览　　图12-35　改变锐度(2)

注意：绘制多边形的过程中按住 Ctrl 键可以绘制正多边形，按住 Shift 键可以绘制以起点为中心的多边形，按住快捷键 Ctrl＋Shift 可以绘制以起点为中心点的正多边形。

12.2.4　螺旋线

【螺纹】◎可以绘制特殊对称式和对数式的螺纹式图形。选中该工具后，按住鼠标左键以对角线形式拖曳，可以出现形状预览，松开左键完成绘制，如图 12-36 所示。属性栏中的螺纹回圈 ◎⁴ ⁝ 文本框可以设置回圈圈数，最小值是 1，最大值是 100，数值越大越紧密，如图 12-37 所示。调节属性栏中的对称式和对数式按钮 ◎ ◎ 可以变换螺纹演变方式，如图 12-38 所示。其中，对数式激活后可以设置螺纹扩展参数 ◎ ⁹⁰ ＋，数值越大，距离越大，如图 12-39 所示。

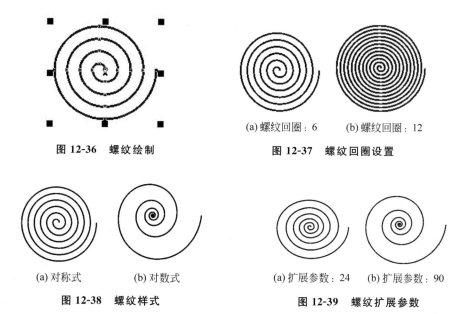

图 12-36　螺纹绘制

(a) 螺纹回圈：6　　(b) 螺纹回圈：12

图 12-37　螺纹回圈设置

(a) 对称式　　(b) 对数式

图 12-38　螺纹样式

(a) 扩展参数：24　　(b) 扩展参数：90

图 12-39　螺纹扩展参数

注意：绘制螺纹的过程中按住 Ctrl 键可以绘制正圆形螺纹，按住 Shift 键可以绘制以起点为中心的圆形螺纹，按住快捷键 Ctrl＋Shift 可以绘制以起点为中心点的正圆形螺纹。

12.2.5　其他常用形状

【基本形状】&、【箭头形状】⇨、【流程图形状】&、【标题形状】&、【标注形状】▢等均可以绘制常用的基本形状，如图 12-40 所示。五种工具的操作方法都一样，都是选择工具后，在空白处单击确定第一个点，通过对角线的方式拖曳完成图形的绘制。

操作一：单击【基本形状】&按钮，绘图如图 12-41 所示。

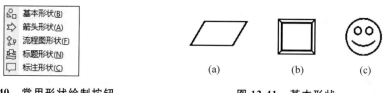

基本形状(B)
箭头形状(A)
流程图形状(F)
标题形状(N)
标注形状(C)

图 12-40　常用形状绘制按钮

(a)　　　　(b)　　　　(c)

图 12-41　基本形状

操作二：单击【箭头形状】⇨按钮，绘图如图 12-42 所示。

操作三：单击【流程图形状】按钮，绘图如图 12-43 所示。

操作四：单击【标题形状】按钮，绘图如图 12-44 所示。

操作五：单击【标注形状】按钮，绘图如图 12-45 所示。

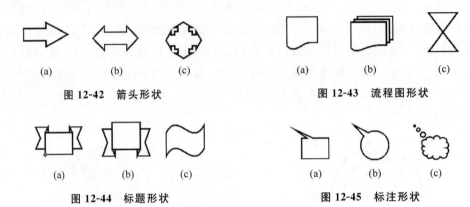

(a)　　(b)　　(c)　　　　　　(a)　　(b)　　(c)

图 12-42　箭头形状　　　　　　图 12-43　流程图形状

(a)　　(b)　　(c)　　　　　　(a)　　(b)　　(c)

图 12-44　标题形状　　　　　　图 12-45　标注形状

【应用案例】　绘制卡通头像

设计并绘制卡通头像，完成的最终效果如图 12-46 所示。

图 12-46　卡通头像最终
效果示意

技术点睛：

- 新建图纸、保存图纸、打开文件等基本操作。
- 使用【矩形】、【椭圆形】绘制基本轮廓。
- 使用【转化为曲线】、【形状】调整轮廓。
- 使用【折线】、【圆形】、【多边形】等工具绘制五官和衣领。
- 使用【手绘】等曲线工具绘制头发。
- 使用【轮廓笔】调整轮廓粗细和颜色。
- 使用【填充】对图案进行填充。

（1）启动 CorelDRAW 软件。

（2）单击【新建文档】按钮，弹出【创建新文档】对话框，【名称】命名为"卡通图案"，【预设目标】选择"CorelDRAW 默认"，【大小】选择 A4，单击【确定】按钮，如图 12-47 所示。

（3）运用【矩形】绘制头像的脸部，并用【形状】进行轮廓调整，如图 12-48 所示。

（4）使用【圆形】绘制眼睛，使用【折线】绘制眉毛、鼻子和嘴巴。因眼睛和眉毛是对称的，可先画单个，另一个使用属性栏中的复制工具、水平镜像工具生成，然后调整到适当位置即可。使用智能填充工具、轮廓笔工具调整眉毛和嘴巴的颜色，如图 12-49 所示。

（5）单击【交互式填充】，在属性栏中选择【渐变填充】和【椭圆形渐变填充】，如图 12-50 所示。选择白色到橘色的渐变，然后进行调整，效果如图 12-51 所示。

图 12-47　【创建新文档】对话框

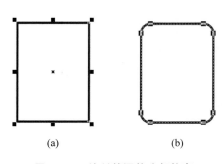

(a)　　　　　　　　　(b)

图 12-48　绘制并调整头部轮廓

图 12-49　绘制并调整五官

图 12-50　选择【渐变填充】和【椭圆形渐变填充】

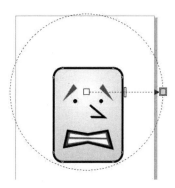

图 12-51　调整渐变颜色和位置

（6）使用【手绘】 ⁺︎绘制卡通头像的头发和耳朵部分。耳朵可以先画一个，另一个使用属性栏中的复制工具 📋、水平镜像工具 ◫生成，然后调整到适当位置即可。使用智能填充工具 ◈、轮廓笔工具 ✎调整头发和耳朵的填充与轮廓笔的粗细，如图 12-52 所示。

（7）使用快捷键 Shift＋PageDown 调整耳朵的图层到后面，效果如图 12-53 所示。

图 12-52　绘制头发和耳朵　　　　图 12-53　调整耳朵图层顺序

注意：使用填充命令的前提是必须为闭合图形，所以在绘制图案轮廓的过程中，不管是通过何种方式绘制，都必须确保线条的连续性和闭合性。因为 CorelDRAW 绘制的对象有图层之分，先绘制的图层在下面，后绘制的图层在上面，可以通过右击执行【顺序】|【到图层后面】命令，或按快捷键 Shift＋PageDown 进行图层前后调整。

（8）使用【折线】绘制衣领部分，使用【智能填充】进行填充，调整图层顺序，最终完成卡通头像的绘制，如图 12-46 所示。

【实训任务】　设计并绘制吉祥物

设计并绘制校园、景区或者节庆活动吉祥物。

第13章

对象的编辑与管理

内容简介

本章主要讲解CorelDRAW X8对象的编辑与管理,包括对象编辑、图像填充和对象管理操作。对象的编辑操作包括对象的选取、缩放、移动、镜像、旋转、变形、合并、修剪、相交、简化等,对象的填充操作包括基本填充、特殊填充和智能填充等,对象管理包括调整对象的叠放次序、对齐和分布、群组和结合、锁定和结合等。多样化的编辑、填充和编辑操作赋予对象更多的变化,也可以绘制更复杂的图像和表现更为丰富的视觉效果。

学习目标

1. 掌握对象编辑操作。
2. 掌握多种图案填充方式。
3. 熟悉并掌握对象的管理工作。
4. 能够运用上述操作完成较为复杂图案的绘制工作。

13.1 对象编辑与修整

13.1.1 对象编辑

1. 选取

对象选取有【选择】和【手绘选择】两种方法。

方法一:选中【选择】,单击要编辑的对象,当周围出现八个黑色控制点的时候,表示已经选中对象,如图 13-1 所示。

方法二:选中【选择】,按住鼠标拖曳出虚线范围,松开鼠标,虚线框范围内的对象被选中,如图 13-2 所示。

方法三:选中【手绘选择】,在空白处单击第一个点,按住鼠标左键不放,出现蓝色辅助线,在蓝色辅助线范围内的对象被选中,如图 13-3 所示。

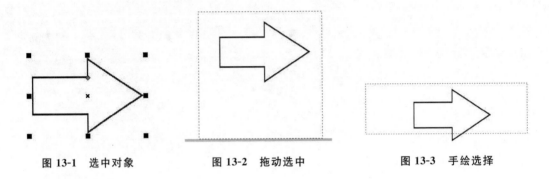

图 13-1　选中对象　　　　图 13-2　拖动选中　　　　图 13-3　手绘选择

2. 缩放

对象缩放可以进行大致缩放和精确缩放,主要方法如下。

方法一:选中要进行缩放的对象,目标对象周围出现八个黑色控制点,通过对这八个黑色控制点的拖动完成对象的缩放工作。

方法二:选中要进行缩放的对象,在属性栏中会出现代表对象大小的数值以及比例 ,通过调整数值和比例进行精确缩放。

注意:只要是对象,在选中后的属性栏中都会出现对其进行限定的具体数值,通过调节该数值,可以对对象的大小进行精确变换。如果要等比例缩放,可以单击边上的黑色小锁。

3. 移动

对象移动的编辑方式有以下三种方法。

方法一:选中对象,当鼠标指针变成 时,按住鼠标左键进行拖曳即可。但是这种方法的位置移动不够精确。

方法二:选中对象,利用键盘上的上、下、左、右键进行移动,与方法一相比,这种移动位置更精确。按住 Ctrl 键则可以进行水平或垂直的移动。

方法三:选中对象,通过调整属性栏中的 ,进行精确位置移动。也可以通过执行【对象】|【变换】|【位置】命令,将【变换】面板调出,通过调整 X 和 Y 数值,单击【应用】按钮也可以精确调整对象的位置,如图 13-4 所示。

4. 镜像

方法一:选中对象,在属性栏中单击水平镜像按钮 或者垂直镜像按钮 ,进行快捷操作。

方法二:执行【对象】|【变换】|【缩放和镜像】命令,出现如图 13-5 所示的操作界面,在数值后面单击镜像按钮,再单击【应用】按钮,在移动位置的同时可以完成镜像变化。

方法三:选中对象,按住 Ctrl 键的同时选中其中一个黑色锚点,将锚点拖曳到镜像目标点上,松开鼠标完成镜像操作。其中,上下两个锚点可以进行垂直镜像,左右两个锚点可以进行水平镜像,如图 13-6 所示。四个角点的锚点则默认进行了上下和左右两次镜像,如图 13-7 所示。

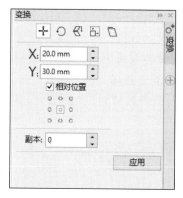

图 13-4 【变换】操作界面

图 13-5 【缩放和镜像】操作界面

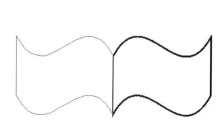

图 13-6 左右镜像

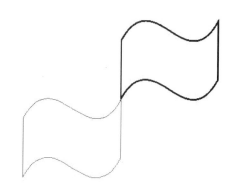

图 13-7 角点镜像

5．旋转

编辑对象有以下三种旋转方法。

方法一：双击需要编辑的对象，四周出现可以旋转的箭头后才能旋转，如图 13-8 所示。将鼠标移动到箭头所在处，拖动鼠标左键拖曳旋转，如图 13-9 所示。

方法二：选中需要编辑的对象后，在属性栏上修改旋转角度 ○ 312.022 ° ，可以完成精确的旋转。

方法三：执行【对象】|【变换】|【旋转】命令，输入精确数值，选择相对旋转中心，单击【应用】按钮进行旋转，如图 13-10 所示。

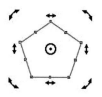

图 13-8 旋转箭头

图 13-9 旋转对象

图 13-10 设置旋转中心和角度

6. 倾斜变形

对象倾斜变形的方法有以下两种。

方法一：双击需要倾斜变形的对象，当周围出现旋转箭头后，将鼠标指针移动到水平或者垂直线条的锚点上，按住鼠标左键拖曳倾斜，如图 13-11 所示。

方法二：执行【对象】|【变换】|【倾斜】命令，输入精确数值，设置旋转点，单击【应用】按钮即可，如图 13-12 所示。

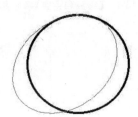

图 13-11　倾斜对象

图 13-12　倾斜界面

7. 复制

对象的复制包括【基本复制】、【对象再复制】、【对象属性复制】三种，主要操作方法如下。

1) 基本复制

方法一：选择编辑对象，执行【编辑】|【复制】命令，再执行【编辑】|【粘贴】命令，粘贴对象在原对象上覆盖。

方法二：选择编辑对象，选中后右击，在下拉菜单中选择【复制】选项，在需要粘贴的时候右击，选择【粘贴】选项，粘贴的对象在原对象上或位置上覆盖。

方法三：选择编辑对象，按快捷键 Ctrl+C 复制，按快捷键 Ctrl+V 粘贴。

方法四：选择编辑对象，按住鼠标左键拖曳，出现蓝色预览图形，在松开鼠标前同时右击，完成复制。

2) 对象再复制

选中编辑对象，右击并拖动一定距离，松开鼠标时选择【复制】命令，可多次重复，如图 13-13 所示。

3) 对象属性复制

选择要复制属性的对象，执行【编辑】|【复制属性至】命令，打开【复制属性】对话框，勾选要复制的属性类型，如图 13-14 所示。选择复制填充，单击【确定】按钮完成操作，前后效果如图 13-15 和图 13-16 所示。

8. 删除

选择不需要的对象，右击，选择【删除】命令即可，也可通过 Delete 键删除。

图 13-13　对象再复制

图 13-14 【复制属性】面板

图 13-15 复制属性前

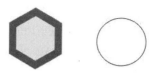

图 13-16 复制属性后

9. 撤销和恢复

方法一：按住快捷键 Ctrl+Z 进行撤销和恢复。

方法二：执行【编辑】|【撤销***】命令。

方法三：执行【编辑】|【撤销管理器】，打开【撤销管理器】面板。在【撤销管理器】面板选择需要返回的步骤，如图 13-17 所示。

注意：常用的对象编辑操作除了在属性栏中直接进行快捷操作外，还可以通过【对象】|【变换】打开软件界面右侧的泊坞窗完成操作。

13.1.2 对象修整

执行下拉菜单中的【窗口】|【泊坞窗】|【造型】命令，显示关于图形修整操作的泊坞窗。修整图形的操作有【合并】、【修剪】、【相交】、【简化】、【移除后面对象】、【移除前面对象】、【边界】七种。所有操作均需要选中多个对象后才能在属性栏显示。

1. 合并

合并主要是将两个或者多个图形的相叠部分进行合并，形成一个图形。在焊接的同时，所选对象的颜色也会被合并成同一种颜色，如图 13-18 所示。

图 13-17 【撤销管理器】面板

(a)

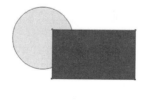

(b)

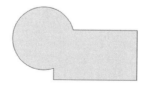

(c)

图 13-18 【合并】操作

2. 修剪

修剪主要是将两个或多个图形多余的部分修剪掉，或是将原有图形经过另一个图形裁剪后形成另一个图形,如图 13-19 所示。【修剪】操作一次性可以修剪多个图形,根据对象顺序,在选中对象的情况下,位于最下方的对象为目标对象,上面的对象均是进行修剪的对象,如图 13-20 所示。

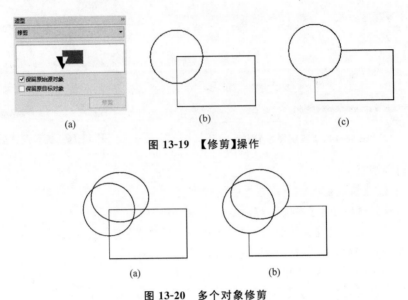

图 13-19   【修剪】操作

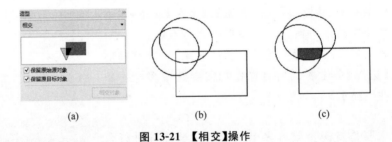

图 13-20   多个对象修剪

3. 相交

相交⊡是将两个或多个对象的重叠区域创建出新的对象,效果如图 13-21 所示。

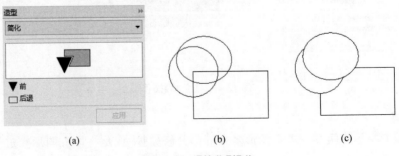

图 13-21   【相交】操作

4. 简化

简化⊡将相叠的区域进行修剪,和【修剪】类似,不同的地方是简化只会保留最上面一个对象的线条,第二层对象被第一层对象修剪,第三层对象被第一层和第二层对象修剪,以此类推,如图 13-22 所示。

图 13-22   【简化】操作

5. 移除后面对象

移除后面对象用于下层对象减去上层对象,以此类推,最后保留第一层对象的局部,如图 13-23 所示。

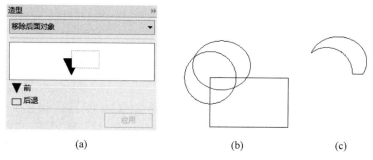

(a)   (b)   (c)

图 13-23 【移除后面对象】操作

6. 移除前面对象

移除前面对象用于前面对象对后面对象的删减,以此类推,最后保留最后一层对象的局部,如图 13-24 所示。

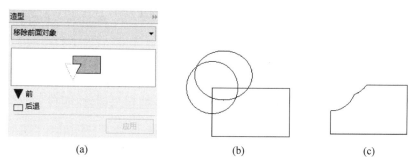

(a)   (b)   (c)

图 13-24 【移除前面对象】操作

7. 边界

边界是可以在选中的对象上出现一个轮廓,该轮廓与原对象轮廓重叠,在需要的时候可以拖出使用,如图 13-25 所示。

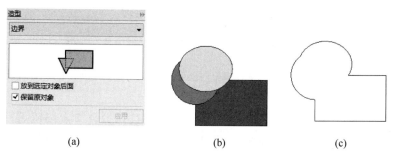

(a)   (b)   (c)

图 13-25 【边界】操作

注意:常用的对象修整操作必须在选择两个或两个以上对象的前提下,才能进行操作。

【应用案例】　绘制卡通扇子

设计并绘制卡通扇子,完成的最终效果如图 13-26 所示。

技术点睛:

* 使用【椭圆形】、【钢笔】、【贝塞尔曲线】绘制基础形状。
* 使用【选择】、【形状】、【镜像】、【旋转】等命令编辑和调整图形。
* 使用【修剪】、【合并】、【相交】等命令编辑图形。
* 使用【颜色面板】填充图形。
* 使用【对齐与分布】命令对齐图形。
* 使用【顺序】命令调整图层顺序。

(1)执行【新建】命令,在弹出的【创建新文档】对话框中,创建【名称】为"卡通扇子",【宽度】为 210mm,【高度】为 297mm,【分辨率】调整为 300dpi 的新文档。

图 13-26　卡通扇子最终效果

(2)使用【椭圆形】绘制卡通人物头部的外部轮廓;使用【选择】框选两个椭圆形,执行【对象】|【对齐与分布】|【水平居中对齐】命令(或按快捷键 C),对齐两个图形,如图 13-27 所示。

(3)执行属性栏中的【相交】命令 ,产生两个图形的相交部分,如图 13-28 所示;删除多余的两个椭圆形,如图 13-29 所示。

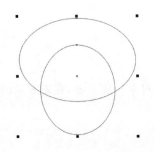

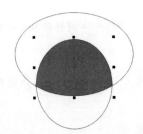
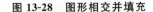

图 13-27　卡通人物头部轮廓绘制　　图 13-28　图形相交并填充　　图 13-29　删除多余椭圆

(4)再次使用【椭圆形】绘制椭圆;右击,在弹出的菜单栏中执行【转化为曲线】命令,转化椭圆属性为曲线,如图 13-30 所示。

(5)使用【形状】选择椭圆的顶部节点;在属性栏中选择尖突节点按钮 ;然后,调节顶端节点两端的控制柄和节点的位置,绘制耳朵的造型,效果如图 13-31 所示。

(6)使用【颜色面板】,在红色上面右击,填充图形颜色为红色,如图 13-32 所示;使用属性栏中的【复制】 和【粘贴】 按钮,复制图形;填充复制图形颜色为"皮粉色";拖动图形的八个黑色控制点,并使用【移动】调整图形位置,效果如图 13-33 所示,完成卡通人物的耳朵绘制。

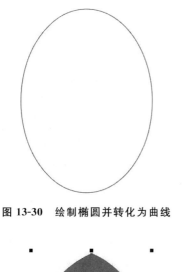

图 13-30　绘制椭圆并转化为曲线　　　　　　图 13-31　节点调整

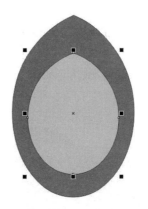

图 13-32　填充红色　　　　　　图 13-33　耳朵绘制

（7）使用【选择】框选耳朵造型的两个图形，单击，在弹出的菜单栏中执行【组合对象】命令，组合两个图形；再次单击，在八个黑色控制点变成旋转图标时，旋转图形，调整大小，然后移到卡通人物头部，如图 13-34 所示。

（8）使用属性栏中的【复制】🖳和【粘贴】🖳按钮，复制耳朵图形；然后单击属性栏中的水平镜像按钮🖳，镜像图形，如图 13-35 所示。

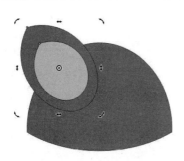

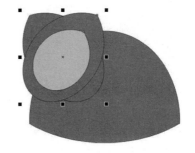

图 13-34　耳朵图形编辑　　　　　　图 13-35　复制并镜像

（9）使用【移动】移动一只耳朵到适当位置，如图 13-36 所示；使用【选择】同时选中两个耳朵图形，右击，在弹出的菜单栏中执行【顺序】|【到页面背面】命令，调整两只耳朵图形到脸

部图形后面,效果如果 13-37 所示。

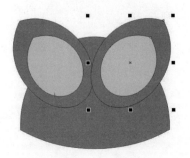
图 13-36　移动图形

图 13-37　调整图层顺序

(10) 使用【椭圆形】、【矩形】、【复制】和【粘贴】、【水平镜像】等命令,绘制卡通人物的脸部轮廓,如图 13-38 所示。

(11) 使用【选择】框选全部脸部图形,然后执行属性栏中的【合并】命令 ，效果如图 13-39 所示。按住 Shift 键,然后单击头部图形,同时选中头部和脸部图形,执行属性栏中的【相交】命令 ，并使用【颜色面板】填充相交图形颜色为"皮粉色",效果如图 13-40 所示;删除多余图形,效果如图 13-41 所示。

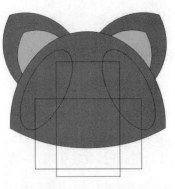
图 13-38　脸部轮廓绘制

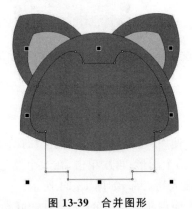
图 13-39　合并图形

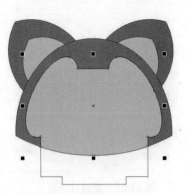
图 13-40　相交并填充

图 13-41　删除多余图形

(12) 使用【椭圆】、【颜色面板】、【贝塞尔曲线】等命令,绘制卡通人物的眼睛、鼻子、嘴巴等部分,效果如图 13-42 所示。

(13) 使用【矩形】绘制卡通扇子的扇柄部分,然后把矩形转换为曲线,使用【形状】进行二次编辑,效果如图 13-43 所示。

(14) 最后,对扇柄进行填充,使用【移动】将其移动到适当位置,最终效果如图 13-26 所示。

图 13-42　眼睛、鼻子、嘴巴等图形绘制

图 13-43　扇柄绘制

【实训任务】　绘制卡通人物

绘制卡通人物造型,如米奇、米妮等。

13.2　对　象　填　充

13.2.1　交互式填充

【交互式填充】工具按钮中包含了大部分的填充功能,使用该工具可以对对象进行各类填充。属性栏有【均匀填充】、【渐变填充】、【向量图样填充】、【位图图样填充】、【双色图样填充】、【底纹填充】、【PostScript 填充】等填充样式。属性栏上的【无填充】可以删除填充内容。

1. 均匀填充■

方法一:选中对象,单击右侧调色板中的色样,如图 13-44 所示,即可为该对象填充新的颜色。使用鼠标左键将调色板中的色样拖至对象,也可以修改对象的颜色填充。

方法二:单击【交互式填充】后,在属性栏上选择【均匀填充】■按钮,在填充色上选择所需颜色,弹出调色板,如图 13-45 所示,完成对象填充。

方法三:单击【交互式填充】后,在属性栏上选择【均匀填充】■按钮,再选择属性栏中的【编辑填充】按钮,在面板中选择所需颜色;也可以拖动 CMYK 的数值设置颜色;之后单击【确定】按钮为对象进行填充,如图 13-46 所示。

图 13-44 使用调色板填充　　　　　　图 13-45 填充色调色板

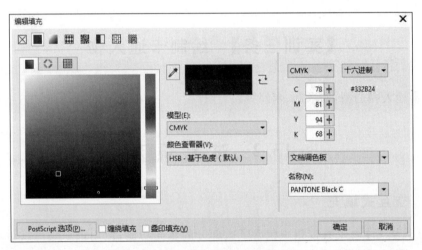

图 13-46 【编辑填充】面板

2. 渐变填充

单击【交互式填充】后，在属性栏上选择【渐变填充】按钮。渐变填充包括线性渐变填充、椭圆形渐变填充、圆锥形渐变填充、矩形渐变填充四种类型，这些渐变填充可以表现不同的颜色和质感变化，如图 13-47 所示。

 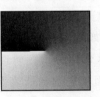 

(a)线性渐变填充　(b)椭圆形渐变填充　(c)圆锥形渐变填充　(d)矩形渐变填充

图 13-47 四种渐变填充方式

1）线性渐变填充

线性渐变填充用于两种或多种颜色之间的直线形颜色变化，可以通过调节两条控制轴和中间的滑块完成渐变过渡的方向和比例，如图 13-48 所示。其中，横向轴上可以通过双击左键的方式增加颜色块，通过对颜色块的色彩变换丰富图像的颜色量，如图 13-49 所示。

图 13-48　线性渐变填充

图 13-49　增加色块线性渐变填充

2）椭圆形渐变填充

椭圆形渐变填充用于两种或多种颜色的以同心圆的形式由对象中心向外辐射生成的渐变效果，能够很好地体现球体光线、体积感和光晕效果；同样也可以通过调节两条控制轴和中间的滑块完成渐变过渡的方向和比例，如图 13-50 所示。其中，双击带有滑块的轴可以增加色块，通过色块的颜色和位置变换丰富图像的颜色量，如图 13-51 所示。

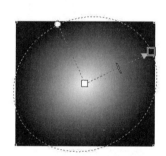

图 13-50　椭圆形渐变填充

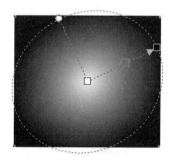

图 13-51　增加色块椭圆形渐变填充

3）圆锥形渐变填充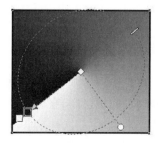

圆锥形渐变填充用于在两种或多种颜色中间模拟光线打在圆锥体上的效果，使得平面变得更为立体；也可以通过调节两条控制轴和控制滑块调节渐变过渡的比例和方向，如图 13-52 所示。双击控制滑块所在线条可以增加色块，通过色块颜色和位置变换丰富图像的颜色量，如图 13-53 所示。

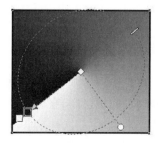

图 13-52　圆锥形渐变填充

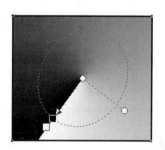

图 13-53　增加色块圆锥形渐变填充

4）矩形渐变填充 ▨

矩形渐变填充用于在两种或者多种颜色之间以同心方形为对象向四周扩散的色彩渐变效果。可以通过调节控制周长和滑块调节渐变的比例和方向，如图 13-54 所示。双击控制滑块所在线条可以增加色块，通过色块颜色和位置变换丰富图像的颜色量，如图 13-55 所示。

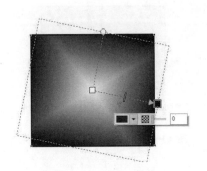

图 13-54　矩形渐变填充

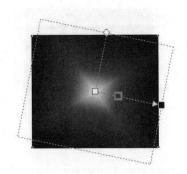

图 13-55　增加色块矩形渐变填充

3. 向量图样填充 ▦

单击【交互式填充】◈后，在属性栏中单击【向量图样填充】▦，属性栏后面会出现 ▦▾ ◈ 눈 ☆ ▣ ◈ 一系列属性调节工具。其中，单击填充挑选器，可以选择需要的图样，如果希望外置，则单击【浏览】按钮进行添加。图样进行【向量图样填充】会出现控制轴，如图 13-56 所示，拖动角点可以变换图案的大小和位置，效果如图 13-57 所示。

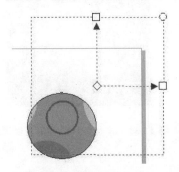

图 13-56　向量图样填充

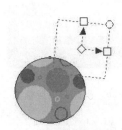

图 13-57　向量图样填充变换

4. 位图图样填充 ▨

单击【交互式填充】◈后，在属性栏中单击【位图图样填充】▨，属性栏后面会出现 ▦▾ ◈ 눈 ☆ ▣ ◈ 一系列属性调节工具。其中，单击填充挑选器，可以选择需要的图样，如果希望外置，则单击【浏览】按钮进行添加。图样进行【位图图样填充】会出现控制轴，如图 13-58 所示，拖动角点可以变换图案的大小和位置，如图 13-59 所示。

5. 双色图样填充 ▯

单击【交互式填充】◈后，在属性栏中单击【双色图样填充】▯，属性栏后面会出现一系列属性变化按钮，选择第一种填充色或图样 ◔▾，如图 13-60 所示。拖动角点可以变换图案的大小和位置，如图 13-61 所示。选择前景颜色和背景颜色 ■▾ □▾，然后设置颜色，如

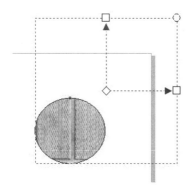

图 13-58　位图图样填充

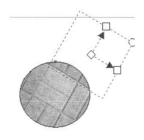

图 13-59　位图图样填充变化

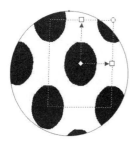

图 13-60　双色图样填充

图 13-61　双色图样填充变化

图 13-62 所示。

6. 底纹填充 ▦

底纹填充隐藏在【双色图样填充】▮按钮中,单击右下角三角形可以出现【底纹填充】▦
选项。单击【底纹填充】后,在右侧属性栏上单击底纹库 样品 ▼ 和底纹挑选器 ▼,完成底
纹填充;也可以配合控制轴完成纹理的比例和位置,如图 13-63 所示。如果需要对底纹进行
更为细致的编辑,可以通过单击属性栏上的底纹编辑器 ▦,如图 13-64 所示,通过调节底纹
样式、密度、亮度等完成更为细腻的操作。

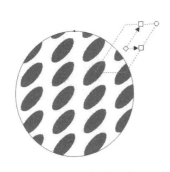

图 13-62　颜色变化

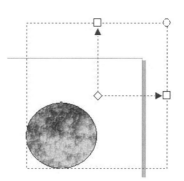

图 13-63　底纹填充

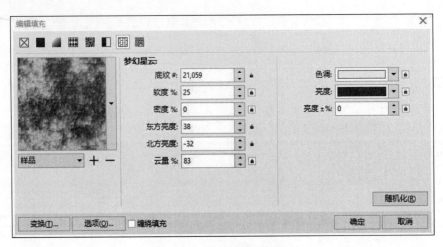

图 13-64 　【底纹编辑器】窗口

7. PostScript 填充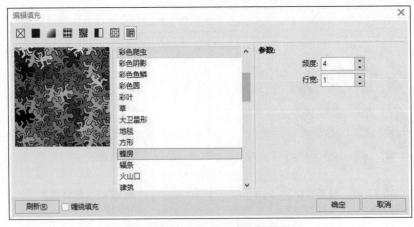

PostScript 填充隐藏在【双色图样填充】按钮中,单击右下角三角形可以出现【PostScript 填充】选项。单击【PostScript 填充】后,在属性栏上通过调节【PostScript 底纹】完成填充,如图 13-65 所示。如果需要对填充进行更为细致的编辑,可以通过单击属性栏上的底纹编辑器,如图 13-66 所示。

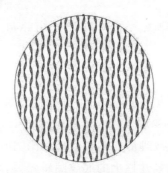

图 13-65 　PostScript 底纹填充

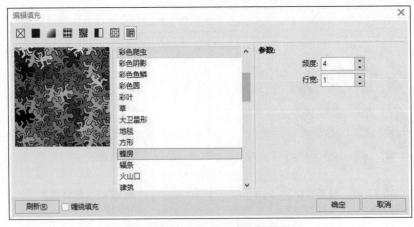

图 13-66 　PostScript 底纹编辑器

13.2.2　网状填充

【网状填充】可以在对对象进行颜色填充时设置不同参数的网格数量和节点,以此填充不同颜色的混合效果,完成色彩比较丰富的作品。

选中对象,单击【网状填充】,如图 13-67 所示。在工具的属性栏中对对象进行参数设置,如图 13-68 所示。可选择矩形和手绘两种模式,如图 13-69 所示。【网状填充】主要是通过网状上节点色彩的调整完成图像整体细腻的颜色效果,效果如图 13-70 所示。

图 13-67　【网状填充】命令

图 13-68　【网状填充】属性栏

图 13-69　两种模式

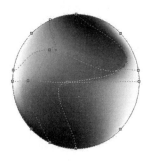

图 13-70　【网状填充】效果

注意:【网状填充】操作通过增加节点和交叉点的方式可以置入无数个可编辑的点,通过设置点的颜色控制整体形状的颜色变化,通过控制点和控制轴调整颜色延展趋势与方向。由于点的无限性和轴的自由性,使得该方式完成的色彩具有极大的自由性。

13.2.3　智能填充

在 CorelDRAW 软件中,【智能填充】工具的作用是填充颜色。它与一般填充工具不同,一般填充工具只能填充一个完整的单独的封闭图形,【智能填充】工具可以填充任意封闭的图形,并非是单独图形。被【智能填充】工具填充后就会变成单独的图形。

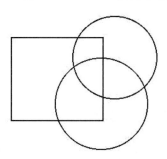

图 13-71　绘制复杂图形

先来绘制一个复杂图形,如图 13-71 所示。在未选择状态下单击【智能填充】后,在属性栏中选择填充的颜色,如图 13-72 所示,或者在右侧调色面板上选择颜色。鼠标单击某一块区域后完成局部颜色的填充,如图 13-73 所示。可以看到,填充完成后的区域变成单独的图形,原图形保持不变,如图 13-74 所示。

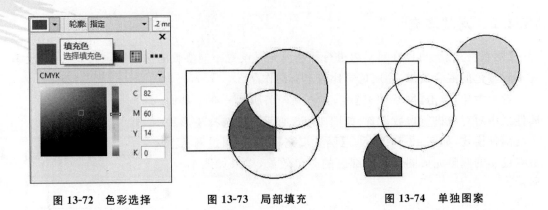

图 13-72　色彩选择　　　　图 13-73　局部填充　　　　图 13-74　单独图案

13.3　对象管理

13.3.1　叠放次序

通常一个图形由多个不同的对象组成,对象的叠放次序会直接影响效果。要调整对象的次序,首先需要单击工具箱中的【选择】 ,然后选择要进行调整对象叠放次序的独立对象或群组,再执行【对象】|【顺序】命令,或者选中对象后右击,在弹出的快捷菜单中选择【顺序】命令。在【顺序】命令中有以下命令。

1. 到页面前面/背面(到图层前面/后面)

绘制多个图形,如图 13-75 所示,右击选择矩形对象,执行【顺序】命令,选择【到页面前面】/【到图层前面】,效果如图 13-76 所示;右击选择圆形对象,选择【到页面背面】/【到图层后面】,效果如图 13-77 所示。

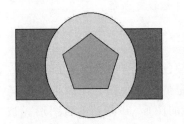　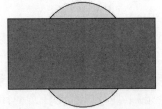　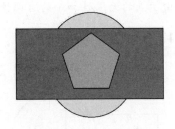

图 13-75　绘制多个图形(1)　　图 13-76　将矩形调到页面/图层前　　图 13-77　圆形到页面后

2. 向前一层/向后一层

绘制多个图形,如图 13-78 所示,右击选择矩形对象,执行【顺序】命令,选择【向前一层】,效果如图 13-79 所示;右击圆形对象,选择【向后一层】,效果如图 13-80 所示。

3. 置于此对象前/后

绘制多个图形,如图 13-81 所示,右击选择矩形对象,执行【顺序】命令,选择【置于此对象前】,当出现黑色箭头示意找寻源对象,单击五边形对象,效果如图 13-82 所示;右击选择圆形对象,执行【顺序】命令,选择【置于此对象后】,当出现黑色箭头示意找寻源对象,单击矩形对象,效果如图 13-83 所示。

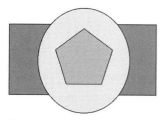

图 13-78　绘制多个图形(2)

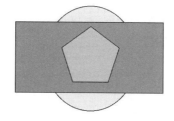

图 13-79　矩形向前一层

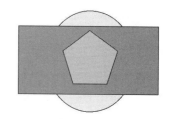

图 13-80　圆形向后一层

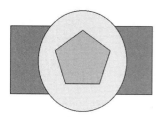

图 13-81　绘制多个图形(3)

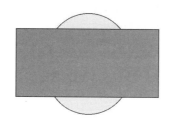

图 13-82　矩形置于五边形前

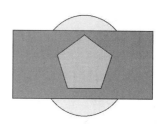

图 13-83　圆形置于矩形后

4. 逆序

同时选择多个图形,执行【顺序】命令,选择【逆序】,可以实现所有选择图层的次序逆序。

13.3.2　对齐和分布

在绘制过程中,经常需要绘制大量排列整齐的对象,这时可运用【对齐和分布】命令。

方法一:选中需要排列的对象,执行【对象】|【对齐和分布】命令,在弹出的子菜单中选择相应的命令进行操作,如图 13-84 所示。

方法二:选中需要排列的对象,在属性栏上单击【对齐与分布】 ▤ ,打开编辑面板,如图 13-85 所示。

1. 对齐

选择要进行对齐操作的对象,再任意选择对齐的六种形式之一,效果如图 13-86 所示。

2. 分布

选择要进行分布操作的对象,再任意选择分布的八种形式之一,效果如图 13-87 所示。

3. 对齐对象到

【对齐对象到】是指上述对齐方式的参照对象不同,对对齐方式产生的影响。

活动对象 ▫ :将选中的多个对象对齐到活动对象。

页面边缘 ✛ :将选中的多个对象对齐到页面边缘。

页面中心 ⊠ :将选中的多个对象对齐到页面中心。

网格 ▦ :将选中的多个对象对齐到网格。

指定点 ▫ :将选中的多个对象对齐到指定点。

4. 将对象分布到

【将对象分布到】是指上述分布方式参照对象不同,对分布方式产生的影响。

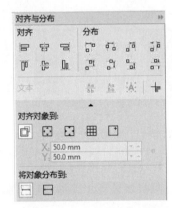

图 13-84 【对齐和分布】命令　　　　　图 13-85 【对齐与分布】面板

(a) 绘制图形　(b) 左对齐　(c) 居中对齐　(d) 右对齐　(e) 顶端对齐　(f) 垂直居中对齐　(g) 底端对齐

图 13-86　六种对齐方式

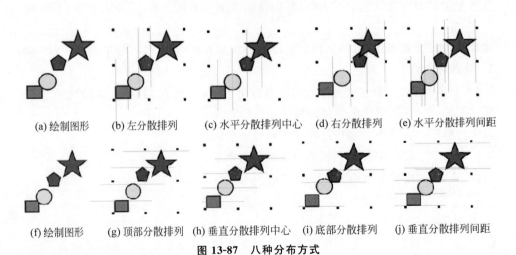

(a) 绘制图形　(b) 左分散排列　(c) 水平分散排列中心　(d) 右分散排列　(e) 水平分散排列间距

(f) 绘制图形　(g) 顶部分散排列　(h) 垂直分散排列中心　(i) 底部分散排列　(j) 垂直分散排列间距

图 13-87　八种分布方式

选定范围⊟：在选定的对象范围内进行分布。

页面范围⊟：将对象以页边距为定点平均分布在页面内。

分布和对齐位置有所差异，具体如图 13-88 所示。

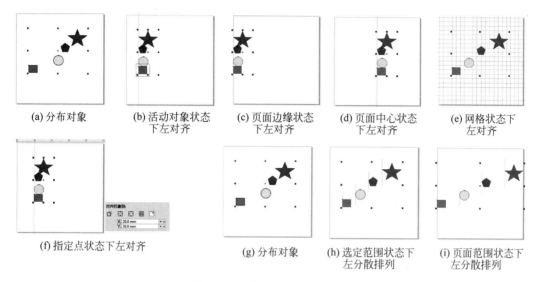

(a) 分布对象　　(b) 活动对象状态　　(c) 页面边缘状态　　(d) 页面中心状态　　(e) 网格状态下
　　　　　　　　下左对齐　　　　　下左对齐　　　　　下左对齐　　　　　左对齐

(f) 指定点状态下左对齐　　(g) 分布对象　　(h) 选定范围状态下　　(i) 页面范围状态下
　　　　　　　　　　　　　　　　　　　　左分散排列　　　　　左分散排列

图 13-88　对齐和分布位置差异

13.3.3　组合

有些图形由多个独立的对象组成，有时需要同时进行移动或其他相同的操作，这时可将这些对象组合成一个整体，然后进行统一操作。组合后的对象仍然保持其独立的原始属性，并且可以随时解散组合进行单个对象的操作。

1. 组合对象

方法一：单击工具箱中的【选择】，选中需要组合的多个对象，右击，在弹出的快捷菜单中选择【组合对象】命令，快捷键为 Ctrl＋G。

方法二：选择要组合的多个对象，直接选择属性栏中的【组合对象】 。

方法三：选择要组合的多个对象，执行【对象】|【组合】|【组合对象】命令，如图 13-89 所示。

2. 取消组合对象

方法一：单击工具箱中的【选择】，选中需要取消组合的对象，右击，在弹出的快捷菜单中选择【取消组合对象】命令。

方法二：选择要取消组合的对象，直接选择属性栏中的【取消组合对象】 。

方法三：选择要取消组合的对象，执行【对象】|【组合】|【取消组合对象】命令，如图 13-90 所示。

3. 取消组合所有对象

在进行对象组合时，组合后的对象仍然可以与其他对象再次组合。当需要一次完成所有对象的取消组合时，可以选择该命令。其操作方法有三种，可参照【取消组合对象】的三种操作。

图 13-89　【组合对象】选择方式

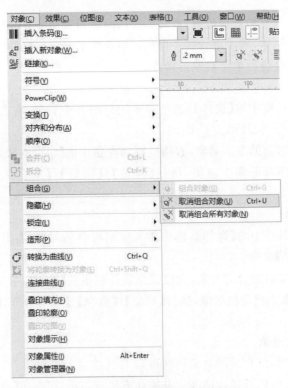

图 13-90　【取消组合对象】命令

13.3.4 锁定与解锁

在操作过程中,有时候为了避免操作失误,需要将页面中编辑完毕或者暂时不需要编辑的对象锁定在固定的位置,使其不能进行编辑,此时可运用锁定功能。

【锁定对象】:选择要锁定的对象,右击执行【锁定对象】命令,如图 13-91 所示。当对象出现八个黑色锁点时,说明在锁定状态,如图 13-92 所示;或者选择要锁定的对象,执行下拉菜单栏中的【对象】|【锁定】|【锁定对象】命令。

【解锁对象】:在已经锁定对象上右击,选择快捷菜单中的【解锁对象】命令,如图 13-93 所示;或者选择已经锁定的对象,执行下拉菜单栏中的【对象】|【锁定】|【解锁对象】命令。

图 13-91 锁定快捷面板

图 13-92 锁定状态

图 13-93 【解锁对象】命令

【应用案例】 制作对折会员卡

制作会员卡,完成最终效果如图 13-94 所示。

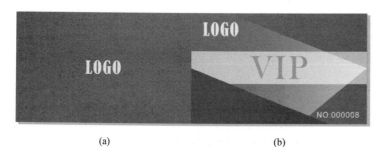

(a)   (b)

图 13-94 会员卡最终效果

技术点睛:

- 新建图纸、保存图纸、打开文件等基本操作。
- 使用【交互式填充】工具中的【均匀填充】、【渐变填充】等命令完成图形的基本填充。
- 使用【透明度】工具完成透明效果。
- 使用【锁定】命令锁定背景图层。
- 使用【顺序】命令调整对象顺序。
- 使用【文本】工具完成文字输入。
- 使用对象的编辑与调整等相关工具完成设计的编排工作。

(1) 执行【新建】命令,创建【宽度】为 180.0mm,【高度】为 55.0mm,【渲染分辨率】调整为 300dpi 的新文档,如图 13-95 所示。

(2) 运用【矩形】工具,绘制一个 90mm×55mm 的矩形框,然后选择下拉菜单中的【对象】|【对齐与分布】命令,跳出泊坞窗,或者选择下拉菜单中的【窗口】|【泊坞窗】|【对齐与分布】命令,跳出泊坞窗,如图 13-96 所示。

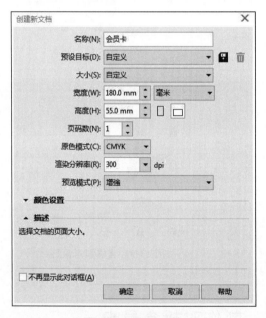

图 13-95　新建文档

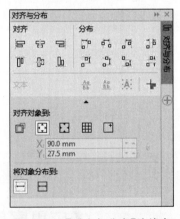

图 13-96　【对齐与分布】泊坞窗

(3) 在泊坞窗中选择对齐对象到页面中心，并设置左对齐、顶端对齐，对齐效果如图 13-97 所示。

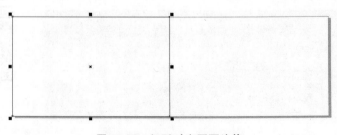

图 13-97　矩形对齐页面边缘

（4）选择矩形框，单击【复制】按钮 🖺，然后再单击【粘贴】按钮 🖺，复制一个矩形框；再次执行泊坞窗中的【对齐与分布】命令，设置右对齐 ⬒，效果如图 13-98 所示。

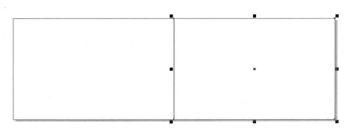

图 13-98　复制并右对齐

（5）选择【交互式填充】工具 ⬧，然后在属性栏中选择【向量填充】▦，在填充挑选器 ■▾ 中选择"红色台阶"向量图样（图样由于版本的不同会有所不同，可根据自己的需求选择），效果如图 13-99 所示。

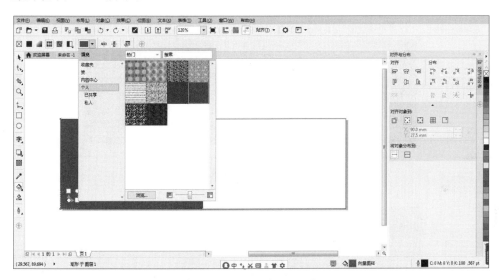

图 13-99　【向量填充】命令

（6）选择【交互式填充】工具 ⬧，然后在属性栏中选择【均匀填充】■，在填充色中选择【滴管】工具 🖊，然后在页面中红色部位点选颜色，完成填充，效果如图 13-100 所示。

（7）单击【选择】工具 ▸，框选两个矩形图案；然后选择【轮廓笔】工具 🖊，选择【无轮廓】，去掉矩形外面的黑色轮廓线；右击，在弹出的快捷菜单中选择【锁定对象】，锁定两个图形，效果如图 13-101 所示。

（8）运用【矩形】工具，绘制长为 90mm，高为 16mm 的矩形；执行【对齐与分布】命令，选择页面边缘、垂直居中对齐 ⬓ 和右对齐 ⬒，然后在调色板中选择白色进行填充；选择【透明】工具 ▦，在属性栏中选择均匀透明度 ▣，【透明度】中输入数值 30，按 Enter 键确认，效果如图 13-102 所示；最后去掉黑色轮廓线。

（9）运用【折线】工具，绘制多边形；在调色板中选择白色进行填充，去掉黑色轮廓线；选择【透明】工具 ▦，在属性栏中选择渐变透明度 ▨，然后调整，效果如图 13-103 所示。

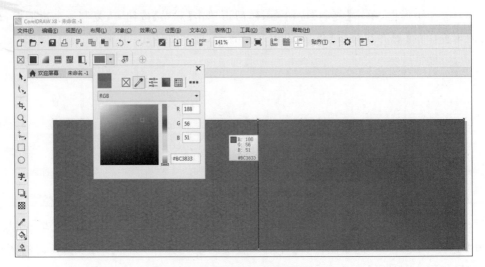

图 13-100　【均匀填充】命令

图 13-101　去除轮廓线及锁定

图 13-102　绘制透明矩形

　　（10）再次使用【折线】工具，绘制三角形；在调色板中选择暗红色进行填充，去掉黑色轮廓线，最终效果如图 13-104 所示。

　　注意：绘制上面三个图形的顺序可以前后调整。在绘制完毕后，右击，在弹出的快捷菜单中选择【顺序】命令，以调整图形前后顺序。

　　（11）选择【文本】工具**字**，在页面中分别输入 LOGO，VIP，NO：000008 字样，并在属性栏中的【字体列表】和【字体大小】中调整其字体和大小；然后使用【选择】工具调整文本到适当位置，最终效果如图 13-94 所示。

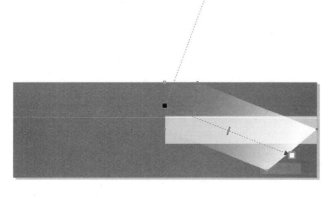

图 13-103　绘制渐变透明多边形

图 13-104　绘制三角形

【实训任务】　设 计 台 历

设计本年度台历,1~12 月页面风格统一。

第14章

文本和表格的编辑

在平面设计中,文本和图像是两大基本元素。文本起解释和说明的作用。在 CorelDRAW X8 中,文本是具有特殊属性的图形,不仅可以进行格式化编辑,更能转化为曲线对象进行形状变换。文本以美术字文本和段落文本两种形式存在,段落文本可以用于对格式要求更高、篇幅更大的文本,也可以将文本当作图形来进行设计;而美术字文本具有矢量图形的属性,可以用于添加断行的文本。

1. 掌握文本基本操作,包括创建文本、文本属性调整。
2. 能够制作文本的各类效果。
3. 能够运用文本相关操作完成广告牌、标识、海报等字体的设计。

14.1 文本和表格的基本操作

14.1.1 创建文本

1. 创建美术字体

单击【文本】工具字,然后在页面内单击,建立一个文本插入点,如图 14-1 所示,即可输入文本。输入的文本是美术字,如图 14-2 所示。

欢迎你

图 14-1 字体插入 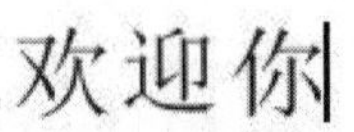   图 14-2 输入字体

在使用【文本】工具**字**输入字体时，所输入的字体默认为黑色，若要更改文字属性，可在属性栏进一步设置。

2. 创建段落文本

在设计作品中，需要排版大量文字时，可利用【段落文本】命令。先选择【文本】工具**字**，然后按住鼠标左键在工作区内拖曳成一本文本框，如图 14-3 所示。此时，在文本框中输入文字，即称为段落文本，如图 14-4 所示。

段落文本都会被保留在文本框架中，输入的文本会根据框架的大小和长宽自动调整。调整文本框的长和宽，排版也会发生变化。

段落文本只能在文本框中显示，若超出文本框的范围，文本框下方的控制点会变成一个黑色的三角箭头，四周的黑色虚线变成红色虚线，如图 14-5 所示。向下拖曳箭头，文本框会随之扩大，显示被隐藏的文本；也可以按住鼠标左键拖曳文本框的任意控制点，调整文本框的大小，使隐藏的文本完全显示。

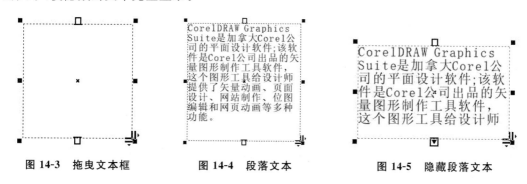

图 14-3　拖曳文本框　　　　图 14-4　段落文本　　　　图 14-5　隐藏段落文本

3. 美术字和段落文本转换

美术字和段落文本属性是有差别的，实现两者之间的转换将有助于实现字体编辑的自由化和多样化。

注意：段落文本需要完全显示才能转换为美术字。

选择美术字，右击，在弹出的对话框中选择【转换为段落文本】，即可将选中的美术字转换为段落文本；同样地，选中段落文本，右击，在弹出的对话框中选择【转换为美术字】，如图 14-6 所示，即可将选中的段落文本转换为美术字。

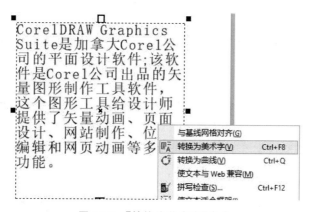

图 14-6　【转换为美术字】命令

4. 【导入/粘贴】文本

【导入/粘贴】文本是文本输入的一种快捷方式,可避免一个一个地输入文字,从而节省时间。

执行【文件】|【导入】命令,或按住快捷键 Ctrl+I,在弹出的【导入】对话框中选择要导入的文本文件,单击【导入】按钮,如图 14-7 所示。

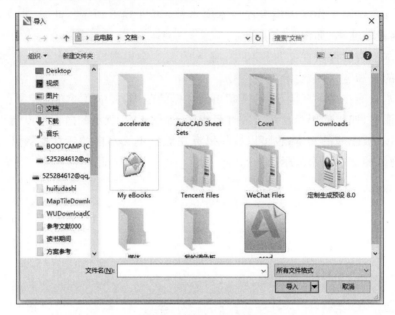

图 14-7　【导入】对话框

【导入/粘贴】对话框复有以下几种选择。

【保持字体和格式】:勾选该复选框后,文本将以原系统的设置样式导入。

【仅保持格式】:勾选该复选框后,文本将以原系统的文字字号、当前系统的设置样式进行导入。

【摈弃字体和格式】:勾选该复选框后,文本将以当前系统的设置样式进行导入。

【强制 CMYK 黑色】:勾选该复选框后,可以使导入的文本统一为 CMYK 模式的黑色。

14.1.2　文本属性调整

1. 使用【形状】工具

使用【形状】工具 ，选中文本(美术字和段落文本均可),每个字符左下角会出现一个白色小方块,该方块称为"字元控制点",如图 14-8 所示。单击或按住鼠标左键拖曳该点,控制点成为黑色,可以用鼠标随意移动字符,也可以在属性栏上对所选字符进行旋转、缩放和颜色改变等操作,如图 14-9 所示。拖曳文本对象右下角的水平间距箭头 ，可以更改文本字间距;拖曳文本对象左下角的垂直间距箭头 ，可以更改文本行间距。

图 14-8　字元控制点

图 14-9　控制点属性栏

2. 使用属性栏

单击【文字】工具**字**，弹出属性栏，如图 14-10 所示。各选项的具体含义如下。

图 14-10 【文字】工具属性栏

对象位置 X:140.4 mm Y:230.38 mm：新建文本字体，字体中心定位点的位置。

对象大小 7.937 mm 17.727 mm：设置字体长和宽，如果选中后面的小锁，则字体大小变换纵横比例不变。

旋转角度 .0：直接输入数值可以精确改变字体旋转角度。

水平镜像/垂直镜像：直接单击水平镜像和垂直镜像按钮可以对字体进行镜像变化。

字体列表 宋体：单击该下拉列表，可以选择字体样式，如图 14-11 所示。

字体大小 12 pt：可以指定固定的字体大小，也可以输入数值.

粗体 B：单击该按钮可以将所选文字加粗。

斜体 I：单击该按钮可以将所选文字倾斜。

下划线 U：单击该按钮，可以为文字添加预设的下划线样式。

文本对齐：单击该按钮，可以打开【文本对齐】列表，如图 14-12 所示。

图 14-11 字体列表

图 14-12 【文本对齐】列表

项目符号列表：可以为新文本或是所选文本添加或移除项目符号。

首字下沉：可以为新文本或是所选文本添加或移除首字下沉设置。

文本属性：单击该按钮，可以打开【文本属性】泊坞窗，在其中可以编辑文本属性，如图 14-13 所示。

编辑文本：单击该按钮，可以打开【编辑文本】对话框，在对话框中可对选定的文本进行修改或是输入新文本，如图 14-14 所示。

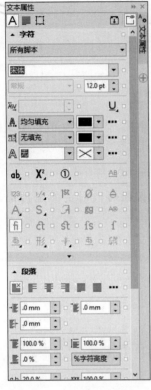

图 14-13　【文本属性】泊坞窗

图 14-14　【编辑文本】对话框

水平/垂直方向 ≣ ≣ ：单击该按钮，可以将选中的文本或是输入的文本更改方向。

交互式 OpenType ⊙：当某种 OpenType 功能用于选定文本时，屏幕上显示指示。

3. 使用字符泊坞窗

在 CorelDRAW 软件中，可以利用属性栏上的文本属性更改文本字体、字号和添加下划线等操作，还可以执行【文本】|【文本属性】命令，打开【文本属性】泊坞窗，然后展开【字符】面板，如图 14-15 所示。

脚本：单击下拉列表框【所有脚本】，出现脚本类型，如图 14-16 所示。当选择【亚洲】时，该泊坞窗设置的各项只对选择的文本起作用；当选择【拉丁文】时，只对选中文本中的数字和英文起作用。一般情况下该选项是默认情况下的【所有脚本】，即对选择的文本全部起作用。

字体样式：可以在弹出的字体列表中选择需要的字体样式。

字体大小：设置字体的字号，也可使用鼠标调整按钮的上下箭头 12.0 pt ⬍ 。

字距调整范围 AV：扩大或缩小选定文本范围内单个字符之间的间距，也可以使用鼠标调整按钮的上下箭头 0% ⬍ ；

图 14-15　【字符】面板

该选项只有在使用【文本】或【形状】选中文本中的部分字符才可以使用。

下划线 U：单击该按钮，可以在打开的列表中为文本选择一种下划线样式，如图 14-17 所示。

文字填充 A：用于选择字符的填充类型，如图 14-18 所示。它共有八种选择，具体介绍如下。

图 14-16　脚本

图 14-17　下划线样式

图 14-18　填充选择面板

① 【无填充】：不对文本进行填充，可以移除文本原来的填充颜色。

② 【均匀填充】：选择该选项后，可以在右边颜色拾取器 中选择一种颜色，也可以单击最后的颜色设置按钮 打开【编辑填充】面板，如图 14-19 所示，进行颜色的选择。

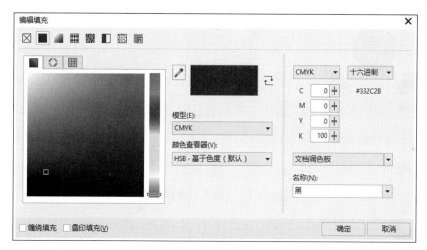

图 14-19　【均匀填充】面板

③ 【渐变填充】：选择该选项后，可以在右边颜色拾取器 中选择一种渐变方式，也可以单击最后的颜色设置按钮 打开【编辑填充】面板，如图 14-20 所示。

④ 【双色图样】：选择该选项后，可以在右边颜色拾取器 中选择一种填充方式，也可以单击最后的颜色设置按钮 打开【编辑填充】面板，如图 14-21 所示。

⑤ 【向量图样】：选择该选项后，可以在右边颜色拾取器 中选择一种填充方式，也可以单击最后的颜色设置按钮 打开【编辑填充】面板，如图 14-22 所示。

⑥ 【位图图样】：选择该选项后，可以在右边颜色拾取器 中选择一种填充方式，也可以单击最后的颜色设置按钮 打开【编辑填充】面板，如图 14-23 所示。

⑦ 【底纹填充】：选择该选项后，可以在右边颜色拾取器 中选择一种填充方式，也可以单击最后的颜色设置按钮 打开【编辑填充】面板，如图 14-24 所示。

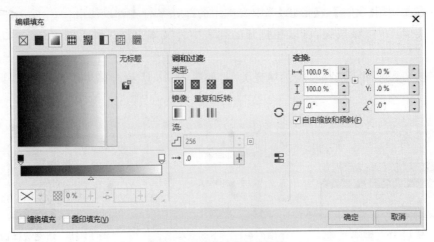

图 14-20 【渐变填充】面板

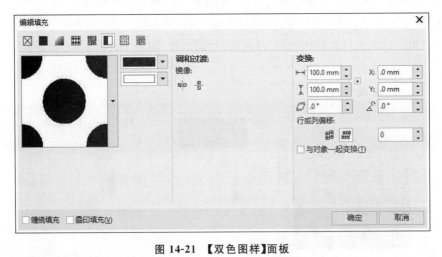

图 14-21 【双色图样】面板

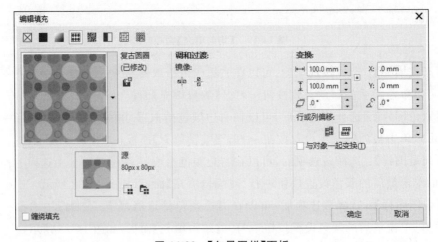

图 14-22 【向量图样】面板

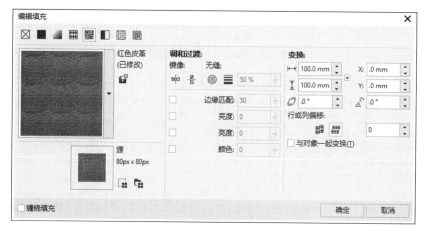

图 14-23 【位图图样】面板

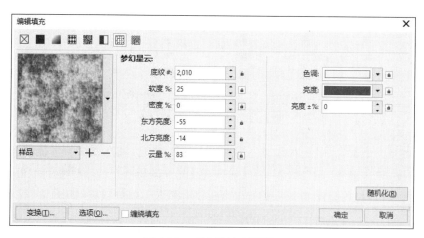

图 14-24 【底纹填充】面板

⑧【PostScript 填充】：选择该选项后，可以在右边颜色拾取器 PostScript 填充 ▼ | DNA ▼ 中选择一种填充方式，也可以单击最后的颜色设置按钮 ··· 打开【编辑填充】面板，如图 14-25 所示。

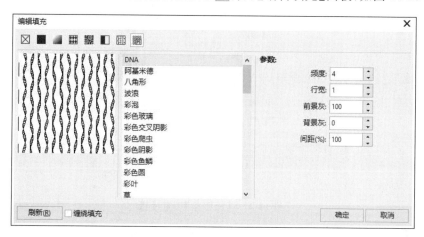

图 14-25 【PostScript 填充】面板

这八种文字填充效果见图 14-26。

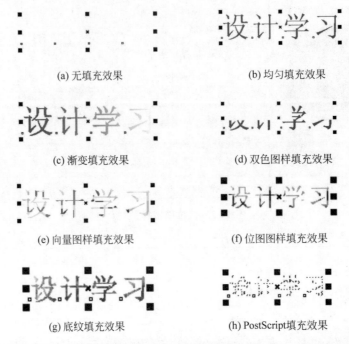

(a) 无填充效果　　　　　　　　　(b) 均匀填充效果

(c) 渐变填充效果　　　　　　　　(d) 双色图样填充效果

(e) 向量图样填充效果　　　　　　(f) 位图图样填充效果

(g) 底纹填充效果　　　　　　　　(h) PostScript填充效果

图 14-26　各类填充效果对比

【背景填充类型】：用于对选择字符的背景进行填充,填充方法与字体填充相似。

轮廓宽度、轮廓颜色、轮廓设置:在【轮廓笔】设置区域 可以设置字体轮廓的宽度、颜色,也可以单击最后的 ⋯ 按钮,对轮廓进行细致设置,如图 14-27 所示。

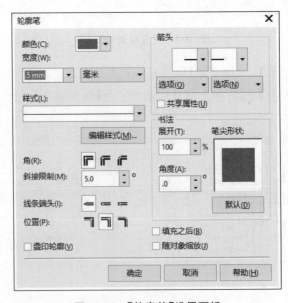

图 14-27　【轮廓笔】设置面板

【大写字母】：更改字母或英文文本为大写字母或小写字母等,如图 14-28 所示。

【上下标位置】X_2^2：更改所选字符相对于周围字符的位置，如图 14-29 所示。

图 14-28　大小写转换

图 14-29　上下标

4.　使用段落泊坞窗

使用 CorelDRAW 软件可以更改段落文本中的文字字距、行距和段落文本断行等段落属性。执行【文本】|【文本属性】命令，打开【文本属性】泊坞窗，展开【段落】面板，如图 14-30 所示。

第一栏：无水平对齐、左对齐、居中、右对齐、两端对齐、强制两段对齐，可以在选择文本的状态下，一键设置文本对齐方式。【调整间距设置】可以打开【间距设置】对话框，在该对话框中可以进行文本间距的自定义设置，如图 14-31 所示。注意【调整间距设置】中的【最大字间距】、【最小字间距】、【最大字符间距】都必须在当【水平对齐】中选择【全部调整】或【强制调整】时才可以设置间距。

第二栏：左缩进、右缩进、首行缩进可以设置段落文本左侧、右侧、首行相对于文本框左侧的缩进距离（默认为 0mm），该选项范围为 0～25400mm。

第三栏：段前距离制定在段落上方插入的间距值，该选项的有效设置范围为 0～2000％；段后间距制定在段落下方插入的间距值，该选项的有效设置范围为 0～2000％；行间距制定段落中各行之间的间距值，该选项的有效范围为 0～2000％；垂直间距单位 %字符高度 设置文本间距的度量单位，如图 14-32 所示。

图 14-30　【段落】面板

图 14-31　【间距设置】对话框

图 14-32　垂直间距单位

第四栏：字符间距可设置单个文本字符之间的距离，有效设置范围为 0～2000％。字间距可设置字与字之间的间距，有效设置范围为 0～2000％。语言间距可控制文档中多语言文本的间距，有效设置范围为 0～2000％。

5.　使用图文框

在 CorelDRAW 软件中，可通过【图文框】选项设置段落文本框内的样式，如图 14-33

所示。

　　背景颜色▨可设置段落文本背景颜色,如图 14-34 所示;与基线网格对齐🅰可设置文字对齐状态,如图 14-35 所示;垂直对齐▤可设置文本对齐方式,如图 14-36 和图 14-37 所示;栏数▥可设置文本栏数,如图 14-38 所示;文本方向🀰可设置文本方向,如图 14-39 所示。

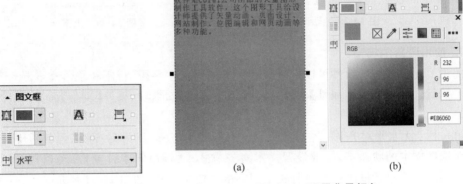

(a)　　　　　　　　　　　(b)

图 14-33　段落文本框样式设置　　　　　　　图 14-34　设置背景颜色

(a) 未执行与基线网格对齐　　　(b) 执行与基线网格对齐

图 14-35　执行与基线网格对齐　　　　　图 14-36　文本对齐方式

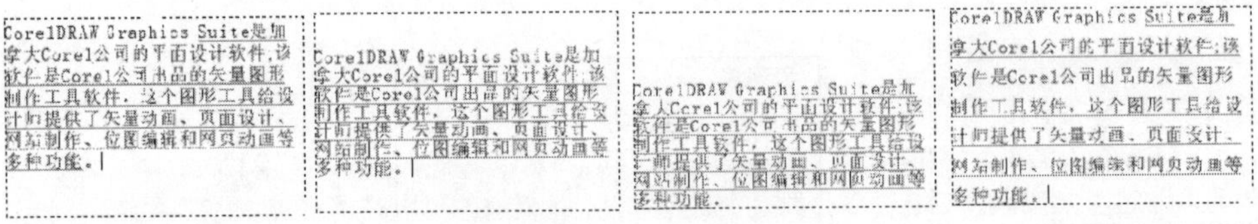

(a) 顶端垂直对齐　　(b) 居中垂直对齐　　(c) 底部垂直对齐　　(d) 上下垂直对齐

图 14-37　文本对齐效果

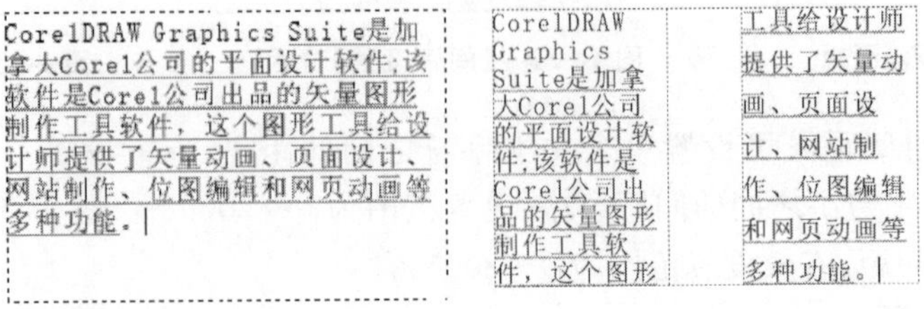

(a) 栏数为1　　　　　　　　(b) 栏数为2

图 14-38　栏数设置

(a) 文本方向水平   (b) 文本方向垂直

图 14-39　文本方向

14.1.3　插入特殊字符

在 CorelDRAW 软件中，用户可以插入各种类型的特殊字符。有些字符可以作为文字调整，也可以作为图形对象调整。

执行【文本】|【插入字符】命令，或按快捷键 Ctrl＋F11，如图 14-40 所示；弹出【插入字符】泊坞窗，如图 14-41 所示；然后按住鼠标左键拖曳选项窗口的滚动条，待出现需要的符号时，双击该符号即可插入。在选择符号过程中如果要选择类型，可以打开【字符过滤器】下拉列表，如图 14-42 所示。

图 14-40　【插入字符】命令　　　图 14-41　【插入字符】泊坞窗　　　图 14-42　【字符过滤器】下拉列表

14.1.4　创建表格

1.【表格】工具

执行工具箱中的【表格】命令，在属性栏中设置行数、列数、背景色、边框值、文字对齐方式、文字颜色等属性,如图 14-43 所示。在工作界面上按住鼠标左键并拖动,完成表格的制作,如图 14-44 所示。把鼠标放置在表格中,当显示上下箭头时,可以调整表格的长和宽以及对整个表格进行缩放变化;再次单击,可以实现表格的旋转变化,如图 14-45 所示。

图 14-43　【表格】命令属性栏

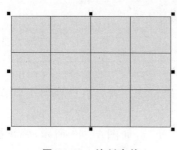

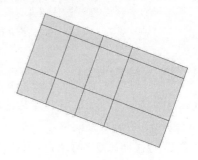

图 14-44　绘制表格　　　　　　图 14-45　表格拖曳变化

在绘制完成的表格中,可以使用【文本】工具,然后单击任意单元格,就可以进行嵌入单元格的文字输入,输入的文字属性可以在属性栏中完成字体样式和大小等设置,如图 14-46 所示。

图 14-46　【文本】命令属性栏

另外也可以执行【表格】|【创建新表格】命令,在弹出的【创建新表格】对话框中输入表格属性,如图 14-47 所示。在工作界面上按住鼠标左键拖曳,完成表格的制作。

2.【图纸】工具 📅

执行工具箱中的【图纸】📅命令,在属性栏中设置图纸行数、列数、边框值、线形,完成设置,如图 14-48 所示。在工作界面上按住鼠标左键拖曳,完成表格的制作;在页面右下角双击◇▢按钮,设置图纸背景颜色。

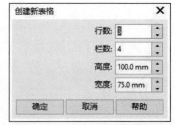

图 14-47　【创建新表格】对话框

使用【图纸】工具绘制的表格无法调整单个单元格的长或宽,只能整体变化。使用【文本】工具,在表格单元格中单击,无法输入嵌入单元格的文本字体。

图 14-48　【图纸】属性设置

注意:对于【图纸】工具而言,相当于绘制了一个图标图片,所有属性与对象相同,如果要添加文本需要在该图片上方添加;而【表格】工具制作的表格与文本是共同存在的,可以直接单击嵌入文本。

【应用案例】 制作 DM

制作 DM,完成的最终效果如图 14-49 所示。

图 14-49　DM 最终效果

技术点睛：

- 新建图纸、保存图纸。
- 用【字体】工具创建字体。
- 用【转换为曲线】创建字体变化。
- 用【表格】工具绘制表格。
- 用【艺术笔】工具绘制艺术装饰效果。

(1) 执行【文件】|【新建】命令,创建【宽度】为 254mm,【高度】为 105mm,【分辨率】调整为 300dpi 的新文档。

(2) 选择并双击【矩形】,在工作界面中生成一个和页面一样大小的矩形;在右侧的【调色板】选择将矩形框填充为"90%黑",如图 14-50 所示。

(3) 使用【文本】完成文字的输入;选择字体,右击,在弹出的对话框中选择【转换为曲线】;选择【形状】,然后对文本的控制点进行调整,效果如图 14-51 所示。

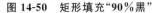

图 14-50　矩形填充"90%黑"　　　　　　图 14-51　文本变形

(4) 使用【文本】工具,完成其他文字的输入和编辑工作,效果如图 14-52 所示。

(5) 选择【表格】⊞工具,在其属性栏中对表格的背景色、边框、轮廓笔颜色等进行设置,如图 14-53 所示。在工作界面拖动鼠标,绘制表格,效果如图 14-54 所示。

图 14-52　字体编辑

图 14-53　【表格】属性栏设置

图 14-54　绘制表格

（6）单击表格的第一个单元格，按住鼠标左键选择第一行所有单元格，右击，在弹出的对话框中执行【合并单元格】命令，效果如图 14-55 所示。

图 14-55　合并单元格

（7）使用【文本】工具，在单元格中分别嵌入文本，如图 14-56 所示。

图 14-56　完成表格

（8）选择【艺术画笔】工具，添加两处艺术画笔，如图 14-57 所示。

图 14-57　绘制艺术画笔装饰效果

（9）使用【选择】选择表格，右击，在弹出的对话框中执行【顺序】|【到页面前面】命令，效果如图 14-58 所示。

图 14-58　调整图层顺序

（10）选择【基本形状】，在属性栏中选择闪电形状，然后在工作界面绘制，完成颜色和轮廓笔填充，最终效果如图 14-49 所示。

【实训任务】 制作课程表

为自己设计制作一张美观、实用的课程表。

14.2　文　本　效　果

14.2.1　设置首字下沉和项目符号

1. 首字下沉设置

选中一个段落文本,执行【文本】|【首字下沉】命令,弹出【首字下沉】对话框,勾选【使用首字下沉】复选框,设置【下沉行数】和【首字下沉后的空格】,如图 14-59 所示。

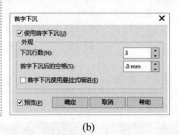

(a)　　　　　　　　　　　　(b)

图 14-59　首字下沉设置

2. 项目符号设置

选中一个段落文本,执行菜单栏中的【文本】|【项目符号】命令,弹出【项目符号】对话框。勾选【使用项目符号】复选框,在【外观】中设置【字体】、【大小】、【基线位移】以及【间距】等,单击【确定】按钮,如图 14-60 所示。选择悬挂式缩进可以让符号外挂,显示得更明显。

14.2.2　文本绕图

使用【选择】工具,先选中需要执行文本绕图的图片,右击,在弹出的快捷菜单中执行【段落文本换行】命令,如图 14-61 所示。然后使用【文本】工具,在图像上层创建一个段落文本框,并输入文字,这时可以看到文本围绕图形的效果,如图 14-62 所示。

如果需要调整文本绕图效果,可以使用【选择】再次选择图片,选择属性栏中的【文本换行】按钮,在弹出的面板中选择文本绕图方式,如图 14-63 所示。

> ❖ CorelDRAW Graphics Suite是加拿大
> Corel公司的平面设计软件;该软件是
> Corel公司出品的矢量图形制作工具软
> 件，这个图形工具给设计师提供了矢量动
> 画、页面设计、网站制作、位图编辑和网
> 页动画等多种功能。
> ❖ 该图像软件是一套屡获殊荣的图形、图像
> 编辑软件,它包含两个绘图应用程序:一个
> 用于矢量图及页面设计，一个用于图像编
> 辑。这套绘图软件组合带给用户强大的交
> 互式工具，使用户可创作出多种富于动感
> 的特殊效果及点阵图像即时效果在简单的
> 操作中就可得到实现--而不会丢失当前的
> 工作。
> ❖ 通过Coreldraw的全方位的设计及网页功
> 能可以融合到用户现有的设计方案中，灵
> 活性十足。

(a)

(b)

图 14-60　项目符号设置

图 14-61　【段落文本换行】命令

图 14-62　文本绕图效果

图 14-63　【文本换行】面板

在【文本换行】面板中有以下四种选项。

1. 换行样式

【无】：取消文本绕图，如图 14-64 所示。

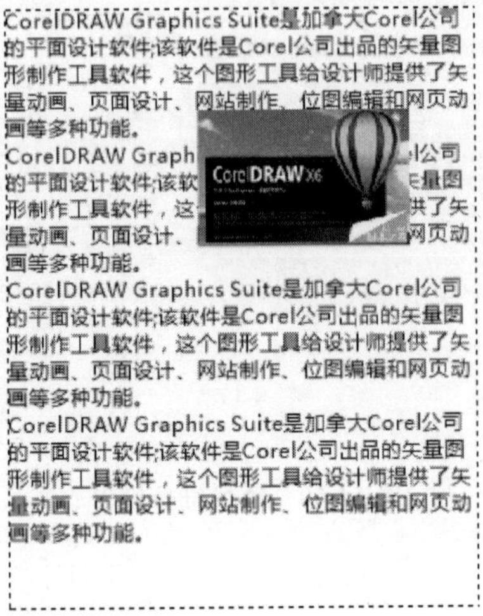

图 14-64 【无】环绕效果

2. 轮廓图

【文本从左向右排列】：使文本沿对象轮廓从左到右排列，效果如图 14-65(a)所示。

【文本从右向左排列】：使文本沿对象轮廓从右到左排列，效果如图 14-65(b)所示。

【跨式文本】：使文本沿对象的整个轮廓排列，效果如图 14-65(c)所示。

(a) 文本从左向右排列　　　　(b) 文本从右向左排列　　　　(c) 跨式文本

图 14-65 【轮廓图】环绕效果

3. 正方形

【文本从左向右排列】、【文本从右向左排列】、【跨式文本】、【上/下】效果如图 14-66 所示。

4. 文本换行偏移

可设置文本到对象轮廓边或对象边界框的距离，设置该选项可以单击后面的按钮进行设置；也可以当鼠标指针变为双箭头时，拖动鼠标直接进行设置，如图 14-67 所示。

CorelDRAW Graphics Suite是加拿大Corel公司的平面设计软件;该软件是Corel公司出品的矢量图形制作工具软件,这个图形工具给设计师提供了矢量动画、页面设计、网站制作、位图编辑和网页动画等多种功能。
CorelDRAW Graphics Suite是加拿大Corel公司的平面设计软件;该软件是Corel公司出品的矢量图形制作工具软件,这个图形工具给设计师提供了矢量动画、页面设计、网站制作、位图编辑和网页动画等多种功能。
CorelDRAW Graphics Suite是加拿大Corel公司的平面设计软件;该软件是Corel公司出品的矢量图形制作工具软件,这个图形工具给设计师提供了矢量动画、页面设计、网站制作、位图编辑和网页动画等多种功能。
CorelDRAW Graphics Suite是加拿大Corel公司的平面设计软件;该软件是Corel公司出品的矢量图形制作工具软件,这个图形工具给设计师提供了矢

(a) 文本从左向右排列

CorelDRAW Graphics Suite是加拿大Corel公司的平面设计软件;该软件是Corel公司出品的矢量图形制作工具软件,这个图形工具给设计师提供了矢量动画、页面设计、网站制作、位图编辑和网页动画等多种功能。
CorelDRAW Graphics Suite是加拿大Corel公司的平面设计软件;该软件是Corel公司出品的矢量图形制作工具软件,这个图形工具给设计师提供了矢量动画、页面设计、网站制作、位图编辑和网页动画等多种功能。
CorelDRAW Graphics Suite是加拿大Corel公司的平面设计软件;该软件是Corel公司出品的矢量图形制作工具软件,这个图形工具给设计师提供了矢量动画、页面设计、网站制作、位图编辑和网页动画等多种功能。

(b) 文本从右向左排列

CorelDRAW Graphics Suite是加拿大Corel公司的平面设计软件;该软件是Corel公司出品的矢量图形制作工具软件,这个图形工具给设计师提供了矢量动画、页面设计、网站制作、位图编辑和网页动画等多种功能。
CorelDRAW Graphics Suite是加拿大Corel公司的平面设计软件;该软件是Corel公司出品的矢量图形制作工具软件,这个图形工具给设计师提供了矢量动画、页面设计、网站制作、位图编辑和网页动画等多种功能。
CorelDRAW Graphics Suite是加拿大Corel公司的平面设计软件;该软件是Corel公司出品的矢量图形制作工具软件,这个图形工具给设计师提供了矢

(c) 跨式文本

CorelDRAW Graphics Suite是加拿大Corel公司的平面设计软件;该软件是Corel公司出品的矢量图形制作工具软件,这个图形工具给设计师提供了矢量动画、页面设计、网站制作、位图编辑和网页动画等多种功能。
CorelDRAW Graphics Suite是加拿大Corel公司的平面设计软件;该软件是Corel公司出品的矢量图形制作工具软件,这个图形工具给设计师提供了矢量动画、页面设计、网站制作、位图编辑和网页动画等多种功能。
CorelDRAW Graphics Suite是加拿大Corel公司的平面设计软件;该软件是Corel公司出品的矢量图形制作工具软件,这个图形工具给设计师提供了矢量动画、页面设计、网站制作、位图编辑和网页动画等多种功能。

(d) 上/下

图 14-66 【正方形】环绕效果

CorelDRAW Graphics Suite是加拿大Corel公司的平面设计软件;该软件是Corel公司出品的矢量图形制作工具软件,这个图形工具给设计师提供了矢量动画、页面设计、网站制作、位图编辑和网页动画等多种功能。
CorelDRAW Graphics Suite是加拿大Corel公司的平面设计软件;该软件是Corel公司出品的矢量图形制作工具软件,这个图形工具给设计师提供了矢量动画、页面设计、网站制作、位图编辑和网页动画等多种功能。
CorelDRAW Graphics Suite是加拿大Corel公司的平面设计软件;该软件是Corel公司出品的矢量图形制作工具软件,这个图形工具给设计师提供了矢

(a) 文本换行偏移2 mm

CorelDRAW Graphics Suite是加拿大Corel公司的平面设计软件;该软件是Corel公司出品的矢量图形制作工具软件,这个图形工具给设计师提供了矢量动画、页面设计、网站制作、位图编辑和网页动画等多种功能。
CorelDRAW Graphics Suite是加拿大Corel公司的平面设计软件;该软件是Corel公司出品的矢量图形制作工具软件,这个图形工具给设计师提供了矢量动画、页面设计、网站制作、位图编辑和网页动画等多种功能。
CorelDRAW Graphics Suite是加拿大Corel公司

(b) 文本换行偏移8 mm

图 14-67 【文本换行偏移】效果

14.2.3 文本适合路径

1. 创建文本绕路径

方法一:选择【钢笔】等,随意绘制一条曲线路径,如图 14-68 所示;选择【文本】,将鼠标

移动到对象路径的边缘,当鼠标指针变为 IA 的时候,单击即可以在对象路径上直接输入绕着路径的文字,如图 14-69 所示;然后右击选择路径,在弹出的快捷菜单中选择【删除】,如图 14-70 所示,删除路径;最后效果如图 14-71 所示。

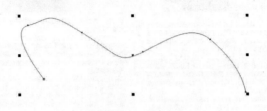

图 14-68　绘制路径

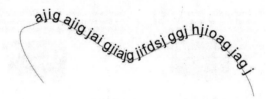

图 14-69　输入字体

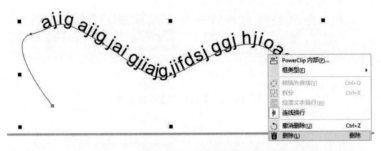

图 14-70　删除路径

　　方法二:选择美术字或段落文本,执行【文本】|【使文本适合路径】命令,如图 14-72 所示;将鼠标移动并靠近路径,当鼠标指针出现为非常规状态时,路径上出现文本绕路径的预览,如图 14-73 所示。在希望的状态,单击鼠标确定,如图 14-74 所示。

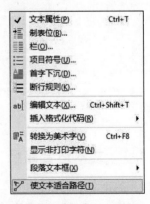

图 14-71　文本绕路径效果　　　　　　　　图 14-72　【使文本适合路径】命令

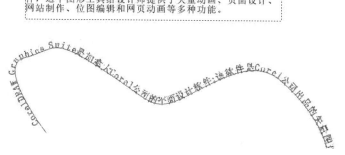

图 14-73　文本绕路径预览

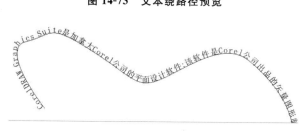

图 14-74　文本绕路径效果

　　方法三：选择页面中的美术字或段落文本，按住右键拖动文本到要填入的路径，当鼠标指针变成非正常状态时，松开鼠标，在弹出的快捷菜单中选择【使文本适合路径】，如图 14-75 所示；完成路径文本的填入，如图 14-76 所示。

图 14-75　拖动填入文本

图 14-76　填入效果

2. 路径文本属性设置

当创建路径文本后，属性栏会发生变化，如图 14-77 所示。

图 14-77　【路径文本】属性栏

文本方向 ：用于指定文字总体朝向，包括五种效果，如图 14-78 所示。

与路径的距离 ：设置文本和路径之间的距离，当参数为正值时，文本向外扩散，如图 14-79 所示；当参数为负数时，文本向内收缩，如图 14-80 所示。

图 14-78　文本方向　　　　　图 14-79　文本向外扩散　　　　　图 14-80　文本向内收缩

偏移 ：通过设置正值或负值移动文本，使其靠近路径的终点或起点。参数为正值，文本按照顺时针方向旋转偏移；参数为负值，文本按照逆时针方向旋转偏移，如图 14-81 所示。

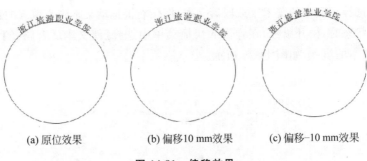

(a) 原位效果　　　　　　(b) 偏移10 mm效果　　　　　(c) 偏移-10 mm效果

图 14-81　偏移效果

水平镜像文本 、垂直镜像文本 ：单击这两个按钮，可以使文本从左到右、从上到下反转，效果如图 14-82 所示。

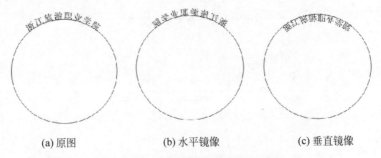

(a) 原图　　　　　　(b) 水平镜像　　　　　(c) 垂直镜像

图 14-82　水平镜像和垂直镜像效果

【贴齐标记】：设置文本到路径间的距离，单击该按钮，弹出选项，如图 14-83 所示。选中【打开贴齐记号】单选按钮，即可在【记号间距】数值框中设置贴齐的数值，此时调整文本与路径间的距离会按照设置的【记号间距】，自动捕捉文本与路径之间的距离，若选中【关闭贴齐记号】单选按钮即关闭该功能。

图 14-83　【贴齐标记】选项

14.2.4　文本转换为曲线

选择美术字体，右击，在弹出的快捷菜单中执行【转换为曲线】命令，即可完成美术字转换为曲线，如图 14-84 所示；选择段落文本，右击，在弹出的快捷菜单中选择【转换为曲线】，即可完成段落文本转换为曲线，如图 14-85 所示。

图 14-84　美术字转换为曲线

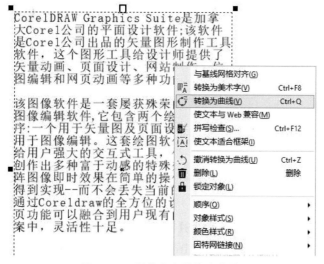

图 14-85　段落文本转换为曲线

第15章

图形的特殊编辑

内容简介

在CorelDRAW软件中，图形可以通过效果命令进行多种特殊效果的创建，包括阴影效果、轮廓图效果、调和效果、变形效果、封套效果、立体化效果、透明效果、色彩调整、添加透视调整、翻转效果、连线工具、度量工具、智能工具以及裁切工具等操作，通过上述操作可以完成对象的多样变化，丰富图形效果。

学习目标

1. 掌握图形特殊效果的绘制方法，包括阴影效果、轮廓图效果、调和效果、变形效果、封套效果、立体化效果和透明效果等。

2. 掌握色彩调整、添加透视、翻转等其他效果调整方法。

3. 能够熟练使用连线工具、度量工具、智能工具、裁切工具等。

4. 能够运用上述效果操作制作卡片、包装盒和图纸等。

15.1　交互式工具

15.1.1　阴影工具

1. 创建阴影效果

方法一：中心创建。单击工具箱中的【阴影】□，将鼠标指针移动到对象中间，按住左键进行拖曳，会出现蓝色实线进行预览，如图 15-1 所示。松开鼠标，出现阴影，如图 15-2 所示。白色方块表示阴影的起始位置，黑色方块表示拖曳阴影的终止位置，可以通过移动黑色方块的位置和角度改变阴影的位置与角度,也可以通过移动两者中间的滑块改变透明度,如图 15-3 所示。

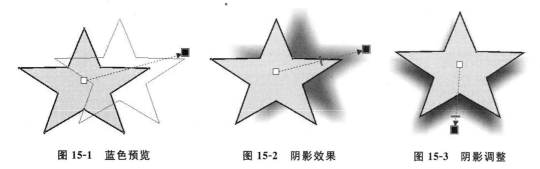

图 15-1　蓝色预览　　　　图 15-2　阴影效果　　　　图 15-3　阴影调整

方法二:顶端、底端、左边、右边创建。创建方法与中心创建相同,只是鼠标按下左键时鼠标指针所处的位置不同,会产生多种阴影效果,如图 15-4~图 15-7 所示;同时,拖动黑色方块、白色方块以及中间的滑块可以出现更多的投影效果。

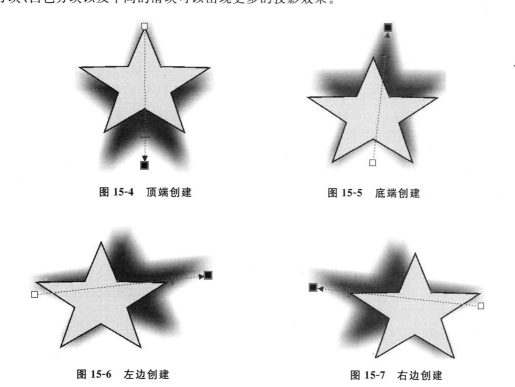

图 15-4　顶端创建　　　　　　　　　　图 15-5　底端创建

图 15-6　左边创建　　　　　　　　　　图 15-7　右边创建

2. 【阴影】属性栏参数设置

可通过属性栏完成阴影效果属性的设置,如图 15-8 所示。各选项的具体含义如下。

图 15-8　【阴影】属性栏

【预设】 预设... ▼:可以单击下拉列表直接选择预设选项,设置阴影效果。

阴影偏移 ：在 X 轴和 Y 轴后面的文本框中输入数值，设置阴影和对象之间的偏移距离，负数为向左、向下偏移，如图 15-9 所示；正数为向上、向右偏移，如图 15-10 所示。该选项在创建无角度阴影时才会被激活。

图 15-9　负值阴影偏移　　　　　　　　图 15-10　正值阴影偏移

阴影角度 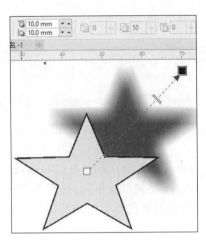：在后面的文本框中输入数值，设置阴影与对象之间的角度。该设置只有在创建有角度透视阴影时才会被激活。

阴影延展 ：用于设置阴影的长度。在文本框中直接输入数值，数值越大阴影的延伸效果越长。

阴影淡出 ：用于设置阴影边缘向外淡出的程度。在文本框中直接输入数值，最大值为 100，最小值为 10，数值越大阴影向外淡出的效果越明显。

阴影的不透明度 ：在文本框中直接输入数值，设置阴影的不透明度，数值越大阴影颜色越深；反之，颜色越浅。

阴影羽化 ：在文本框中直接输入数值，设置阴影羽化程度，数值越大羽化效果越好。

羽化方向 ：朝向阴影内侧、阴影外侧或同时朝向两侧柔化阴影的边缘，在下拉列表中可以选择高斯式模糊等五个选择，如图 15-11 所示。

羽化边缘 ：可以选择羽化类型，在下拉列表中有线性等四种选项，如图 15-12 所示。

图 15-11　【羽化方向】下拉列表　　　　　图 15-12　【羽化边缘】下拉列表

阴影颜色 ：在下拉列表中设置颜色，对阴影进行填充，如图 15-13 所示。

合并模式 ：用于设置阴影和覆盖对象的颜色混合模式，下拉列表如图 15-14 所示。

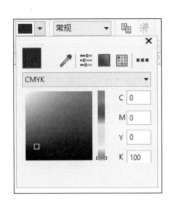

图 15-13 【阴影颜色】下拉列表

图 15-14 【合并模式】下拉列表

15.1.2 轮廓图工具

1. 创建轮廓图效果

先随意绘制一个矩形,单击【轮廓图】,在矩形上方按下鼠标左键,并向中心拖动,释放鼠标后即可创建图形边缘到中心放射的轮廓图效果,效果如图 15-15 所示。

2.【轮廓图】属性栏参数设置

在创建完轮廓图效果后,可以在属性栏上进行调和参数的设置,如图 15-16 所示;也可以通过执行【效果】|【轮廓图】命令,打开【轮廓图】泊坞窗进行参数设置。各选项的具体含义如下。

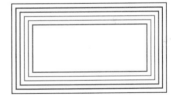

图 15-15 轮廓图效果

图 15-16 【轮廓图】属性栏

预设 预设... ▼ + − :可以在下拉列表中直接选择预设模式,包括向内和向外流动两种。

对象原点 ▦ X: 63.845 mm Y: 97.849 mm :后面的数值显示前面九个点某一个点的 X、Y 轴的数值,可以通过数值改变对象的位置。

对象大小 ⊢ 57.15 mm ‖ 31.75 mm :显示选中对象的长与宽,也可以通过改变数值的大小改变图像的大小。

到中心 ▣ 、内部轮廓 ▣ 、外部轮廓 ▣ :可以直接呈现三种不同的轮廓图效果,如图 15-17 所示。

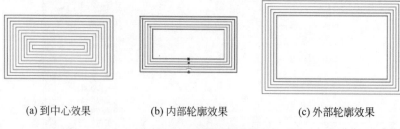

(a) 到中心效果　　　　(b) 内部轮廓效果　　　　(c) 外部轮廓效果

图 15-17　不同轮廓图效果

轮廓图步长 ⤸10⤸：用于设置轮廓图步长的数量。

轮廓图偏移 ▤1.494 mm▤：用于设置轮廓图各步数之间的距离。

轮廓图角▣：设置轮廓图的角的呈现方式，有斜接角、圆角、斜切角三种，如图 15-18 所示。

(a) 斜接角　　　　　　(b) 圆角　　　　　　　(c) 斜切角

图 15-18　轮廓图角效果

轮廓色▨ ▮▮▼：前面按钮用于设置轮廓图的渐变序列，有线性、顺时针、逆时针轮廓色三种，如图 15-19 所示；后面按钮用于设置轮廓笔颜色，去掉轮廓图线宽后，则颜色不显示。

(a) 线性轮廓色　　　　(b) 顺时针轮廓色　　　　(c) 逆时针轮廓色

图 15-19　轮廓色渐变序列

填充色▧■▼■：设置轮廓图的填充颜色。

对象和颜色加速▣：设置轮廓图中对象的大小和颜色变化的速度。

复制轮廓图属性▤：单击该按钮，可以将其他轮廓图的属性应用到所选轮廓图中。

清除轮廓▨：单击可以取消轮廓属性。

15.1.3　混合(调和)工具

1. 创建混合(调和)效果

方法一：直线调和。首先，绘制两个用于调和的对象；其次，单击工具箱中的【调和】工具，在第一个对象上按住鼠标左键并向第二个对象拖曳，出现一系列对象的虚框，如图 15-20 所示。预览确定无误后释放鼠标，即可创建调和效果，如图 15-21 所示。

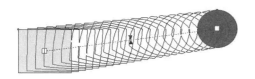

图 15-20　直线调和预览效果

图 15-21　直线调和最终效果

　　方法二：曲线调和。首先，绘制两个用于调和的对象；其次，单击工具箱中的【调和】工具，在第一个对象上按住 Alt 键后再按住鼠标左键，绘制一条曲线向第二个对象靠拢，出现一系列对象的虚框，如图 15-22 所示。预览确定无误后释放鼠标，即可创建调和效果，如图 15-23 所示。

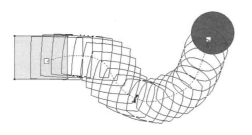

图 15-22　曲线调和预览效果

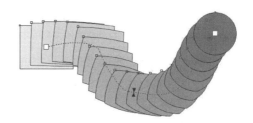

图 15-23　曲线调和最终效果

　　方法三：复合调和。调和可以重复进行，先绘制三个用于调和的对象，依次进行调和操作，完成复合调和效果，如图 15-24 和图 15-25 所示。

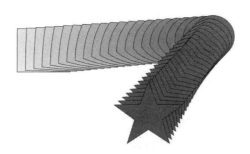

图 15-24　线性＋线性调和效果

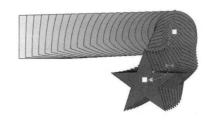

图 15-25　线性＋曲线调和效果

　　方法四：沿路径调和。先绘制完成两个对象的调和操作，然后运用工具箱中的线条绘制工具绘制曲线路径，如图 15-26 所示。选中已经创建调和效果的对象，选择【调和】工具，在属性栏中单击路径属性，选择【新路径】，将鼠标移动到路径上方，单击路径即可完成路径调和操作，效果如图 15-27 所示。

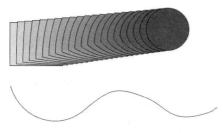

图 15-26　图形绘制

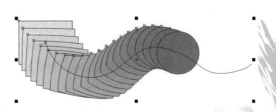

图 15-27　路径调和

2.【调和】属性栏参数设置

选择工具箱中的【调和】🖎，出现【调和】工具的属性栏，如图 15-28 所示；或执行【效果】|【调和】命令，打开【调和】泊坞窗设置参数。各选项的具体含义如下。

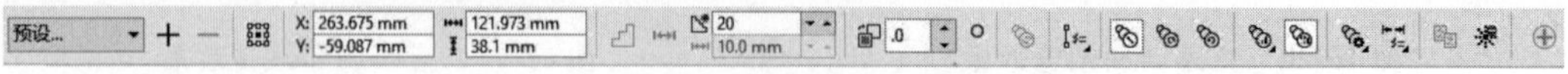

图 15-28　【调和】属性栏

预设 ⌄：可以在下拉列表中选择预设模式进行设置。

对象位置 ⊞ X: 263.675 mm Y: -59.087 mm：后面的数值显示前面九个点某一个点的 X、Y 轴的数值，可通过调节后面的数值改变对象的位置。

对象大小 ↔121.973 mm ↕38.1 mm：显示选中对象的长与宽，也可以通过改变后面数值的大小改变图像的大小。

调和步长 ⌐：用于设置调和效果中的调和步长数和形状之间的偏移距离，激活该图标，可以在后面的文本框中输入相应的步长数值。

调和间距 ↔↔：用于设置调和效果中的调和步长对象之间的距离，激活该图标，可以在后面的文本框中输入相应的间距数值。

调和方向 ⌂.0 ↕：可以在后面的文本框中输入数值设置调和对象的旋转角度。

环绕调和 🖎：将环绕效果应用于调和中。

路径属性 ⌐：用于将调和好的对象添加到新路径、显示路径和从路径中分离等操作。

调和类型 🖎🖎🖎：包含直接调和、顺时针调和和逆时针调和三种。其中直接调和为直接颜色渐变调和，顺时针调和设置颜色调和的顺序为按色谱顺时针方向颜色渐变，逆时针调和设置颜色调和的顺序为按色谱逆时针方向颜色渐变。

对象和颜色加速 🖎：调整调和中对象显示和颜色更改的速率按钮，在弹出的对话框中拖动【对象】和【颜色】滑块，可以调整形状和颜色的加速效果。

调整加速大小 🖎：调整调和中对象大小更改的速率。

更多调和选项 🖎：单击该按钮，在弹出的下拉列表中有【映射节点】、【拆分】、【熔合始端】、【熔合末端】、【沿全路径调和】、【旋转全部对象】等调和选项。

起点和结束属性 🖎：用于重置调和效果的起始点和终止点，单击该图标，在弹出的下拉列表中进行显示和重置操作。

复制调和属性 🖎：可以将其他调和属性应用到所选的调和中。

清除调和 🖎：可以清除所选对象的调和效果。

15.1.4　变形工具

【变形】工具 ⌖ 提供了三种变形效果，分别是推拉变形 ⊕、拉链变形 ✿、扭曲变形 ◎。

1. 创建推拉变形效果

随意绘制一个多边形图形，选择【变形】，在属性栏中选择推拉变形 ⊕，将鼠标指针移动到图形中间位置，按住鼠标向水平方向拖曳，完成变形，如图 15-29 所示；在属性栏上可以对推拉变形效果进行设置，如图 15-30 所示。各选项的具体含义如下。

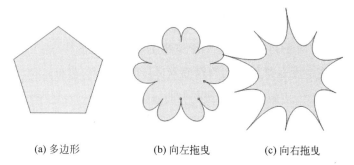

(a) 多边形   (b) 向左拖曳   (c) 向右拖曳

图 15-29　推拉变形效果

![属性栏]

图 15-30　【推拉变形】属性栏

预设 ［预设...　▼］：可以在下拉列表中选择预设模式。

居中变形 ⊕：单击该按钮可以将变形效果居中放置。

推拉振幅 〰-34 ：在后面的文本框中输入数值，可以设置对象推进拉出的程度。输入数值正数为向外拉出，最大为 200；输入数值负数为向内推进，最小为－200。

添加新的变形 ：可以将当前变形对象转换为新对象，然后进行再次变形。

复制变形属性 ：复制该变形方式到另一个对象上。

清除变形 ：一键清除所有变形效果。

转换为曲线 ：将变形对象转换为曲线。

2. 创建拉链变形效果

绘制一个多边形图形；选择【变形】，在属性栏中选择拉链变形 ；将鼠标指针移动到图形上，按住鼠标左键向外拖曳，出现蓝色预览的效果，松开鼠标左键完成变形。拖动滑块可以增加拉链数量，如图 15-31 所示。属性栏可以调整拉链变形的属性，如图 15-32 所示。各选项的具体含义如下。

(a) 多边形   (b) 向外拖曳   (c) 拖曳滑块

图 15-31　拉链变形效果

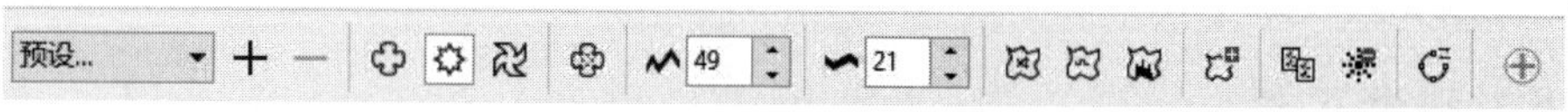

![属性栏]

图 15-32　【拉链变形】属性栏

预设 ［预设...　▼］：可以在下拉列表中选择预设模式。

居中变形 ⊕ :单击该按钮可以将变形效果居中放置。

拉链振幅 ⋀47 :用于调节拉链变形中锯齿的高度。

拉链频率 ⌄5 :用于调节拉链变形中锯齿的数量。

拉链类型 ⊠ ⊠ ⊠ :可以呈现不同的拉链效果,如图 15-33 所示。

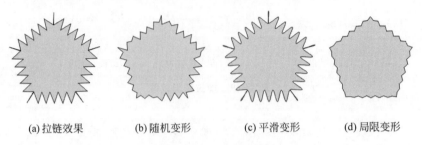

(a)拉链效果　　　(b)随机变形　　　(c)平滑变形　　　(d)局限变形

图 15-33　拉链类型

3. 创建扭曲变形效果

绘制一个多边形图形;选择【变形】,并在属性栏中选择扭曲变形 ⊠ ;将鼠标指针移动到图形上,按住鼠标左键向外拖曳和旋转,出现蓝色预览的效果;当鼠标在平行线以下或以上时,变形效果不同,如图 15-34 所示;属性栏可以调整扭曲变形的属性,如图 15-35 所示。各选项的具体含义如下。

(a)多边形　　　　(b)顺时针拖曳　　　(c)逆时针拖曳

图 15-34　扭曲变形效果

图 15-35　【扭曲变形】属性栏

预设 预设... :可以在下拉列表中选择预设模式。

居中变形 ⊕ :单击该按钮可以将变形效果居中放置。

旋转方向 ◶ ◷ :可以使对象按照顺时针或逆时针方向旋转扭曲变形。

完整旋转 ◎0 :在后面的文本框中输入数值,可以设置扭曲变形的完整旋转次数。

附加角度 ⟲107 在后面的文本框中输入数值,可以设置超出完整旋转的度数,如图 15-36 所示。

15.1.5　封套工具

1. 创建封套效果

绘制对象,可以是图像也可以是文字;使用【封套】⊠,在对象外自动生成一个蓝色虚线

(a) 附加度数100   (b) 附加度数250

图 15-36　附加度数差异

框,如图 15-37 所示;移动蓝色封套上的点可以对封套进行变形和调整,如图 15-38 所示。

图 15-37　创建封套   **图 15-38　编辑封套**

2.【封套】属性栏参数设置

【封套】的参数可以通过属性栏上面的数值进行设置,如图 15-39 所示。各选项的具体含义如下。

图 15-39　【封套】属性栏

预设 可以在下拉列表中选择预设模式。

选取模式 用于切换选取框的类型,在下拉列表中有矩形、手绘两种。

添加节点、删除节点 可以在封套上增加和删除节点。

转换为线条、转换为曲线 可以将选中的节点一侧线条以直线或曲线方式呈现,如图 15-40 所示。

(a) 转换为曲线   (b) 转换为线条

图 15-40　线条转换

尖突节点、平滑节点、对称节点 只有尖突节点的两条控制轴可以自由变换互相之间的角度,平滑节点和对称节点两条控制轴均呈现180°。平滑节点的控制轴可以通过拉伸两边控制轴的长度控制空间两侧弧度,而对称节点两边对称,调整一侧,另一侧跟着变化,如图 15-41 所示。

(a) 尖突节点　　　　　　(b) 平滑节点　　　　　　(c) 对称节点

图 15-41　节点类型

非强制模式、直线模式、单弧模式、双弧模式 ✐ ◁ □ ◁ □ ：非强制模式下封套允许改变节点的自由模式，可进行自由的编辑，如图 15-42 所示；直线模式表示封套由直线组成；单弧模式表示封套由单边弧线组成；双弧模式表示封套由 S 形的弧线组成。上述三种模式均不可对节点的两条控制轴进行操作，只能调整节点位置，如图 15-43 所示。

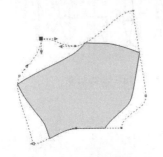

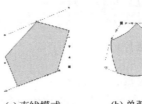

(a) 直线模式　　　　(b) 单弧模式　　　　(c) 双弧模式

图 15-42　非强制模式　　　　　　图 15-43　其他封套模式

映射模式 自由变形 ▾ ：选择封套中对象的变形方式。在后面的下拉选项中进行选择，包括自由变形、水平等五种选项。

保留线条 ⊠ ：激活该图标，在应用封套变形时直线不会变为曲线。

添加新封套 ⊡ ：取消现有封套，重新添加一个新的封套。

创建封套 ⊞ ：选择要添加封套的对象，单击该按钮后再单击目标图像，可以根据后者的形状在前者上创建封套。

复制封套属性 ⊟ ：选择要添加封套的对象，单击该按钮后再单击目标图像封套，可以将后者封套复制到前者上。

清除封套 ⊛ ：一键清除所有封套效果。

转换为曲线 ↻ ：允许使用【形状】工具对图像进行调整，并且封套自动还原成矩形框的状态。

3.【封套】泊坞窗

执行【效果】|【封套】命令，可打开【封套】泊坞窗，如图 15-44 所示。在【选择预设】栏目中，可以直接将系统提供的封套样式用于对象上，其他按钮功能同上。

15.1.6　立体化工具

1. 创建立体化效果

任意绘制一个图形对象，填充为黄色；选中【立体化】工

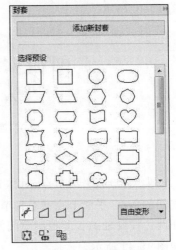

图 15-44　【封套】泊坞窗

具,将鼠标指针放在对象中心,按住鼠标左键进行拖曳,出现预览效果,如图 15-45 所示;确定立体化效果方向和大小,松开鼠标,即可给对象创造了一个 3D 效果以产生深度错觉,效果如图 15-46 所示。

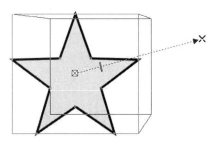
图 15-45 立体化预览

图 15-46 立体化效果

2. 【立体化】属性栏参数设置

创建立体化效果后,可以在属性栏中进行参数设置,也可执行【效果】|【立体化】命令,打开【立体化】属性栏进行设置,如图 15-47 所示。各选项的具体含义如下。

图 15-47 【立体化】属性栏

立体化类型 ：在下拉列表中可直接选择相应变化类型,如图 15-48 所示。

灭点坐标 ：在相应的 X 轴和 Y 轴输入数值可以改变立体对象灭点的位置。灭点是对象透视相交的消失点,变更灭点位置可以改变立体化效果的进深方向,如图 15-49 所示。

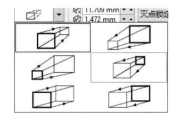
图 15-48 立体化类型

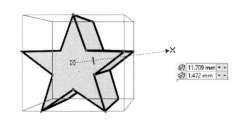
图 15-49 灭点坐标

灭点属性 ：在下拉列表中选择相应的选项更改灭点属性,如图 15-50 所示。

页面或对象灭点 ：用于将灭点位置锁定到对象或页面中。

深度 ：在后面的文本框中输入数值可以调整立体化效果的深度,数值越大越深,最大为 99,最小为 1,图 15-51 分别为深度是 10 和 20 的效果。

图 15-50 灭点属性类型

立体化旋转 ：单击该按钮,在弹出的小面板中将鼠标指针移动到 3 上,按住鼠标拖曳,可以调节立体对象的透视角度,如图 15-52 所示。

(a) 深度为10　　　(b) 深度为20

图 15-51　透视深度差异

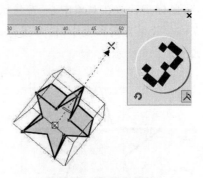

图 15-52　立体化旋转

立体化颜色 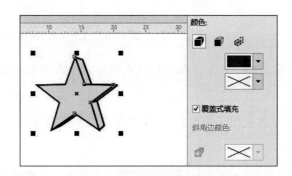：在下拉列表中选择立体化效果的颜色模式，如图 15-53 所示。立体化颜色包括使用对象颜色、使用纯色、使用递减颜色三种类型。使用对象颜色是指用对象颜色填充立体部分，与面板上的颜色选择无关，如图 15-54 所示；使用纯色是指用面板颜色填充立体部分，如图 15-55 所示；使用递减颜色是指用面板上的两种颜色渐变的形式填充立体部分，如图 15-56 所示。

图 15-53　立体化颜色

图 15-54　使用对象颜色填充

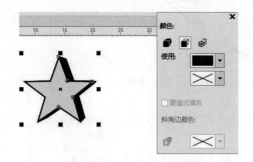

图 15-55　使用纯色填充

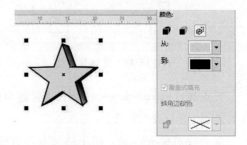

图 15-56　使用递减颜色填充

立体化倾斜 ：单击该按钮，在弹出的面板上可以添加斜边，如图 15-57 所示。勾选【使用斜角修饰边】复选框，可以显示斜角修饰边效果，如图 15-58 所示。调整下面数值，可以调整斜角修饰边的深度，如图 15-59 所示。

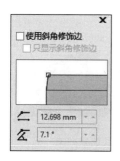

图 15-57　立体化倾斜

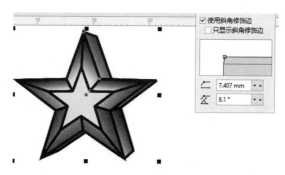

图 15-58　斜角修饰边效果

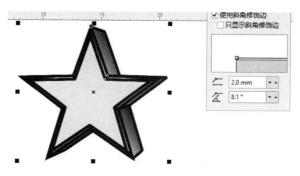

图 15-59　调整修饰边深度

立体化照明 ：单击该按钮,弹出立体化照明面板,如图 15-60 所示。面板中最多可以添加三个光源,每个光源通过移动滑块改变光源强度,如图 15-61 所示。

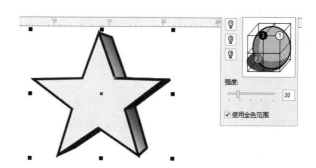

图 15-60　立体化照明

图 15-61　立体化光源

15.1.7　块阴影工具

1. 创建块阴影效果

【块阴影】是 CorelDRAW 2018 新增功能,通过此交互功能可以向对象和文本添加实体矢量阴影,缩短输出文件的时间,该功能可以显著减少阴影线和节点数,进而加速工作流程。

任意绘制一个图形对象,填充为蓝色,如图 15-62 所示;选中【块阴影】,将鼠标指针放在对象中心,按住鼠标左键进行拖曳,出现预览效果;确定块阴影效果方向和大小后,松开鼠标,效果如图 15-63 所示。

图 15-62　绘制图形　　　　　　　　　图 15-63　块阴影效果

2.【块阴影】属性栏参数设置

创建块阴影效果后,可以在属性栏中进行参数设置,如图 15-64 所示。各选项的具体含义如下。

图 15-64　【块阴影】属性栏

对象位置 ：后面的数值显示前面九个点中某一个点的 X、Y 轴的数值,可通过调节后面的数值改变对象的位置。

对象大小 ：显示选中对象的长与宽,也可以通过改变后面数值的大小改变对象的大小。

深度、方向 ：通过输入数值,可设置块阴影的深度和方向。

清除块阴影 ：一键清除所有块阴影效果。

块阴影颜色、叠印块阴影 ：通过快捷面板设置块阴影颜色和设置块阴影以在底层对象上打印。

简化、移除空洞 ：简化按钮选中时,会修剪对象和块阴影之间的叠加区域;移除空洞按钮选中时,将块阴影设为不带孔的实线曲线对象。

从对象轮廓生成 ：该按钮选中时,创建的块阴影包括对象轮廓;在后面对话框中设置数值,可以直接调整轮廓粗细,在展开块阴影时,以指定量增加块阴影尺寸。

15.2　效　果　命　令

15.2.1　调整

执行【效果】|【调整】命令,当选择对象为位图图片时,所有命令均有效,如图 15-65 所示;但对于图形对象,只有图 15-66 所示部分命令有效,详细操作见第 16 章的"16.1.6　色彩调整"。

图 15-65　图片调整菜单

图 15-66　图形调整菜单

15.2.2　变换

1. 去交错

执行【效果】|【调整】|【去交错】命令,弹出【去交错】面板,如图 15-67 所示;单击【确定】
按钮,消除对象中的网线,效果如图 15-68 所示。选中【偶数行】单选按钮可以消除双线;选

图 15-67　【去交错】面板

中【奇数行】单选按钮可以消除单线;选中【复制】单选按钮可以使用相邻像素填充扫描线;选中【插补】单选按钮可以使用扫描线周围像素的平均值填充扫描线。注意,该效果只能对图片对象起作用。

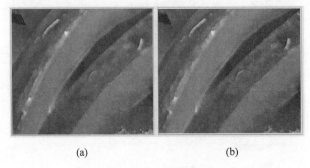

(a)　　　　　　　　　　　　(b)

图 15-68　去交错效果前后对比

2. 反转颜色

执行【效果】|【调整】|【反转颜色】命令,呈现与原图颜色的互补色,效果如图 15-69 所示。

(a)　　　　　　　　　　　　(b)

图 15-69　反转颜色效果前后对比

3. 极色化

执行【效果】|【调整】|【极色化】命令,弹出【极色化】面板,如图 15-70 所示;调整【层次】,单击【确定】按钮,效果如图 15-71 所示。

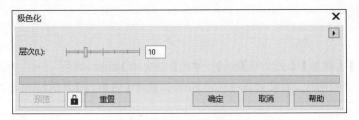

图 15-70　【极色化】面板

15.2.3　校正

执行【效果】|【校正】|【尘埃与刮痕】命令,弹出【尘埃与刮痕】面板,如图 15-72 所示;调整【阈值】和【半径】,效果如图 15-73 所示。同样,这种效果只能对图片对象起作用。

(a)   (b)

图 15-71　极色化效果前后对比

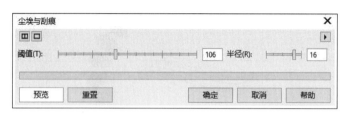

图 15-72　【尘埃与刮痕】面板

(a)   (b)

图 15-73　尘埃与刮痕效果前后对比

15.2.4　艺术笔

方法一：执行【效果】|【艺术笔】命令，操作界面右侧弹出【艺术笔】泊坞窗，如图 15-74 所示；拖动滑块选择效果，在操作界面中拖动鼠标即可完成制作，效果如图 15-75 所示。

方法二：直接在工具箱中选择【艺术笔】，在属性栏中有预设、笔刷、喷涂、书法、表达式这几个按钮；当选择其中一个按钮时，可通过弹出的调整属性栏的其他命令，调整笔画效果，如图 15-76 所示。不同的版本，软件自带的艺术笔效果有所不同。

15.2.5　斜角

执行【效果】|【斜角】命令，操作界面右侧出现【斜角】泊坞窗，如图 15-77 所示；通过调整面板操作，完成效果制作，如图 15-78 所示。

15.2.6　透镜

执行【效果】|【透镜】命令，操作界面右侧弹出【透镜】泊坞窗，通过下拉菜单选择透镜效果，如图 15-79 所示。

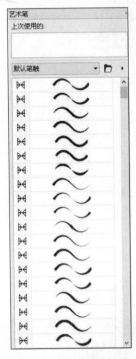

图 15-74　【艺术笔】泊坞窗

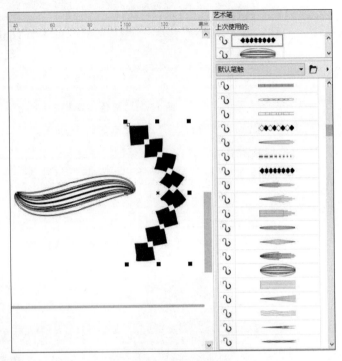

图 15-75　艺术笔效果

图 15-76　【艺术笔】工具效果

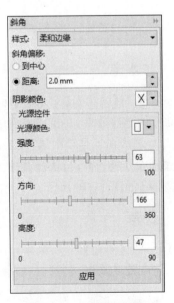

图 15-77　【斜角】泊坞窗

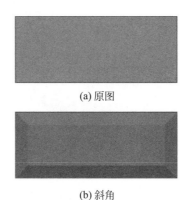

(a) 原图

(b) 斜角

图 15-78　斜角效果

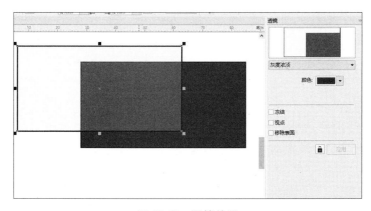

图 15-79　透镜效果

15.2.7　添加透视

选中对象,执行【效果】|【添加透视】命令;图像上出现红色网状格,如图 15-80 所示;直接拖动角点就可完成透视效果,如图 15-81 所示。

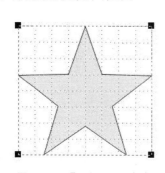

图 15-80　【添加透视】命令

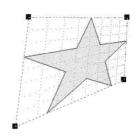

图 15-81　添加透视效果

15.2.8　翻转

选择对象,执行【效果】|【翻转】|【创建翻转】命令,拉动中间四个调节点的任意一个向需

要的方向翻转,翻转完成后立即右击,这时图形就会镜像复制一个图形。图 15-82 是原图拖动左上角完成的各种翻转操作。按住 Ctrl 键可以保证图形在翻转过程中不会出现变形。

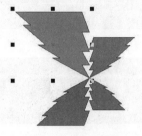

图 15-82　翻转效果

15.3　其他工具

15.3.1　连接工具

1. 直线连接器

任意绘制两个图形,执行【直线连接器】命令。在工作区内选择其中一个图形边上的某一个点为起点,按住鼠标左键拖动到另一个对象上,即可完成两个对象的连接工作,如图 15-83 所示。连接完成后,如果移动其中一个对象,则连线的长度和角度将做出相应的调整;如果连线只有一端连接在对象上而另一端固定在绘图页面上,当移动该对象时,另一端将固定不动;如果连线没有连接到任何对象上,

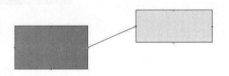

图 15-83　直线连接

它将成为一条普通的线段;选中连接器某一个端点进行移动,可以调整连接位置。

2. 直角连接器

任意绘制两个图形,执行【直角连接器】命令。在工作区内选择其中一个图形上边上的某一个点为起点,按住鼠标左键拖动到另一个对象上,即可完成两个对象的连接工作,如图 15-84 所示。当鼠标变为双向箭头时,可以移动连接线的位置;当鼠标变为箭头时,可以改变节点的位置,如图 15-85 所示。

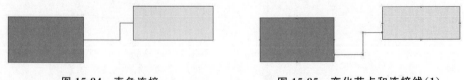

图 15-84　直角连接　　　　　　　　图 15-85　变化节点和连接线(1)

3. 圆直角连接符

任意绘制两个图形,执行【圆直角连接符】命令。在工作区内选择其中一个图形上的某一个点为起点,按住鼠标左键拖动到另一个对象上,即可完成两个对象的连接工作,如图 15-86 所示。当鼠标变为双向箭头时,可以移动连接线的位置;当鼠标变为箭头时,可以

改变节点的位置,如图 15-87 所示。

图 15-86　圆直角连接符　　　　　图 15-87　变化节点和连接线(2)

4. 锚点编辑

选择绘制好的连接器,执行【锚点编辑】命令。在所选位置上双击即可增加锚点。选择要删除的锚点,单击属性栏中的删除锚点按钮即可删除;选中图像上要移动的锚点,然后按住鼠标左键拖动,可以将其从一个位置移动到另一个位置,如图 15-88 所示。

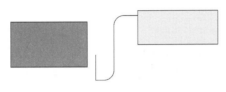

图 15-88　添加锚点后连接

15.3.2　度量工具

1. 平行度量

绘制图形对象,执行【平行度量】✑命令,用鼠标左键按住第一个点,然后将其拖动到第二个点松开,完成度量工作;同理可以完成水平、垂直以及斜向的度量工作,如图 15-89 所示。

2. 水平或垂直度量

绘制图形对象,执行【水平或垂直度量】⌐命令,用鼠标左键按住第一个点,然后将其拖动到第二个点松开,完成度量工作;同理可以完成水平、垂直以及斜向的度量工作,如图 15-90所示。

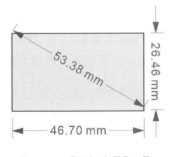

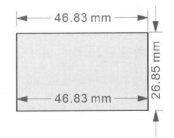

图 15-89　【平行度量】工具　　　　　图 15-90　【水平或垂直度量】工具

3. 角度度量

绘制图形对象,执行【角度度量】⌐命令,在要测量的角上第一个点按住鼠标左键拖动出一条测量的起始边,如图 15-91 所示。选择好测量角度的一边后松开鼠标,接下去确定第二条边,如图 15-92 所示。确定需要标注角度的位置,再按一下鼠标左键,即完成角度的测量工作,如图 15-93 所示。

图 15-91　确定第一条边　　图 15-92　确定第二条边　　图 15-93　确定角度

4. 线段度量

绘制图形对象,执行【线段度量】命令,然后单击要测量的线,将其向外拖出后再单击,完成测量,如图 15-94 所示。

5. 3 点标注度量

绘制图形对象,执行【3 点标注度量】命令,在目标点处按下鼠标左键不松开,到第二个点处松开,最后确定第三个点,完成标注箭头的绘制。在后面自行进行文字备注,如图 15-95 所示。

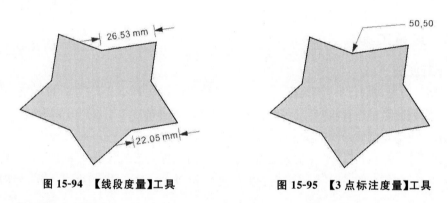

图 15-94　【线段度量】工具　　　　　图 15-95　【3 点标注度量】工具

6. 度量属性栏编辑

完成度量后,可以通过属性栏对度量进行特殊编辑,如图 15-96 所示。其中【平行度量】、【水平或垂直度量】、【角度度量】三者属性栏一样,【线段度量】属性栏增加【自动连续度量】,【3 点标注度量】属性栏相对简单,如图 15-97 所示。各选项的具体含义如下。

图 15-96　【平行度量】、【水平或垂直度量】、【角度度量】属性栏

图 15-97　【3 点标注度量】属性栏

度量样式 十进制 ：可以直接调整标注的度量样式,如图 15-98 所示。

度量精度 0.00 ：通过下拉菜单的调整,改变小数点后位数。

度量单位 mm ：根据需要调整度量单位。

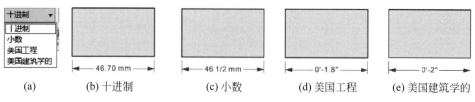

| (a) | (b) 十进制 | (c) 小数 | (d) 美国工程 | (e) 美国建筑学的 |

图 15-98　度量样式

显示单位🔲：选择是否需要显示单位。

显示前导零🔲：当数值小于 1 时，选择是否显示小数点前面的 0。

度量前缀、后缀 前缀 后缀 ：增加前缀和后缀。

动态度量⚬⚬⚬：选择是否在度量过程中动态显示数值。

文本位置⚘：选择文本显示位置，如图 15-99 所示。

延伸线选项⚬⚬：自定义度量线上的延伸线位置，如图 15-100 和图 15-101 所示。

轮廓宽度🖊 细线 ▼：设置度量线条的宽度，如图 15-102 所示。

图 15-99　文本位置

箭头 ◄▼：设置度量箭头样式，如图 15-103 所示。

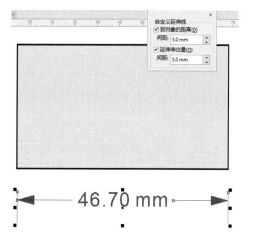

图 15-100　延伸线（5:5）

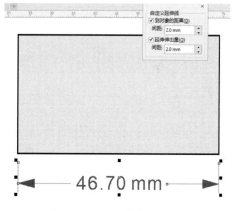

图 15-101　延伸线（2:2）

图 15-102　线宽设置

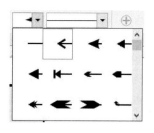

图 15-103　设置箭头样式

线条样式 ⬛⬛⬛ ▾ ：设置线条样式，如图 15-104 所示。

标注形状 ✏—标注 ▾ ：设置不同的标注形状，如图 15-105 所示。

图 15-104　线条样式

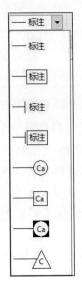

图 15-105　标注形状

间隙 ✏ 2.0 mm ↕ ：设置文本与标注形状之间的距离，如图 15-106 所示。

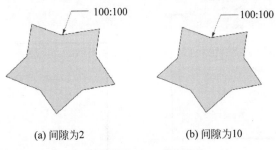

(a) 间隙为2　　　　　　(b) 间隙为10

图 15-106　间隙设置

15.3.3　裁切工具

1. 裁剪工具

单击【裁剪】工具 ⬛ ，选择要裁剪的对象，拖动鼠标定义保护区域，如图 15-107 所示；单击要保护区域可以执行保护框的旋转，如图 15-108 所示；双击保护区域，完成裁剪工作，如图 15-109 所示。

2. 刻刀工具

任意绘制一个图形；使用【刻刀】，其属性栏会发生变化，如图 15-110 所示。属性栏有 2 点线、手绘、贝塞尔三种模式 ⬛⬛⬛ 。使用手绘 ⬛ 在图形上方绘制一条分割线，发现对象被分割线分为两个对象，将其移开，效果如图 15-111 所示。选择属性栏中的剪切时自动闭合 ⬛ 按钮，可以将分割的对象轮廓线条闭合，如图 15-112 所示。

图 15-107　裁剪保护区

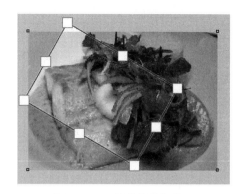

图 15-108　旋转裁剪保护区

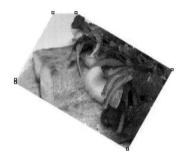

图 15-109　裁剪效果

图 15-110　【刻刀】属性栏

图 15-111　刻刀效果

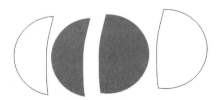

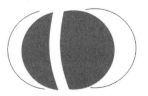

(a) 选择 "剪切时自动闭合"　　　　　　　(b) 未选择 "剪切时自动闭合"

图 15-112　剪切时是否自动闭合效果

3. 虚拟段删除

　　绘制交叉线,如图 15-113 所示;执行【虚拟线删除】命令,将鼠标指针移动到线条周围,当鼠标指针呈现直立刻刀状态时单击线条,如图 15-114 所示,可以删除该线段。如果要同时删除多个对象,可以在所有线条周围拖出一个选取框,如图 15-115 所示,框选的线段将被全部删除。

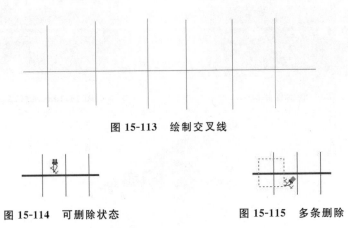

图 15-113　绘制交叉线

图 15-114　可删除状态　　　　　　　　图 15-115　多条删除

4. 橡皮擦

　　任意绘制一个图形;执行【橡皮擦】命令,其属性栏会发生变化,如图 15-116 所示。按住鼠标左键,鼠标指针从图形外向图形内移动,完成擦除工作,效果如图 15-117 所示。

图 15-116　【橡皮擦】属性栏　　　　　　图 15-117　橡皮擦效果

【应用案例】　绘制居室平面图

　　绘制居室平面图,完成的最终效果如图 15-118 所示。

技术点睛:

- 新建图纸、保存图纸。
- 用【标尺】拉出辅助线。
- 用【矩形】、【贝塞尔曲线】、【转换为曲线】命令、【形状】完成图形绘制。
- 用【交互式填充】、【智能填充】完成效果填充。
- 用【水平或垂直度量】对平面图进行标注。

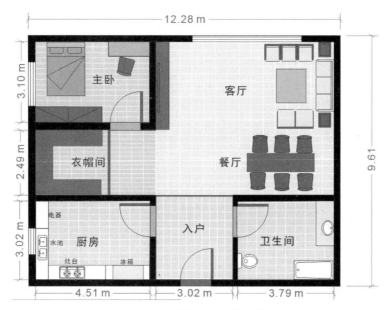

图 15-118　居室平面图最终效果

（1）执行【新建】命令，在弹出的【创建新文档】面板中，创建一个【名称】为"居室平面图"，【大小】为 A4，【分辨率】为 300dpi 的文档。

（2）执行【查看】|【标尺】和【辅助线】命令，显示标尺和辅助线；鼠标移动到标尺上，按住鼠标左键向下拉，拖出辅助线；通过改变属性栏对象原点 X: 12,500.0 mm Y: 17,601.17 mm 数值调整参考线位置，如图 15-119 所示。

（3）借助辅助线，使用【矩形】、【贝塞尔曲线】绘制室内平面轮廓，如图 15-120 所示。

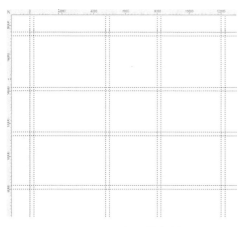

图 15-119　标尺线位置

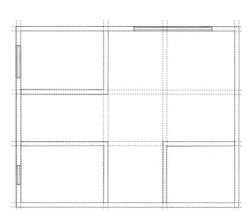

图 15-120　墙体绘制

（4）按住快捷键 Ctrl＋Shift 绘制以起点为中心的圆；然后单击属性栏中的弧形 按钮，调整数值，绘制开门弧线，如图 15-121 所示。

（5）执行【虚拟线删除】命令，删除多余的线条，效果如图 15-122 所示。

（6）设置好空间划分，使用【文本】输入相应文字，并在属性栏中修改文字大小和样式，如图 15-123 所示。

（7）使用【矩形】、【贝塞尔曲线】等绘制室内家具样式，效果如图 15-124 所示。

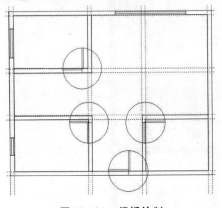

图 15-121　门板绘制

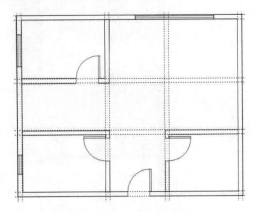

图 15-122　删除多余线条

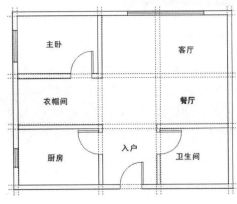

图 15-123　空间划分

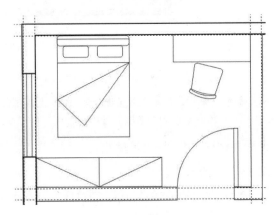

图 15-124　绘制室内家具

（8）使用同样方式绘制其他家具，如图 15-125 所示。

（9）运用【图纸】绘制地面瓷砖；执行【顺序】|【到页面背面】命令，调整图层顺序。为了让地砖不影响后期家具填充，右击，在弹出的快捷菜单中选择【锁定对象】命令，效果如图 15-126 所示。

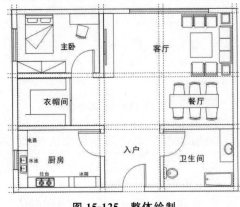

图 15-125　整体绘制

图 15-126　绘制地砖

（10）使用【交互式填充】、【智能填充】填充家具效果，如图 15-127 所示。

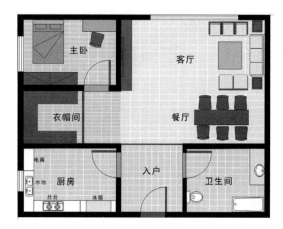

图 15-127　填充家具效果

（11）使用【水平或垂直度量】，调整属性栏中标尺属性，如图 15-128 所示，完成最终室内平面效果图，如图 15-118 所示。

图 15-128　【标尺】属性栏

【实训任务】　绘制室内装修图纸

绘制自家室内装修图纸，可以是三室两厅两卫。

第16章

位图的编辑

内容简介

在平面设计中，CorelDRAW软件提供了多种位图编辑方式，基础编辑包括对位图的自定义导入、裁剪，位图与对象之间转换，图像显示模式调整、色彩调整、变换和校正等。此外，还可以通过位图的三维滤镜、艺术笔触、模糊、轮廓图、创造性、扭曲等滤镜效果实现图像的效果编辑。

学习目标

1. 掌握位图导入、裁剪、转换为对象的方式。
2. 掌握位图颜色调整的多种方式。
3. 掌握位图滤镜的多种效果和实现途径。
4. 能够熟练运用上述操作完成综合设计工作。

16.1 基 本 操 作

16.1.1 导入

方法一：执行【文件】|【导入】命令，如图 16-1 所示；或者按住快捷键 Ctrl+I，弹出【导入】对话框，选择需要导入的位图文件，单击【导入】按钮，如图 16-2 所示。

方法二：选中要导入的位图文件，将其直接拖入打开的 CorelDRAW 软件工作界面中，释放鼠标即可导入位图文件。

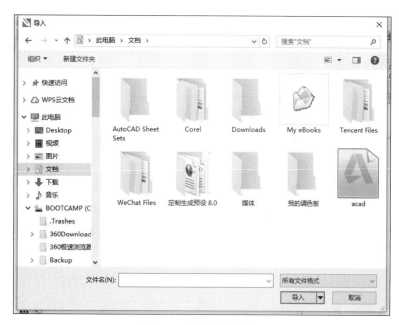

图 16-1 【导入】命令　　　　　　　　　　　　　　**图 16-2 【导入】对话框**

16.1.2　裁切

　　方法一：如果只需导入位图的某个区域，可以在执行【导入】命令时，先选择需要导入的位图，再从右下角【导入】下拉列表框中选择【裁剪并装入】命令，如图 16-3 所示；在弹出的【裁剪图像】面板中选取裁切范围，单击【确定】按钮后完成图像的裁切，如图 16-4 和图 16-5 所示。

图 16-3 【裁剪并装入】命令　　　　　　　　　**图 16-4 【裁剪图像】面板**

　　方法二：除了规则裁剪外，还可以进行不规则的裁剪。选择位图文件，执行【形状】命令，通过角点对位图进行调整，如图 16-6 所示；然后执行【位图】|【裁剪位图】命令，即可完成不规则裁剪，如图 16-7 所示。

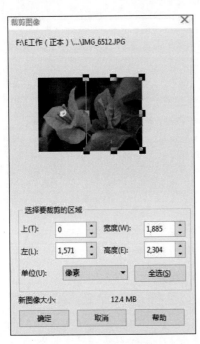

图 16-5　图像裁剪　　　　　图 16-6　不规则裁剪　　　　图 16-7　完成裁剪菜单

16.1.3　矫正图像

　　当导入的图像需要矫正时，可以执行【位图】|【矫正图像】命令，如图 16-8 所示；打开【矫正图像】对话框，移动【旋转图像】、【垂直透视】、【水平透视】等下滑块，如图 16-9 所示；调整好后，勾选【裁剪并重新取样为原始大小】复选框，将预览改为修剪效果进行查看，如图 16-10所示。

图 16-8　【矫正图像】菜单

16.1.4　矢量图转换位图

　　任意绘制一个图形对象，执行【位图】|【转换为位图】命令，如图 16-11 所示；打开【转换为位图】对话框，如图 16-12 所示；最后单击【确定】按钮完成转换。各选项的具体含义如下。

　　【分辨率】：选择所需的分辨率，也可以直接输入需要的数值。数值越大图像越清晰，数值越小图像越模糊，会出现马赛克边缘。

　　【颜色模式】：在下拉列表框中选择要转换的色彩模式，用于设置位图的颜色显示模式，颜色位数越少，颜色丰富程度越低。

　　【递色处理】：以模拟的颜色块数目显示更多的颜色。该选项可在使用颜色位数少时激活。

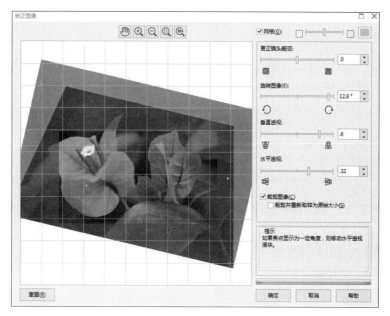

图 16-9 【矫正图像】对话框

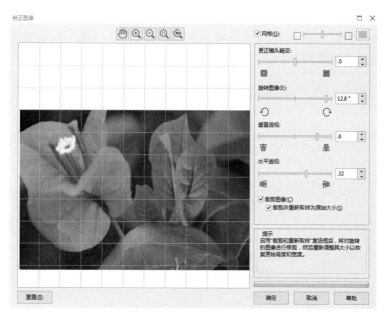

图 16-10 勾选【裁剪并重新取样为原始大小】复选框

图 16-11 【位图】菜单

图 16-12　【转换为位图】对话框

【总是叠印黑色】：在印刷时避免套版不准和露白现象，可以在 RGB 模式和 CMYK 模式下激活。

【光滑处理】：防止在转换位图后边缘出现锯齿。

【透明背景】：在转换成位图后保留原对象的背景透明。

16.1.5　颜色模式

1. 黑白模式

选中位图对象，执行【位图】|【模式】|【黑白（1 位）】命令，如图 16-13 所示；打开【转换为 1 位】对话框，如图 16-14 所示；在【转换方法】下拉列表框中选择一种转换方法，然后单击【确定】按钮。在【转换方法】中有以下七种不同的转换效果。

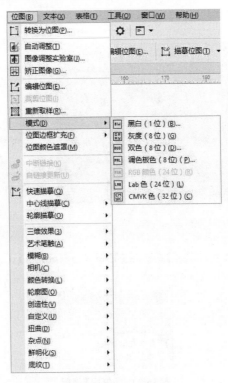

图 16-13　【模式】菜单

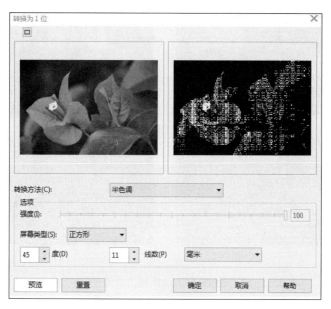

图 16-14　黑白模式面板

【线条图】：产生对比明显的黑白效果，灰色区域高于阈值设置变为白色，低于阈值设置变为黑色。

【顺序】：产生比较柔和的效果，突出纯色，使得对象边缘变硬。

Jarvis：对图像进行 Jarvis 运算而形成独特的偏差扩散，多用于摄影图像。

Stucki：对图像进行 Stucki 运算而形成独特的偏差扩散，多用于摄影图像，比 Jarvis 计算细腻。

Floyd-Steinberg：对图像进行 Floyd-Steinberg 运算而形成独特的偏差扩散，多用于摄影图像，比 Stucki 计算细腻。

【半色调】：通过改变图像中的黑白图创建不同灰度。

【基数分布】：将计算后的结果分布到屏幕上，创建带底纹的外观。

具体效果如图 16-15 所示。

2. 灰度模式

灰度模式是用单一色调表现图像。选择一张位图对象，执行【位图】|【模式】|【灰度（8 位）】命令，即可将该图片转换为灰度模式（丢失的彩色不可恢复），如图 16-16 所示。

3. 双色模式

双色模式不是指由两种颜色构成的图像，而是自定油墨创建单色调、双色调、三色调、四色调的灰度图像。执行【位图】|【模式】|【双色（8 位）】命令，弹出【双色调】对话框，如图 16-17 所示；选择【类型】下拉列表框，如图 16-18 所示。各选项的具体含义如下。

【单色调】：双击下面的颜色，弹出【选择颜色】面板，如图 16-19 所示，选择一种颜色后单击【确定】按钮。双色调调整效果如图 16-20 所示，当调整效果不满意时单击【空】按钮，可重置效果。

【双色调】：双击下面的颜色，操作同上，如图 16-21 所示。

【三色调】、【四色调】：同上。

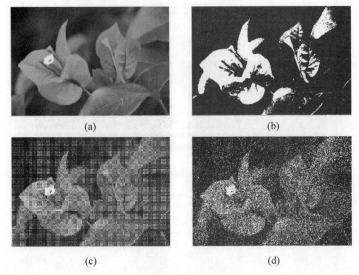

(a)　　　　　　　　　　　　(b)

(c)　　　　　　　　　　　　(d)

图 16-15　转换方式预览

(a)　　　　　　　　　　　　(b)

图 16-16　灰度模式

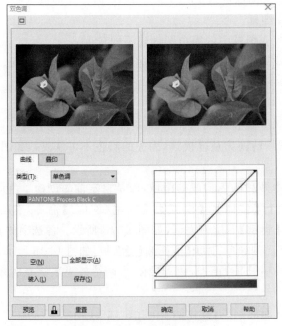

图 16-17　【双色调】对话框

图 16-18　【类型】下拉列表框

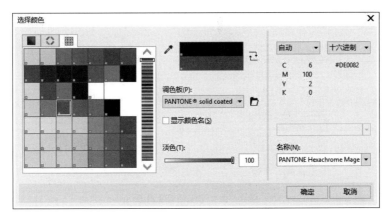

图 16-19　【选择颜色】面板

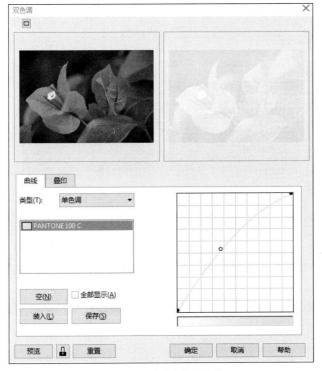

图 16-20　【单色调】调整

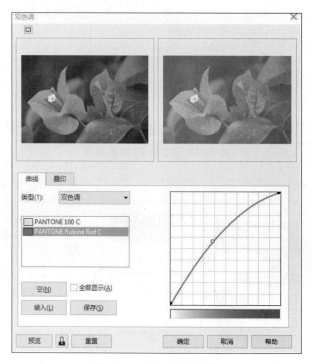

图 16-21　【双色调】调整

4. 调色板色模式

执行【位图】|【模式】|【调色板色(8 位)】命令,在弹出的【转换至调色板色】对话框中,打开【调色板】下拉列表框,选择其中一种方式,如图 16-22 所示。拖动【平滑】滑块,调整整个

图 16-22　【转换至调色板色】对话框

图像的平滑度,使图像更加细腻;打开【递色处理的】下拉列表框,从中选择一种方式,如图 16-23 所示。拖动【抵色强度】滑块,如图 16-24 所示。单击【预览】按钮查看效果,最后单击【确定】按钮,如图 16-25 所示。

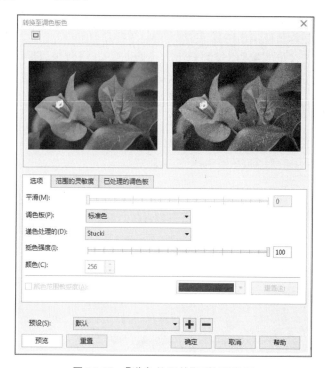

图 16-23 【递色处理的】下拉列表框

图 16-24 【抵色强度】滑块

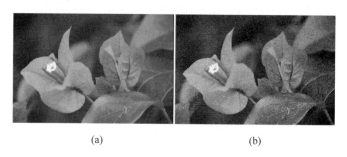

(a)   (b)

图 16-25 最终效果

5. RGB 模式

　　RGB 模式广泛应用于屏幕显示,通过 R(红)、G(绿)、B(蓝)颜色的叠加使图像颜色更丰富。通常情况下,RGB 模式比 CMYK 模式更为鲜亮。执行【位图】|【模式】|【RGB 颜色(24 位)】命令,即可将其转换为 RGB 模式。

6. Lab 模式

Lab 模式是国际色彩标准模式,由【明度】、【色相】、【饱和度】三个通道组成。执行【位图】|【模式】|【Lab 色(24 位)】命令即可将其转换为 Lab 模式。

7. CMYK 模式

CMYK 是一种便于输出印刷的模式,颜色为 C(青色)、M(品红)、Y(黄色)、K(黑色)四种混合叠加呈现。执行【位图】|【模式】|【CMYK 色(32 位)】命令,即可将其转换为 CMYK 模式。CMYK 模式色彩范围比 RGB 模式小,所以直接转换会丢失一部分颜色信息。

16.1.6　色彩调整

选择一张位图,执行【效果】|【调整】命令。当选择对象为位图时,所有命令均有效,如图 16-26 所示;但对于图形对象,只有部分命令有效。

图 16-26　图像【调整】菜单

1. 高反差

执行【效果】|【调整】|【高反差】命令,弹出【高反差】面板,如图 16-27 所示。

单击对话框顶部的 按钮,可以弹出图像调整预览窗口,左侧为原始图像预览窗口,右侧为调整后的效果预览窗口;单击对话框顶部的 按钮,可以弹出图像调整后的效果预览窗口。各选项的具体含义如下。

【滴管取样】:用于设置滴管工具的取样种类。

【通道】:用于选择要进行调整的颜色通道。

【自动调整】:勾选此复选框,可自动对选择的颜色通道进行调整。单击右侧的【选项】按钮,可以在打开的【自动调整范围】对话框中对黑白色限定范围进行调整。

【柱状图显示剪裁】:用于设置色调柱状图的显示效果。

【输入值剪裁】:使用白色滴管工具 吸取图像中的亮色调时,在【输入值剪裁】选项右侧的数值框中最亮处色值将跟随吸管所取样图像的色调同步改变,图像效果也会随之改变;黑色滴管工具 的功能相同。

【输出范围压缩】:在色阶示意图下面的【输出范围压缩】适用于指定图像最亮色调和最

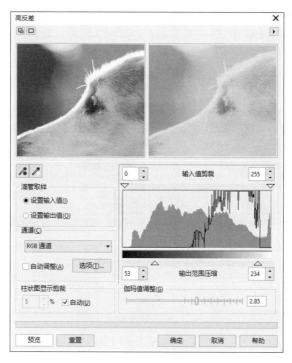

图 16-27 【高反差】面板

暗色调的标准值,拖动相应的三角滑块可调整对应色调效果。

【伽玛值调整】:拖动滑块调整图像的伽玛值,从而提高低对比度图像中的细节部分。

2. 局部平衡

执行【效果】|【调整】|【局部平衡】命令,弹出【局部平衡】面板,如图 16-28 所示;拖动【宽度】和【高度】完成局部调节。【高度】和【宽度】用于设置像素周围区域的宽度和高度。

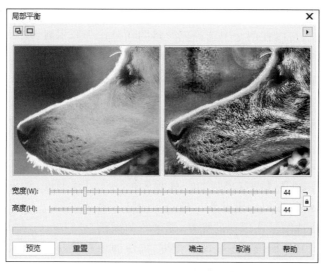

图 16-28 【局部平衡】面板

3. 取样/目标平衡

执行【效果】|【调整】|【取样/目标平衡】命令,弹出【取样/目标平衡】面板,如图 16-29 所示。各选项的具体含义如下。

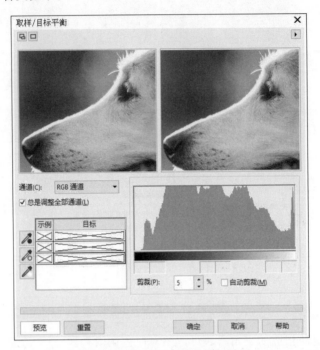

图 16-29   【取样/目标平衡】面板

【通道】:在其下拉列表框中选择要调整的颜色通道,根据选择图像的模式不同,其选项中的选择也各不相同。

【总是调整全部通道】:选择此复选框后,无论在【通道】选项列表中选择哪一个通道,在调整时所有的通道将同时调整。

：单击此按钮,可以在图像中选择比较暗的颜色作为样本颜色。

：单击此按钮,可以在图像中选择中间色的颜色作为样本颜色。

：单击此按钮,可以在图像中选择比较亮的颜色作为样本颜色。

4. 调合曲线

执行【效果】|【调整】|【调合曲线】命令,弹出【调合曲线】面板,在曲线上单击可以添加一个控制点,可以调整曲线的形状,如图 16-30 所示。

5. 亮度/对比度/强度

执行【效果】|【调整】|【亮度/对比度/强度】命令,打开【亮度/对比度/强度】面板,如图 16-31 所示,拖动滑块完成编辑操作。各选项的具体含义如下。

【亮度】:调节所选图形或图像的亮度,即颜色的深浅。

【对比度】:调节所选图形或图像的对比度,即深颜色与浅颜色之间的差异。

【强度】:调节所选图形或图像的强度,使浅颜色区域变亮,深颜色区域不变。

6. 颜色平衡

执行【效果】|【调整】|【颜色平衡】命令,弹出【颜色平衡】面板,如图 16-32 所示。各选项

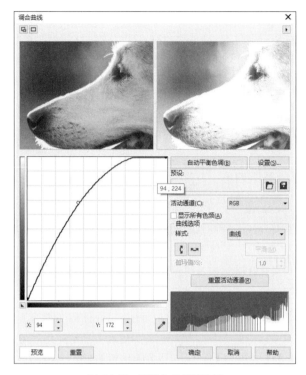

图 16-30 【调合曲线】面板

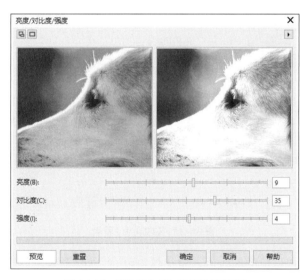

图 16-31 【亮度/对比度/强度】面板

的具体含义如下。

　　【范围】：决定颜色平衡应用的范围，包括【阴影】、【中间色调】、【高光】和【保持亮度】四个。它们可以分别调整阴影区域、中间色调和高光区域的颜色平衡，【保持亮度】复选框可以在调整颜色平衡时保持图形或图像的原来亮度。

　　【颜色通道】：设置颜色的层次，将滑块向左滑动时，对选择的图形或颜色添加青色；向右滑动时，对选择的图形或颜色添加红色。"品红-绿"和"黄-蓝"操作方法相同。

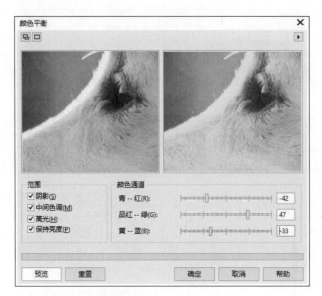

图 16-32　【颜色平衡】面板

7. 伽玛值

执行【效果】|【调整】|【伽玛值】命令,打开【伽玛值】面板,如图 16-33 所示。

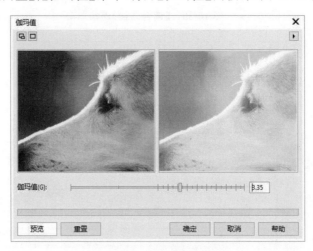

图 16-33　【伽玛值】面板

【伽玛值】:改变伽玛值的曲线值。增加伽玛值,可以改善曝光不足、对比度低或发灰图像的质量。

8. 色度/饱和度/亮度

执行【效果】|【调整】|【色度/饱和度/亮度】命令,弹出【色度/饱和度/亮度】面板,如图 16-34 所示。各选项的具体含义如下。

【通道】:设置要调整的通道,其中包括【主对象】、【红】、【黄色】、【绿】、【青色】、【蓝】、【品红】和【灰度】八个选项。当选择除【主对象】外的任意一个选项时,调整下方的【色度】、【饱和度】和【亮度】选项的数值,只对所选择的颜色进行调整;当选择【主对象】选项时,对【色度】、【饱和度】和【亮度】选项的数值进行调整,所有的颜色通道将同时被调整。

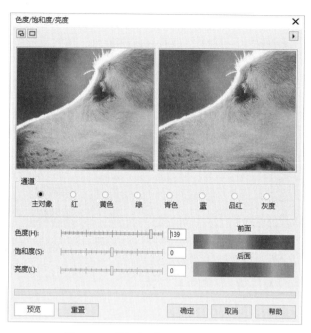

图 16-34　【色度/饱和度/亮度】面板

【色度】：改变选定通道的色彩。

【饱和度】：改变色彩的饱和度。当调整的饱和度数值为负数时,将产生灰色阶单色图像;当饱和度数值调整为正值时,将产生鲜明、强烈色彩的图像。

【亮度】：可以改变被选择图形或图像的亮度。

9．所选颜色

执行【效果】|【调整】|【所选颜色】命令,弹出【所选颜色】面板,如图 16-35 所示。各选项的具体含义如下。

【调整】：该选项区域包括【青】、【品红】、【黄】和【黑】四个选项。通过调整这四个选项的滑块,可以改变青色、品红、黄色和黑色在色谱中所占的比例。

【色谱】：该选项区域包括【红】、【黄】、【绿】、【青】、【蓝】和【品红】,主要设置调整颜色的光谱范围。

【调整百分比】：可以设置调整颜色的方式,包括【相对】和【绝对】两个选项。选中【相对】单选按钮,在调整滑块的位置时,改变的数值是颜色变化的相对值;选中【绝对】单选按钮,在调整滑块的位置时,改变的数值是颜色变化的绝对值。

【灰】：主要用于对灰度的图像添加颜色,包括【灰度层次】、【中间色调】和【高光】三个选项。

10．替换颜色

执行【效果】|【调整】|【替换颜色】命令,弹出【替换颜色】面板,如图 16-36 所示。各选项的具体含义如下。

【原颜色】：选择后面的 按钮,在图像中拾取要替换的颜色,然后单击【新建颜色】后面的按钮 ,在弹出的下拉列表中选择一种新的颜色替换图像中所选的颜色。

【选项】：包括【忽略灰度】和【单目标颜色】两个选项。勾选【忽略灰度】复选框,可以在

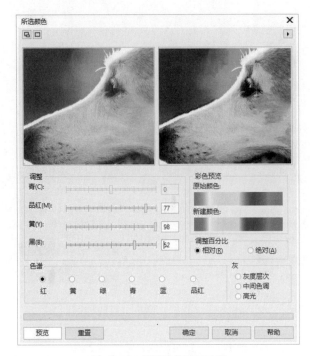

图 16-35　【所选颜色】面板

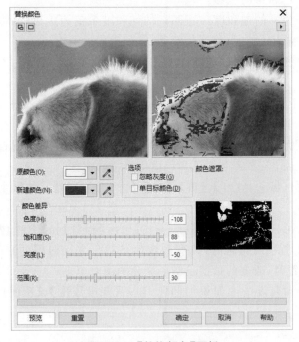

图 16-36　【替换颜色】面板

替换颜色时忽略灰度元素;勾选【单目标颜色】复选框,可以用新颜色替换所有在当前颜色范围内的颜色。

　　【颜色差异】:在该选项区域调整【色度】、【饱和度】和【亮度】选项的滑块,可以改变新颜色的色度、饱和度和亮度值。

【范围】：决定影响颜色变化的区域，数值越小，影响的颜色越少；数值越大，影响的颜色越多。

11. 取消饱和

执行【效果】|【调整】|【取消饱和】命令，直接显示取消饱和效果，如图 16-37 所示。

(a)   (b)

图 16-37　取消饱和效果

12. 通道混合器

执行【效果】|【调整】|【通道混合器】命令，弹出【通道混合器】面板，如图 16-38 所示。各选项的具体含义如下。

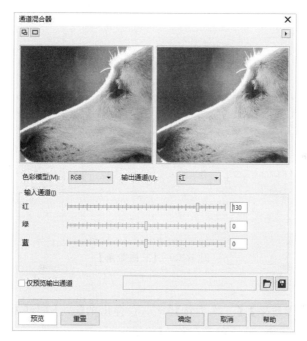

图 16-38　【通道混合器】面板

【色彩模型】：在下拉列表中包括 RGB 模式、CMYK 模式和实验室模式三种。

【输出通道】：在下拉列表中可以选择所要输出的通道，如果选择 Lab 模式，【输出通道】选项将显示亮度、a、b 选项。

【输入通道】：通过调整此选项区域中的【红】、【绿】和【蓝】滑块可以调整图像的颜色，此选项根据选择的颜色模式不同而不同。

【仅预览输出通道】：勾选此复选框，将在预览窗口中只查看【输出通道】列表中所选的通道变化。

16.2　位图效果

16.2.1　三维效果

【三维效果】包括【三维旋转】、【柱面】、【浮雕】、【卷页】、【挤远/挤近】、【球面】六种类型，如图 16-39 所示。

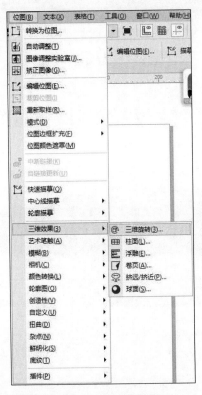

图 16-39　【三维效果】

1. 三维旋转

执行【位图】|【三维效果】|【三维旋转】命令，在弹出的【三维旋转】面板中出现一个立体图形，用鼠标左键拖动设置，最后单击【确定】按钮即可完成立体旋转，如图 16-40 所示。如果单击 按钮，原图和预览效果将同时在面板上呈现，如图 16-41 所示。

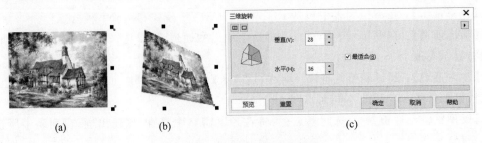

(a)　　　　　　　　(b)　　　　　　　　(c)

图 16-40　【三维旋转】效果操作

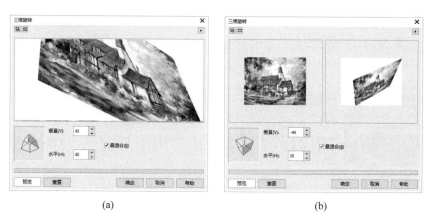

(a)   (b)

图 16-41 【三维旋转】面板

2. 柱面

执行【位图】|【三维效果】|【柱面】命令,在弹出的【柱面】面板中选中【水平】或【垂直】单选按钮,调整百分比滑块,如图 16-42 所示。同样地,如果单击 □ 按钮,原图和预览效果将同时在面板上呈现。

(a)   (b)   (c)

图 16-42 【柱面】效果操作

3. 浮雕

执行【位图】|【三维效果】|【浮雕】命令,在弹出的【浮雕】面板上拖动【深度】和【层次】滑块,可改变浮雕效果,如图 16-43 所示。同样地,如果单击 □ 按钮,原图和预览效果将同时在面板上呈现。

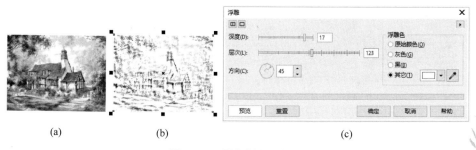

(a)   (b)   (c)

图 16-43 【浮雕】效果操作

4. 卷页

执行【位图】|【三维效果】|【圈页】命令,在弹出的【卷页】面板上选择【方向】、【纸张】、【颜

色】,再调整【宽度】和【高度】,最后单击【确定】按钮,完成卷页效果,如图 16-44 所示。同样地,如果单击▣按钮,原图和预览效果将同时在面板上呈现。

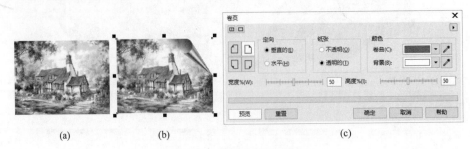

(a)　　　　　　　(b)　　　　　　　(c)

图 16-44　【卷页】效果操作

5. 挤远/挤近

执行【位图】|【三维效果】|【挤远/挤近】命令,在弹出的【挤远/挤近】面板上拉动滑块,最后单击【确定】按钮完成效果,如图 16-45 所示。同样地,如果单击▣按钮,原图和预览效果将同时在面板上呈现。

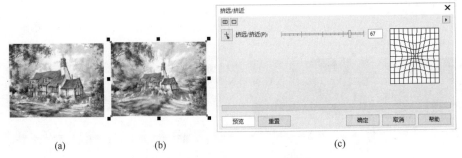

(a)　　　　　　　(b)　　　　　　　(c)

图 16-45　【挤远/挤近】效果操作

6. 球面

执行【位图】|【三维效果】|【球面】命令,在弹出的【球面】面板上选择【优化】类型,再调整球面效果的百分比,最后单击【确定】按钮完成效果,如图 16-46 所示。同样地,如果单击▣按钮,原图和预览效果将同时在面板上呈现。

(a)　　　　　　　(b)　　　　　　　(c)

图 16-46　【球面】效果操作

16.2.2　艺术笔触

通过艺术笔触,可以对位图进行特殊处理,执行【位图】|【艺术笔触】命令,如图 16-47 所

示。艺术笔触可以一键创造多种风格，包括【炭笔画】、【单色蜡笔画】、【蜡笔画】、【立体派】、【印象派】、【调色刀】、【彩色蜡笔画】、【钢笔画】、【点彩派】、【木版画】、【素描】、【水彩画】、【水印画】、【波纹纸画】，效果如图 16-48 所示。

图 16-47 【艺术笔触】菜单

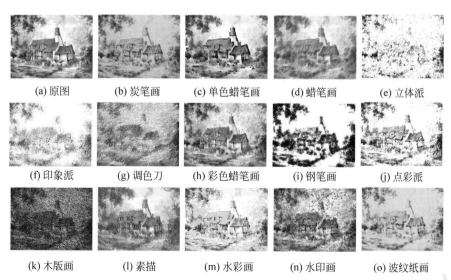

| (a) 原图 | (b) 炭笔画 | (c) 单色蜡笔画 | (d) 蜡笔画 | (e) 立体派 |

| (f) 印象派 | (g) 调色刀 | (h) 彩色蜡笔画 | (i) 钢笔画 | (j) 点彩派 |

| (k) 木版画 | (l) 素描 | (m) 水彩画 | (n) 水印画 | (o) 波纹纸画 |

图 16-48 各种艺术笔触效果

16.2.3　模糊

在图像导入需要创建模糊效果时,可以执行【位图】|【模糊】命令,其中包含【定向平滑】、【高斯式模糊】、【锯齿状模糊】、【低通滤波器】、【动态模糊】、【放射式模糊】、【平滑】、【柔和】、【缩放】、【智能模糊】,如图 16-49 所示。效果如图 16-50 所示。

16.2.4　轮廓图

通过轮廓图,可以跟踪、确定位图图像的边缘及轮廓,并将图像中剩余的其他部分转换为中间颜色。执行【位图】|【轮廓图】命令,有【边缘检测】【查找边缘】和【描摹轮廓】三个选项。

1. 边缘检测

执行【位图】|【轮廓图】|【边缘检测】命令,打开【边缘检测】面板,在【背景色】中选中【白色】单选按钮,然后拖动【灵敏度】滑块,单击【确定】按钮完成操作,如图 16-51 所示;在【背景色】中选中【黑】单选按钮,然后拖动【灵敏度】滑块,单击【确定】按钮完成操作,如图 16-52 所示;在【背景色】中选中【其它】单选按钮,然后拖动【灵敏度】滑块,单击【确定】按钮完成操作,如图 16-53 所示。

2. 查找边缘

执行【位图】|【轮廓图】|【查找边缘】命令,打开【查找边缘】面板,在【边缘类型】中选中【软】单选按钮,然后拖动【层次】滑块完成操作,如图 16-54 所示;在【边缘类型】中选中【纯色】单选按钮,然后拖动【层次】滑块完成操作,如图 16-55 所示。

3. 描摹轮廓

执行【位图】|【轮廓图】|【描摹轮廓】命令,打开【描摹轮廓】面板,在【边缘类型】中选中【下降】单选按钮,然后拖动【层次】滑块完成操作,如图 16-56 所示;在【边缘类型】中选中【上面】单选按钮,然后拖动【层次】滑块完成操作,如图 16-57 所示。

图 16-49　【模糊】菜单

16.2.5　创造性

【创造性】包含 10 种效果,即【晶体化】、【织物】、【框架】、【玻璃砖】、【马赛克】、【散开】、【茶色玻璃】、【彩色玻璃】、【虚光】、【旋涡】,见图 16-58,这些效果可以将位图图像转换为各种不同的形状和纹理,形成形态各异的效果。所有的变化效果都可以通过控制面板进行微调,如图 16-59 所示。各种效果如图 16-60 所示。

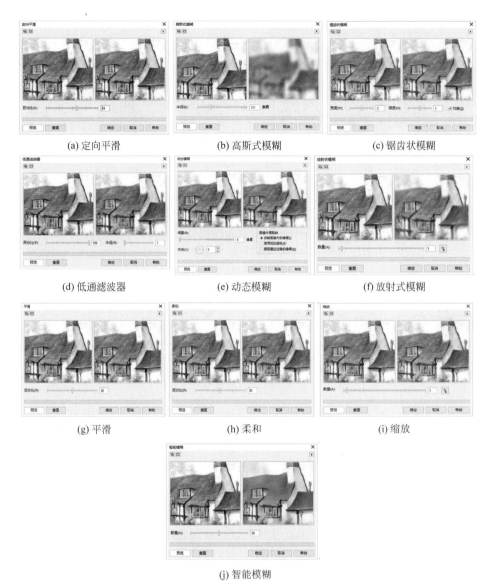

(a) 定向平滑　　　　　　(b) 高斯式模糊　　　　　　(c) 锯齿状模糊

(d) 低通滤波器　　　　　(e) 动态模糊　　　　　　(f) 放射式模糊

(g) 平滑　　　　　　　　(h) 柔和　　　　　　　　(i) 缩放

(j) 智能模糊

图 16-50　各种模糊效果

图 16-51　选中【白色】单选按钮

图 16-52　选中【黑】单选按钮

图 16-53　选中【其它】单选按钮

图 16-54　选中【软】单选按钮

图 16-55　选中【纯色】单选按钮

图 16-56　选中【下降】单选按钮

图 16-57　选中【上面】单选按钮

图 16-58　【创造性】菜单

16.2.6　扭曲

执行【位图】|【扭曲】命令，出现【扭曲】菜单，如图 16-61 所示。其中包含了 11 种呈现方式，即【块状】、【置换】、【网孔扭曲】、【偏移】、【像素】、【龟纹】、【旋涡】、【平铺】、【湿笔画】、【涡流】、【风吹效果】。所有的变化效果都可以通过出现的面板进行微调，如图 16-62 所示。所有效果如图 16-63 所示。

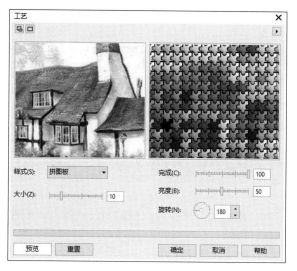

图 16-59　效果调节面板（1）

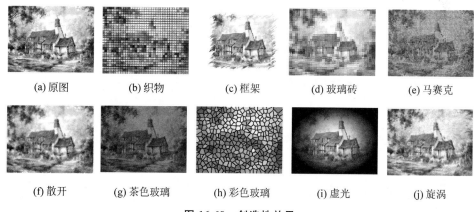

(a) 原图　　(b) 织物　　(c) 框架　　(d) 玻璃砖　　(e) 马赛克

(f) 散开　　(g) 茶色玻璃　　(h) 彩色玻璃　　(i) 虚光　　(j) 旋涡

图 16-60　创造性效果

图 16-61　【扭曲】菜单

图 16-62　效果调节面板（2）

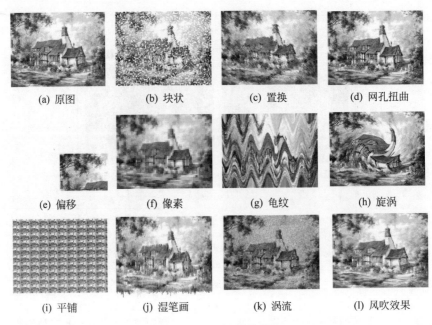

(a) 原图　　　　(b) 块状　　　　(c) 置换　　　　(d) 网孔扭曲

(e) 偏移　　　　(f) 像素　　　　(g) 龟纹　　　　(h) 旋涡

(i) 平铺　　　　(j) 湿笔画　　　　(k) 涡流　　　　(l) 风吹效果

图 16-63　各种扭曲效果

【应用案例】　设计宣传单

制作宣传单,完成的最终效果如图 16-64 所示。

技术点睛:

- 新建图纸、保存图纸。
- 【导入】位图,复制和粘贴该位图。
- 辅助线添加和编辑。
- 用【形状】对位图进行裁剪。
- 用【颜色转换】命令编辑位图效果。
- 用【文本】输入文字。
- 用【阴影】和【轮廓图】编辑效果。

图 16-64　宣传单最终效果

（1）执行【新建】命令,在【创建新文档】面板中,创建【名称】为"宣传单设计",【大小】为 210mm × 285mm,【原色模式】为 CMYK,【分辨率】为 300dpi 的新文档。

（2）执行【文件】|【导入】命令,导入素材文件夹中的"食物"文件。选中图像,调整图像的范围,然后在属性栏中单击锁定比率按钮，调整【对象大小】的宽度为 210mm;执行【对象】|【对象与分布】|【对齐与分布】命令,在右边弹出的泊坞窗中选择对齐对象到页面边缘,选择左对齐和底

端对齐,如图 16-65 所示;最终位图的大小和位置如图 16-66 所示。

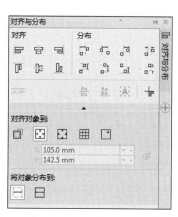

图 16-65 【对齐与分布】泊坞窗

图 16-66 位图位置和大小效果

(3) 使用【移动】,从垂直标尺处拉出辅助线;双击辅助线,在页面右边弹出【辅助线】泊坞窗,设置【X 轴】位置为 105mm,然后单击【修改】按钮,移动辅助线到 105mm 处,效果如图 16-67 所示。

(4) 选中位图,使用快捷键 Ctrl+C 复制,使用快捷键 Ctrl+V 粘贴,在同样的位置上复制一张位图;然后使用【形状】,编辑位图左边两个控制点,移动到辅助线处,裁剪效果如图 16-68 所示。

图 16-67 辅助线位置

图 16-68 复制并裁剪位图

(5) 执行【位图】|【颜色转换】|【半色调】命令,弹出【半色调】对话框,设置如图 16-69 所示;单击【确定】按钮,效果如图 16-70 所示。

(6) 使用【矩形】,绘制两个矩形,填充颜色为【橘色】和【黑色】,效果如图 16-71 所示。

(7) 使用【文本】,输入文字;在属性栏中修改文本大小、样式和颜色;使用【阴影】,从英文字样中间拖曳,产生文本阴影效果,效果如图 16-72 所示。

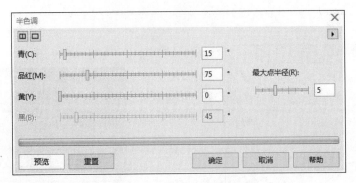

图 16-69　【半色调】对话框

图 16-70　【半色调】效果

图 16-71　矩形绘制效果

图 16-72　文本效果

（8）使用【文本】，输入 D；在属性栏的【字体列表】中选择 Baskerville Old Face 字体；使用【交互式填充】，在属性栏中选择渐变填充、线性渐变填充；调整颜色和方向，效果如图 16-73 所示。

图 16-73　【渐变填充】效果

（9）使用【轮廓图】，从 D 字中心向外拖曳，并在属性栏中设置如图 16-74 所示；最终效果如图 16-64 所示。

图 16-74　属性栏设置

【实训任务】　设计艺术照模板

设计艺术照模板，如儿童写真、婚纱艺术照等。

模块 4

综 合 训 练

综合任务1

DM直邮广告设计与制作

DM 直邮广告是针对某一对象,直接将广告邮寄的方式传播,称为 DM(Direct Mail)直邮广告。DM 直邮广告可以弥补大众广告的不足,配合较大的营销活动,可以增进厂商和消费者之间的联系,维持企业与品牌的形象。

DM 直邮广告的特点在于"直接、快速",更兼有成本低、认知度高的优点,为商家宣传自身形象和商品提供了良好的载体。

因 DM 直邮广告的设计表现自由度高、运用范围广,因此表现形式也呈现了多样化。DM 直邮广告包括传单型、本册型、卡片型等。

学习目标

1. 在 Photoshop 软件中,使用学过的操作命令制作 DM 直邮广告底图。

2. 在 CorelDRAW 软件中,使用学过的操作命令编排图片、文字及相关内容。

知识要点

在 Photoshop 软件中,使用填充命令和图层混合模式等命令制作背景图层,使用椭圆工具和透明度调整等命令制作装饰图案,使用图层蒙版等命令制作素材图片等。

在 CorelDRAW 软件中,添加标题文字和相关宣传文字,并使用【对象】属性面板调整行间距,使用矩形工具、椭圆工具制作装饰图案,从而完成整体编排工作。

蛋糕店宣传单设计

蛋糕店宣传单效果图

综合任务2

易拉宝设计与制作

易拉宝或称海报架、展示架,广告行业内也叫易拉架、易拉得、易拉卷等,是竖立式宣传海报的一种。其特点主要是合金材料,造型简练,造价便宜;轻巧便携,方便运输、携带、存放;安装简易,操作方便;经济实用,可多次更换画面。

易拉宝适用于会议、展览、销售宣传等场合,是使用频率最高,也最常见的便携展具之一。由于其便携的特点,也常见于人流较多的街头通道,协助个体户式的路演推销活动或临时摊位等。

易拉宝的替代品是街头横额、道旗、海报宣传、贴纸等。

学习目标

1. 在 Photoshop 软件中,使用学过的操作命令制作易拉宝底图。

2. 在 CorelDRAW 软件中,使用学过的操作命令编排图片、文字及相关内容。

知识要点

在 Photoshop 软件中,使用图层的混合模式制作背景图层,使用文字工具和图层合成英文字母制作装饰等。

在 CorelDRAW 软件中,使用矩形工具制作边框,添加标题文字和相关宣传文字,使用【对象】属性面板调整行间距等。

摄影大赛易拉宝设计

摄影大赛易拉宝效果图

手提袋设计与制作

手提袋是一种简易的袋子,制作材料有纸张、塑料、无纺布、工业纸板等。手提袋从具体形式来划分,可分为广告型手提袋、礼品型手提袋、装饰型手提袋、知识型手提袋、纪念型手提袋、简易型手提袋、趋时型手提袋、仿古型手提袋等。

广告型手提袋是通过视觉传达设计,注重广告的推广发展,通过图形的创意,符号的识别,文字的说明,色彩的刺激,引发消费者的注意力,从而产生亲切感,促进产品的销售。广告型手提袋占据了手提袋很大一部分,构成了手提袋的主体。

手提袋上印着企业的名称、企业的标志、主要产品的名称以及一些广告语,无形中起到了宣传企业形象与产品形象的作用,这相当于是一个流动广告,而且流动范围很广,传播迅速,使用期长,既能满足装物的要求,又具有良好的广告效应,适宜任何公司、任何行业作为广告宣传、赠品之用,是宣传产品和挖掘潜在顾客的一种非常不错的营销手段。这种手提袋设计得越别致,制作得越精美,其广告效果越好。

学习目标

1. 在 CorelDRAW 软件中制作手提袋展开平面设计图。
2. 在 Photoshop 软件中制作手提袋的立体效果示意图。

知识要点

在 CorelDRAW 软件中,导入图标、添加标题文字和相关文字,并使用【对象】属性面板调整行间距,使用矩形工具、制作装饰图案等操作。

在 Photoshop 软件中,使用填充命令、图层的混合模式等命令制作背景图层,使用滤镜库功能设计封底的特殊效果,使用图层蒙版制作素材的装饰效果。

手提袋设计与制作

手提袋效果图

综合任务4

书籍封面设计与制作

　　书籍装帧设计是指从书籍文稿到成书出版的整个设计过程,也是完成从书籍形式的平面化到立体化的过程。其中包括书籍的开本、装帧形式、封面、腰封、字体、版面、色彩、插图以及纸张材料、印刷、装订及工艺等各个环节的艺术设计。

　　封面是书籍装帧艺术的重要组成部分,犹如音乐的序曲,是把读者带入内容的向导。封面设计要素主要包含文字、图形、色彩与构图。文字主要是指书名(包括丛书名、副书名)、作者名和出版社名等,这些留在封面上的简要文字信息在封面设计中起着举足轻重的作用;图形包括摄影、插图和图案等,有写实的,有抽象的,还有写意的;色彩是最容易打动读者的设计语言,虽然每个人对色彩的感觉有差异,但对色彩的感官认知是共同的;构图的形式有垂直、水平、倾斜、曲线、交叉、向心、放射、三角、叠合、边线、散点等,会给人产生不同的视觉感受。

　　封面设计需要遵循平衡、韵律与调和的造型规律,突出主题,大胆设想,运用文字、构图、色彩、图案等知识,设计出比较完美、典型,富有情感的封面,从而提高我们设计应用的能力。

1. 在 Photoshop 软件中利用素材制作书籍封面底图。

2. 在 CorelDRAW 软件中导入底图,添加图形和文字等相关信息,完成版式设计。

　　在 Photoshop 软件中,使用填充命令、图层的混合模式等命令制作背景图层,使用滤镜库等功能实现封面的特殊效果,使用图层蒙版功能添加素材效果等。

　　在 CorelDRAW 软件中,使用导入命令导入图片,使用文本命令添加标题文字和相关文字信息、使用对象属性命令调整文字间距,使用矩形工具、镜面翻转制作装饰图案等。

书籍封面设计与制作

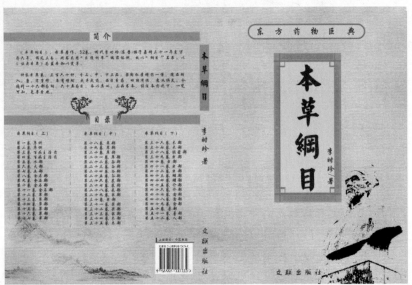

书籍封面效果图